Teubner Studienbücher

Mathematik

Ansorge: **Differenzenapproximationen partieller Anfangswertaufgaben**
298 Seiten. DM 29,80 (LAMM)

Böhmer: **Spline-Funktionen**
Theorie und Anwendungen. 340 Seiten. DM 28,80

Clegg: **Variationsrechnung**
138 Seiten. DM 17,80

Collatz: **Differentialgleichungen**
Eine Einführung unter besonderer Berücksichtigung der Anwendungen
5. Aufl. 226 Seiten. DM 24,80 (LAMM)

Collatz/Krabs: **Approximationstheorie**
Tschebyscheffsche Approximation mit Anwendungen. 208 Seiten. DM 28,–

Constantinescu: **Distributionen und ihre Anwendung in der Physik**
144 Seiten. DM 18,80

Fischer/Sacher: **Einführung in die Algebra**
2. Aufl. 240 Seiten. DM 18,80

Grigorieff: **Numerik gewöhnlicher Differentialgleichungen**
Band 1: Einschrittverfahren. 202 Seiten. DM 16,80
Band 2: Mehrschrittverfahren. 411 Seiten. DM 29,80

Hainzl: **Mathematik für Naturwissenschaftler**
2. Aufl. 311 Seiten. DM 29,– (LAMM)

Hässig: **Graphentheoretische Methoden des Operations Research**
160 Seiten. DM 26,80 (LAMM)

Hilbert: **Grundlagen der Geometrie**
12. Aufl. VII, 271 Seiten. DM 24,80

Jaeger/Wenke: **Lineare Wirtschaftsalgebra**
Eine Einführung
Band 1: vergriffen
Band 2: IV, 160 Seiten. DM 19,80 (LAMM)

Kall: **Mathematische Methoden des Operations Research**
Eine Einführung. 176 Seiten. DM 22,80 (LAMM)

Kochendörffer: **Determinanten und Matrizen**
IV, 148 Seiten. DM 17,80

Kohlas: **Stochastische Methoden des Operations Research**
192 Seiten. DM 24,80 (LAMM)

Krabs: **Optimierung und Approximation**
208 Seiten. DM 25,80

Stiefel: **Einführung in die numerische Mathematik**
5. Aufl. 292 Seiten. DM 26.80 (LAMM)

Stummel/Hainer: **Praktische Mathematik**
299 Seiten. DM 28,80

Topsøe: **Informationstheorie**
Eine Einführung. 88 Seiten. DM 12,80

Fortsetzung auf der 3. Umschlagseite Preisänderungen vorbehalten

Teubner Studienbücher Mathematik

K. Hässig

Graphentheoretische Methoden des Operations Research

Leitfäden der angewandten Mathematik und Mechanik LAMM

Band 42

Die Lehrbücher dieser Reihe sind einerseits allen mathematischen Theorien und Methoden von grundsätzlicher Bedeutung für die Anwendung der Mathematik gewidmet; andererseits werden auch die Anwendungsgebiete selbst behandelt. Die Bände der Reihe sollen dem Ingenieur und Naturwissenschaftler die Kenntnis der mathematischen Methoden, dem Mathematiker die Kenntnisse der Anwendungsgebiete seiner Wissenschaft zugänglich machen. Die Werke sind für die angehenden Industrie- und Wirtschaftsmathematiker, Ingenieure und Naturwissenschaftler bestimmt, darüber hinaus aber sollen sie den im praktischen Beruf Tätigen zur Fortbildung im Zuge der fortschreitenden Wissenschaft dienen.

Graphentheoretische Methoden des Operations Research

Von Dr. oec. Kurt Hässig
a. o. Professor an der Universität Zürich

Mit 137 Figuren und 14 Tabellen

B. G. Teubner Stuttgart 1979

Prof. Dr. oec. Kurt Hässig

Geboren 1935 in Aarau. Von 1959 bis 1965 Studium der Wirtschaftswissenschaften an der Hochschule St. Gallen. Von 1966 bis 1970 Mitarbeiter der Abteilung für Operations Research der FIDES-Treuhandgesellschaft, Zürich. Von 1970 bis 1971 wiss. Mitarbeiter an der mathematischen Fakultät der Universität Mannheim. Von 1971 bis 1974 Oberassistent am Institut für Operations Research und mathematische Methoden der Wirtschaftswissenschaften an der Universität Zürich, 1971 Promotion, 1973 Habilitation. Seit 1974 a.o. Professor für Operations Research an der Universität Zürich.

CIP-Kurztitelaufnahme der Deutschen Bibliothek

Hässig, Kurt:
Graphentheoretische Methoden des Operations Research / von Kurt Hässig. – Stuttgart : Teubner, 1979.
(Teubner Studienbücher : Mathematik) (Leitfäden der angewandten Mathematik und Mechanik ; Bd. 42)
ISBN 978-3-519-02344-9 ISBN 978-3-322-94655-3 (eBook)
DOI 10.1007/978-3-322-94655-3

Satz: Elsner & Behrens GmbH, Oftersheim

Binderei: Clemens Maier KG, Leinfelden-Echterdingen
Umschlaggestaltung: W. Koch, Sindelfingen

Vorwort

Graphentheorie ist eine Disziplin der Mathematik, die sehr weit zurückreicht und in den letzten dreißig Jahren eine enorme Entwicklung und Verbreitung erfahren hat. Die Erkenntnisse der Graphentheorie werden heute in den meisten Zweigen der Wissenschaft mit viel Erfolg eingesetzt. Aus diesem Grund ist es nicht verwunderlich, daß graphentheoretische Aussagen, Modelle und Verfahren auch innerhalb des Operations Research eine wichtige Stellung einnehmen. Dabei sind es von der Anwendung in der Praxis her gesehen vor allem zwei Problemtypen, die im Vordergrund stehen: a) Distanzenprobleme, b) Flußprobleme.

Sieht man von einigen im Operations Research weniger wichtigen graphentheoretischen Gebieten ab, wie z. B. Färbungen, Überdeckungen etc., die in diesem Buch weggelassen werden mußten, so befassen sich die graphentheoretischen Verfahren fast ausschließlich mit Problemen des Typs a) oder b). Durch unterschiedliche Interpretationen der Graphen, durch Erweiterung und Verallgemeinerungen der Problemstellungen und Verfahren lassen sich mit diesen Methoden eine ganze Fülle praktisch relevanter Aufgaben lösen. Unter diesen konnte hier natürlich nur eine Auswahl behandelt werden.

Graphen bestehen aus Knoten und Kanten, wobei jede Kante zwei Knoten verbindet. Diese einfache Struktur hat zur Folge, daß die Verfahren einfach, schnell und numerisch stabil sind. Von der Optimierungstheorie her gesehen handelt es sich bei den Distanzen- und Flußproblemen um speziell strukturierte Linearprogramme, die zudem dual zueinander sind. Aus diesem Grund wird hier nicht der Versuch unternommen, die Graphentheorie im Operations Research als eigenständige Disziplin herauszuheben. Vielmehr wird wenn immer möglich die Beziehung zur linearen Algebra und zur linearen Programmierung hergestellt. Da Ausbildungsgänge im Operations Research fast ausschließlich mit diesem Gebiet beginnen, dürfte dieser Zugang zur Materie keine Schwierigkeiten bereiten. Die Definitionen und Sätze der linearen Optimierung, die in diesem Buch verwendet werden, sind im Anhang enthalten.

Der Stoff der ersten drei Abschnitte ist konzentriert dargestellt zugunsten der etwas komplizierteren Abschnitte 4, 5 und 6, die dadurch ausführlicher gehalten werden konnten.

Der Autor hat Wert darauf gelegt, die Einsatzmöglichkeiten graphentheoretischer Methoden im Operations Research anhand zahlreicher Anwendungen zu illustrieren. Die Beschreibung von Beispielen erfordert jedoch graphentheoretische Begriffe. Deshalb werden die Beispiele nicht in einem einleitenden Abschnitt zusammengefaßt, sondern im Zusammenhang mit den Anwendungsmöglichkeiten der einzelnen Verfahren behandelt.

Zum Abschluß möchte ich danken: den Herausgebern der LAMM-Reihe für die Anregung, dieses Buch zu schreiben, und die reibungslose Zusammenarbeit sowie Herrn Prof. Dr. P. Kall und meinem Mitarbeiter Herrn Dr. math. P. Reiser für ihre wertvollen Hinweise und Verbesserungsvorschläge.

Zürich, im Sommer 1978 K. Hässig

Inhalt

1 Graphentheoretische Begriffe

Im ersten Abschnitt werden die wichtigsten graphentheoretischen Begriffe gesamthaft eingeführt und einige Resultate hergeleitet, die mit diesen Definitionen in engem Zusammenhang stehen und entweder später verwendet werden oder zusätzliche Einsicht gewähren. Ein Leser, der auf diese Ergebnisse verzichten und mit einem Minimum an Definitionen zum zweiten Abschnitt übergehen möchte, liest nur Abschn. 1.1, 1.2, 1.3 und eignet sich die wenigen zusätzlichen Definitionen später, wenn sie erstmals benützt werden, an.

1.1 Grundlegende Definitionen und Eigenschaften

Ein Graph ist, wie Fig. 1.1 zeigt, ein einfaches Gebilde, das aus Knoten und Kanten besteht. Dabei sind die Kanten gerichtet oder ungerichtet und verbinden entweder zwei Knoten oder einen Knoten mit sich selber. Sind also eine Menge von Knoten und eine Menge von Kanten gegeben, so ist ein Graph definiert, wenn zusätzlich eine Abbildung gegeben ist, die jeder Kante jene Knoten zuordnet, die durch die Kante verbunden werden, wobei für gerichtete Kanten überdies die Orientierung festgelegt wird.

Ein *ungerichteter Graph* besteht aus den Mengen E und K sowie einer Abbildung Ω und wird mit $G = (E, K, \Omega)$ bezeichnet. Dabei soll $E \neq \emptyset$, $E \cap K = \emptyset$ und $\Omega : K \to \mathfrak{M}$ eine Abbildung mit $\mathfrak{M} = \{B \subset E \mid B \text{ ist ein- oder zweielementig}\}$ sein. Die Elemente $e \in E$ heißen *Ecken* oder *Knoten*, die Elemente $k \in K$ (ungerichtete) *Kanten* und Ω *Inzidenzabbildung*. Gilt $\Omega(k) = \{e, e'\}$, so sagt man, die Kante k *verbinde*, *inzidiere* oder sei *inzident* mit den Ecken e, e′ bzw. e und e′ seien die Knoten von k oder e und e′ seien *benachbart*. Ist hingegen $\Omega(k) = \{e\}$, dann inzidiert k nur mit einer Ecke und heißt eine *Schlinge*. Die Inzidenz von Kanten mit Knoten wird auch durch $k \sim \{e, e'\}$ bzw. $k \sim \{e\}$ ausgedrückt. *Gerichtete Graphen* werden mit $G = (E, P, \Psi)$ bezeichnet, wobei für die Mengen E und P wieder $E \neq \emptyset$, $E \cap P = \emptyset$ aber $\Psi : P \to E \times E$ gilt, d. h., durch $\Psi(p) = (e, e')$ wird jedem $p \in P$ ein (geordnetes) Paar von Ecken zugeordnet. Die Elemente e von E heißen wiederum Ecken oder Knoten, die Elemente p bzw. k von P *Pfeile* oder *gerichtete Kanten* und Ψ *Inzidenzabbildung*. Ist $\Psi(p) = (e, e')$, so sagt man, e und e′ seien *benachbart* oder e und e′ seien Knoten von p sowie p *verbinde*, *inzidiere* oder sei *inzident* mit e und e′ und sei von e nach e′ *gerichtet*. e nennt man deshalb *Anfangsknoten* und e′ *Endknoten* von p bzw. e′ den (direkten) *Nachfolger* von e und e den (direkten) *Vorgänger* von e′, oder man sagt, p sei *positiv inzident* zu e und *negativ inzident* zu e′. Ein Pfeil p heißt eine *Schlinge*, falls $\Psi(p) = (e, e)$ gilt. Analog wie oben wird die Inzidenz durch $p \sim (e, e')$ bzw. $k \sim (e, e')$ oder, wenn die Richtung des Pfeiles nicht relevant ist, durch $p \sim \{e, e'\}$ bzw. $k \sim \{e, e'\}$ ausgedrückt. *Gemischte Graphen* enthalten dann ungerichtete Kanten sowie Pfeile und werden mit $G = (E, K, P, \Omega, \Psi)$ bezeichnet, wobei für die Mengen E, K, P und die Abbildungen Ω, Ψ die obigen Eigenschaften gelten.

Für den in Fig. 1.1 dargestellten, gemischten Graphen ist $E = \{e_1, e_2, e_3, e_4, e_5\}$, $K = \{k_1, k_2, k_3, k_4, k_5\}$, $P = \{p_1, p_2, p_3\}$ und die Abbildungen Ω, Ψ sind in Tab. 1.1 und 1.2 definiert.

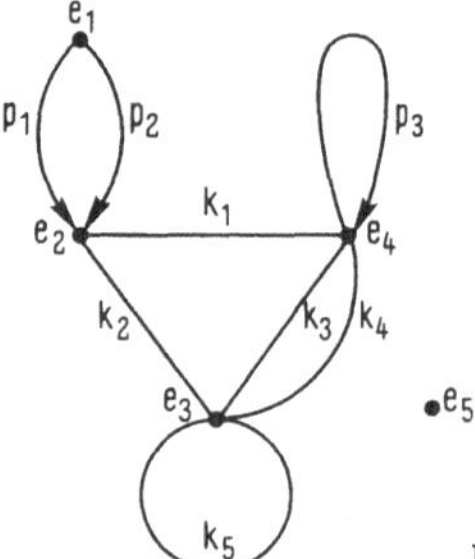

Fig. 1.1

Tab. 1.1

Kante	$\Omega(k_\nu)$
k_1	$\{e_2, e_4\}$
k_2	$\{e_2, e_3\}$
k_3	$\{e_3, e_4\}$
k_4	$\{e_3, e_4\}$
k_5	$\{e_3\}$

Tab. 1.2

Pfeil	$\Psi(p_\nu)$
p_1	(e_1, e_2)
p_2	(e_1, e_2)
p_3	(e_4, e_4)

Zwei Kanten k, k' bzw. zwei Pfeile p, p' heißen parallel, falls $\Omega(k) = \Omega(k')$ bzw. $\Psi(p) = \Psi(p')$ gilt. In Fig. 1.1 sind also die beiden Kanten k_3 und k_4 sowie die Pfeile p_1 und p_2 parallel. Unter dem Grad δ_{e_i} eines Knotens e_i versteht man die Mächtigkeit der Menge derjenigen Kanten, die mit e_i inzidieren, wobei Schlingen doppelt zu zählen sind. In gerichteten Graphen wird zudem zwischen dem positiven Grad oder dem Außengrad $\delta^+_{e_i}$ und dem negativen Grad oder dem Innengrad $\delta^-_{e_i}$ unterschieden, wobei damit die Mächtigkeiten der Mengen der mit e_i positiv inzidenten bzw. negativ inzidenten Pfeile gemeint sind. Offensichtlich gilt in diesem Fall $\delta_{e_i} = \delta^+_{e_i} + \delta^-_{e_i}$. Ist $\delta_{e_i} = 0$, so spricht man von einem isolierten Knoten e_i (e_5 in Fig. 1.1). Eine Ecke e_i nennt man Endecke von G, wenn $\delta_{e_i} = 1$ ist. Auf der anderen Seite heißt eine Kante k Endkante von G, wenn mindestens eine ihrer Ecken Endecke von G ist. Gilt in einem gerichteten Graphen für eine Ecke e_i $\delta^+_{e_i} > 0$, $\delta^-_{e_i} = 0$, so bezeichnen wir e_i als Quelle von G. Umgekehrt heißt e_i eine Senke von G, falls $\delta^+_{e_i} = 0$, $\delta^-_{e_i} > 0$ gilt. Sind in einem Graphen G die Mengen E, K und P endlich, so nennt man G endlich. In einem vollständigen Graphen sind alle Paare von verschiedenen Knoten durch mindestens eine (gerichtete oder ungerichtete) Kante verbunden. Enthält ein Graph G keine parallelen Kanten oder Pfeile und keine Schlingen, so heißt G schlicht. Endliche, gerichtete, schlichte Graphen werden mit Digraphen bezeichnet. Wegen der Eindeutigkeit von Ψ wird dann für Pfeile oft $p = (e, e')$ statt $p \sim (e, e')$ geschrieben. Sind die Abbildungen Ω und Ψ in einem bestimmten Zusammenhang nicht relevant, so bezeichnen wir ungerichtete, gerichtete und gemischte Graphen mit Ecken- und Kantenmengen E, K, P mit $G = (E, K)$, $G = (E, P)$ sowie $G = (E, K, P)$ und beliebige Graphen einfach mit G, wobei einschränkend vorausgesetzt werden kann, daß G ungerichtet, gerichtet oder gemischt ist. Es sei nun $G = (E, K, P)$ ein gemischter Graph und $\overline{E}$ eine Teilmenge von E. Ferner sei $K_{\overline{E}}$ bzw. $P_{\overline{E}}$ die Menge aller Kanten bzw. Pfeile, welche nur Knoten aus $\overline{E}$ verbinden. Die beiden Mengen definieren einen neuen Graphen $G_{\overline{E}} = (\overline{E}, K_{\overline{E}}, P_{\overline{E}})$ bzw. $G_{\overline{E}}$. Man bezeichnet

$G_{\overline{E}} = (\overline{E}, K_{\overline{E}}, P_{\overline{E}})$ als Untergraphen von G und entsprechend Untergraphen von ungerichteten bzw. gerichteten Graphen mit $G_{\overline{E}} = (\overline{E}, K_{\overline{E}})$ bzw. $G_{\overline{E}} = (\overline{E}, P_{\overline{E}})$. Ein Graph $G_{\overline{K}, \overline{P}} = (E, \overline{K}, \overline{P})$ mit sämtlichen Ecken und $\overline{K} \subset K, \overline{P} \subset P$ heißt Teilgraph von $G = (E, K, P)$. Ebenso ist $G_{\overline{K}} = (E, \overline{K})$ ein (ungerichteter) Teilgraph von $G = (E, K)$ resp. $G_{\overline{P}} = (E, \overline{P})$ ein (gerichteter) Teilgraph von $G = (E, P)$.

1.2 Speicherung von Graphen

Seien $e_1, \ldots, e_m$ die Ecken eines endlichen, ungerichteten Graphen, $k_1, \ldots, k_n$ seine Kanten und die Indizes die sog. Ecken- bzw. Kantennummern. Eine Möglichkeit, G zu speichern, besteht darin, daß in einem Bereich

$$R(j, s), \qquad j = 1, \ldots, n, s = 1, 2,$$

zu jeder Kante $k_j \sim \{e_i, e_\ell\}$ die Nummern i, ℓ ihrer Ecken in R(j, 1) resp. R(j, 2) abgespeichert werden. In gerichteten Graphen mit den Pfeilen $p_1, \ldots, p_n$ wird die Nummer i von $p_j \sim \{e_i, e_\ell\}$ in R(j, 1) und die Nummer ℓ in R(j, 2) gespeichert. Für viele Verfahren über gerichteten Graphen ist es nützlich, bei einer beliebigen Knotennumerierung eine geeignete Pfeilnumerierung zu wählen. Man numeriert zuerst alle Pfeile, die vom Knoten e_1 ausgehen mit $1, 2, \ldots, s_1$ und fährt dann mit dem Knoten e_2 und der Nummer $s_1 + 1$ weiter etc. Sind $p_r \sim (e_i, e_\ell)$ und $p_s \sim (e_{i_1}, e_{\ell_1})$ zwei Pfeile, dann gilt für diese Numerierung

$$i < i_1 \Rightarrow r < s.$$

Für jeden Anfangsknoten kann überdies nach Endknoten sortiert werden, wodurch außerdem aus

$$i = i_1, \ell < \ell_1 \Rightarrow r < s.$$

Sind die Pfeile eines Graphen auf diese Weise indiziert, dann bietet sich eine punkto Speicherbedarf vorteilhaftere Methode an: Man definiert zwei Bereiche L(i), $i = 1, \ldots, m$, und R(j), $j = 1, \ldots, n$. In R(j) wird die Endknotennummer ℓ von $p_j = (e_i, e_\ell)$ gespeichert und in L(i) die kleinste Nummer aller von e_i ausgehenden Pfeile. Für den in Fig. 1.2 abgebildeten Graphen erhält man also Tab. 1.3 und 1.4.

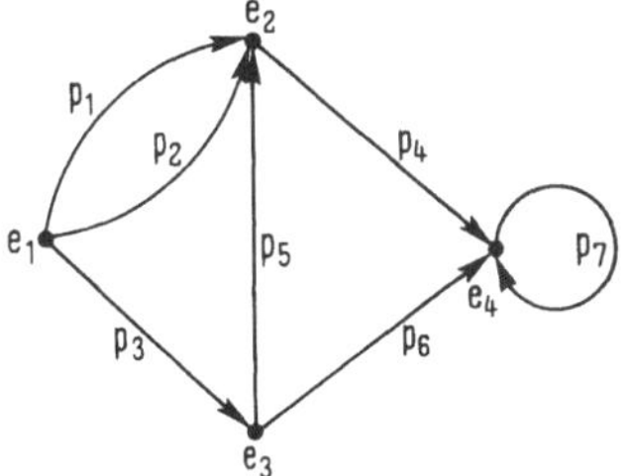

Fig. 1.2

Tab. 1.3

i	L(i)
1	1
2	4
3	5
4	7

Tab. 1.4

j	R(j)
1	2
2	2
3	3
4	4
5	2
6	4
7	4

Neben diesen Speicherungen in Pfeilform kann ein gerichteter Graph auch in Matrixform gespeichert werden, indem z. B. die Elemente $a_{i\ell}$, i, $\ell = 1, \ldots, m$, der sogenannten Adjazenzmatrix A(G) bzw. A die Anzahl der parallelen Pfeile von e_i nach e_ℓ angeben. Für den Graphen in Fig. 1.2 lautet dann

$$A = \begin{pmatrix} 0 & 2 & 1 & 0 \\ 0 & 0 & 0 & 1 \\ 0 & 1 & 0 & 1 \\ 0 & 0 & 0 & 1 \end{pmatrix}.$$

Für schlingenfreie, gerichtete Graphen ist die sog. Inzidenzmatrix $H = (h_{ij})$ durch

$$h_{ij} := \begin{cases} +1, & \text{falls } e_i \text{ Anfangsknoten von } p_j \\ -1, & \text{falls } e_i \text{ Endknoten von } p_j \\ 0, & \text{sonst} \end{cases}$$

definiert, wobei $i = 1, \ldots, m$ und $j = 1, \ldots, n$. Der in Fig. 1.2 dargestellte Graph ohne den Pfeil p_7 hat die Inzidenzmatrix

$$H = \underbrace{\begin{pmatrix} 1 & 1 & 1 & 0 & 0 & 0 \\ -1 & -1 & 0 & 1 & -1 & 0 \\ 0 & 0 & -1 & 0 & 1 & 1 \\ 0 & 0 & 0 & -1 & 0 & -1 \end{pmatrix}}_{\text{Pfeile } p_1 \text{ bis } p_6} \left.\vphantom{\begin{pmatrix}1\\1\\1\\1\end{pmatrix}}\right\} \text{Knoten } e_1 \text{ bis } e_4$$

Inzidenzmatrizen werden vor allem zur Formulierung von Flußproblemen verwendet. Man sieht sofort, daß mit der Adjazenz- und der Inzidenzmatrix u. U. viele Nullen gespeichert werden. Möchte man das vermeiden, so kommt man auf die vorher erwähnten Speicherformen.

1.3 Ketten, Wege

Sei G ein beliebiger Graph mit $E = \{e_1, \ldots, e_m\}$, $K = \{k_1, \ldots, k_{\overline{n}}\}$, $P = \{k_{\overline{n}+1}, \ldots, k_n\}$, wobei in Spezialfällen $\overline{n} = 0$ ($K = \emptyset$) oder $\overline{n} = n$ ($P = \emptyset$) sein kann. Eine alternierende Folge

$$F = (e_{i_1}, k_{j_1}, e_{i_2}, k_{j_2}, \ldots, e_{i_q}, k_{j_q}, e_{i_{q+1}})$$

von Ecken und gerichteten oder ungerichteten Kanten mit $q \geq 0$ heißt dann eine Kette von e_{i_1} nach $e_{i_{q+1}}$, wenn im Falle von $q \geq 1$ gilt: $k_{j_\nu} \sim \{e_{i_\nu}, e_{i_{\nu+1}}\}$, $\nu = 1, \ldots, q$. e_{i_1} heißt Anfangsecke und $e_{i_{q+1}}$ Endecke von F. Ist $q = 0$, so ist die Kette F zu einem Knoten degeneriert. In beiden Fällen definiere q die Länge $\ell(F)$ der Kette F. Die Folge $S(F) = (e_{i_1}, e_{i_2}, \ldots, e_{i_{q+1}})$ einer Kette F nennt man Spur von F. Eine Kette kann auch als Folge $(k_{j_1}, k_{j_2}, \ldots, k_{j_q})$ ihrer Kanten geschrieben werden, da die Ecken der alternierenden Folge durch die Abbildungen Ω und/oder Ψ eindeutig bestimmt sind. In einer einfachen Kette wird jede Kante der Folge nur einmal durchlaufen. Gilt $e_{i_1} \neq e_{i_{q+1}}$, so wird in einer elementaren Kette sogar jeder Knoten in F nur einmal angelaufen. Ist der Anfangsknoten e_{i_1} von F mit dem Endknoten $e_{i_{q+1}}$ identisch, so spricht man von einer geschlossenen Kette, die einfach bzw. elementar ist, wenn alle Kanten bzw. alle e_{i_ν}, $\nu = 1, \ldots, q$, nur einmal in F vorkommen. Ein Weg W ist eine Kette, die nur aus Pfeilen besteht, wobei e_{i_ν} Anfangsecke von k_{j_ν} ist für $\nu = 1, \ldots, q$. Die gerichteten Kanten werden also immer in Pfeilrichtung durchlaufen.

Man sagt, zwei Knoten e und e′ hängen zusammen, wenn es in G eine Kette F von e nach e′ gibt. Hängen in einem Graphen je zwei Ecken zusammen, dann heißt G (schwach) zusammenhängend. Alle Knoten eines Graphen G, die durch eine Kette mit einem Knoten e verbunden sind, definieren mit e einen Untergraphen, der minimal aus einem Knoten besteht, und den man eine (zusammenhängende) Komponente von G nennt. Ein Graph ist zusammenhängend, wenn er aus einer Komponente besteht. Ein Knoten e′ heißt erreichbar von e, wenn es in G einen Weg von e nach e′ gibt.

Um festzustellen, ob ein Graph G mit den Ecken $e_1, \ldots, e_m$ zusammenhängend ist, kann man wie folgt vorgehen:

Algorithmus 1.1

Schritt 1 $t_1 := 1, t_i := 0, i = 2, \ldots, m.$ $a := 1.$

Schritt 2 Falls ein zu e_a benachbarter Knoten e_i mit $t_i = 0$ existiert, gehe zu Schritt 3 und sonst zu Schritt 4.

Schritt 3 $t_i := 1, v(i) := a, a := i.$ Gehe zu Schritt 2.

Schritt 4 Ist $a := 1$, Stop.

Schritt 5 $a := v(a)$. Gehe zu Schritt 2.

Nach Abbruch des Verfahrens definieren alle Knoten e_i mit $t_i = 1$ eine Komponente von G. Man nennt ein solches Verfahren einen Markieralgorithmus, wobei t_i die Markierung ist. e_a gibt den aktuellen Standort der Markierungen wieder und $e_{v(a)}$ bezeichnet den „Vorgänger" von e_a, d. h., $e_{v(a)}$ ist der Knoten, von dem aus e_a erreicht wurde. Da man in Schritt 5 nur „rückwärts geht", wenn in Schritt 2 keine Möglichkeit mehr zum „Vorwärtsgehen" besteht, sind nach Abbruch des Verfahrens alle mit e_1 zusammenhängenden Knoten e_i mit $t_i = 1$ markiert. Um die von e_1 aus erreichbaren Knoten zu bestimmen, ist Schritt 2 zu modifizieren:

Schritt 2′ Falls ein Nachfolger e_i von e_a mit $t_i = 0$ existiert, gehe zu Schritt 3 und sonst zu Schritt 4.

Dieses Vorgehen wird als vertikale Markierung bezeichnet. Mit der sogenannten horizontalen Markierung erhält man

Algorithmus 1.2

Schritt 1 $t_1 := 1$. $t_i := 0$, $2 \leq i \leq m$. $A := \{e_1\}$, $B := \emptyset$.

Schritt 2 Für alle $e_i \in A$ führe aus: Falls e_ϱ mit e_i benachbart und $t_\varrho = 0$ ist, setze $t_\varrho := 1$ und $B := B \cup \{e_\varrho\}$.

Schritt 3 Falls $B = \emptyset$, Stop. Sonst setze $A := B$, $B := \emptyset$ und gehe zu Schritt 2.

In beiden Verfahren können die Markierungen im zweiten Schritt durch die Wahl von i beeinflußt werden. Zudem lassen sich durch einfache Modifikationen der beiden Verfahren geschlossene Ketten oder geschlossene Wege bestimmen.

1.4 Zyklen, Kozyklen, Schleifen und Koschleifen in gerichteten Graphen

Ein Zyklus Z ist eine einfache, geschlossene Kette in einem gerichteten Graphen $G = (E, P)$. Ist Z ein Weg, so spricht man von einer Schleife. Wie oben können Zyklen elementar sein. Elementare Zyklen sind minimal in dem Sinne, daß man keinen anderen Zyklus erhält, wenn Pfeile weggelassen werden, da jeder Knoten der Spur S(Z) nur einmal durchlaufen wird. Sei nun $E = \{e_1, \ldots, e_m\}$, $P = \{p_1, \ldots, p_n\}$ und $Z = (e_{i_1}, p_{j_1}, e_{i_2}, p_{j_2}, \ldots, p_{j_q}, e_{i_{q+1}})$ sowie $Z^+ := \{p_{j_\nu}$ aus $Z \mid e_{i_\nu}$ ist Anfangsecke von $p_{j_\nu}\}$, $Z^- := \{p_{j_\nu}$ aus $Z \mid e_{i_\nu}$ ist Endecke von $p_{j_\nu}\}$ und $\zeta = (\zeta_1, \ldots, \zeta_n)^T$ mit

$$\zeta_j := \begin{cases} +1, & \text{falls } p_j \in Z^+ \\ -1, & \text{falls } p_j \in Z^-. \\ 0, & \text{sonst} \end{cases}$$

ζ heißt Zyklus-Vektor von Z. Man nennt ζ elementar, wenn Z elementar ist. Da Zyklen einfach sind, ist jeder Zyklus-Vektor die Summe von elementaren Zyklus-Vektoren, wobei die betreffenden Zyklen keine gemeinsamen Pfeile haben. Die Zyklen $Z^{(1)}, \ldots, Z^{(s)}$ sind linear unabhängig, wenn die entsprechenden Zyklus-Vektoren diese Eigenschaft besitzen. Andernfalls sind sie linear abhängig. Eine Menge von elementaren Zyklen $Z^{(1)}, \ldots, Z^{(s)}$ heißt eine fundamentale Basis von Zyklen, wenn für jeden elementaren Zyklus Z gilt: ζ ist als Linearkombination der $\zeta^{(1)}, \ldots, \zeta^{(s)}$ darstellbar.

Sei $\bar{E}$ eine Teilmenge von E und $I(\bar{E}) := \{p_j \in P \mid$ eine Ecke von p_j ist in E, die andere in $E - \bar{E}\}$. Ist diese Menge nicht leer, so spricht man von einem Kozyklus, der einfach ist, falls der durch $\bar{E}$ definierte Untergraph $G_{\bar{E}}$ zusammenhängend ist. Ferner heißt $I(\bar{E})$ elementar, wenn überdies $G_{E-\bar{E}}$ zusammenhängend ist.

Wie bei den Zyklen ist ein elementarer Kozyklus $I(\bar{E})$ minimal in dem Sinne, daß es keinen Kozyklus gibt, der eine echte Teilmenge von $I(\bar{E})$ ist, denn ein Kozyklus $I(\bar{E}')$, der aus $I(\bar{E})$ durch Entfernen eines Pfeiles p_j entsteht, hat die Eigenschaft, daß beide Ecken von p_j entweder in $\bar{E}'$ oder in $E - \bar{E}'$ liegen. In beiden Fällen enthält $I(\bar{E}')$ einen Pfeil $p_j' \notin I(\bar{E})$, der mit einer Ecke von p_j inzidiert, im ersten Fall, weil $G_{\bar{E}-E}$ zusammenhängend ist, und im zweiten Fall, weil $G_{\bar{E}}$ zusammenhängend ist.

Ein Kozyklus läßt sich durch $I(\bar{E}) = I^+(\bar{E}) \cup I^-(\bar{E})$ darstellen, wobei $I^+(\bar{E}) := \{p_j \in I(\bar{E}) \mid$ die Anfangsecke von p_j ist in $\bar{E}\}$ und $I^-(\bar{E}) := \{p_j \in I(\bar{E}) \mid$ die Endecke von p_j ist in $\bar{E}\}$. Ist eine dieser beiden Mengen leer, so spricht man von einer Koschleife. Jedem Kozyklus $I(\bar{E})$ läßt sich ein Kozyklus-Vektor $\eta(\bar{E}) = (\eta_1, \ldots, \eta_n)^T$ zuordnen, indem man setzt:

$$\eta_j := \begin{cases} +1, & \text{falls } p_j \in I^+(\bar{E}) \\ -1, & \text{falls } p_j \in I^-(\bar{E}) \\ 0, & \text{sonst} \end{cases}.$$

Bei einelementigen Teilmengen wird anstelle von $I(\{e_i\})$ und $\eta(\{e_i\})$ einfach $I(e_i)$ und $\eta(e_i)$ geschrieben. Damit folgt aus der Definition von η, daß für jeden Kozyklus $I(\bar{E})$

$$\eta(\bar{E}) = \sum_{e_i \in \bar{E}} \eta(e_i)$$

gilt. Ist $\bar{E} = \bar{E}^{(1)} \cup \bar{E}^{(2)} \cup \ldots \cup \bar{E}^{(s)}$ und sind die $\bar{E}^{(\nu)}$ paarweise disjunkt, so erhält man analog

$$\eta(\bar{E}) = \sum_{\nu=1}^{s} \eta(\bar{E}^{(\nu)}).$$

Wird die Partition so vorgenommen, daß die $\bar{E}^{(\nu)}$ zusammenhängende Untergraphen definieren und s minimal ist (d. h. $s > 1$ nur, wenn $G_{\bar{E}}$ nicht zusammenhängend), dann ist jeder Kozyklus-Vektor die Summe von einfachen, disjunkten Kozyklus-Vektoren, wenn diese Eigenschaften auf die Vektoren übertragen werden. Ist G zusammenhängend und $I(\bar{E})$ einfach aber nicht elementar, so kann für $E - \bar{E}$ eine Partition $\bar{E}^{(\nu)}$, $\nu = 1, \ldots, s$, wie oben gefunden werden. Damit gilt $\eta(\bar{E}) = -\sum_{\nu=1}^{s} \eta(\bar{E}^{(\nu)})$. Da G, $G_{\bar{E}}$ zusammenhängend sind und die Partition speziell gewählt wurde, sind $G_{E-\bar{E}^{(\nu)}}$, $\nu = 1, \ldots, s$, ebenfalls zusammenhängend, und es gilt $\eta(\bar{E}^{(\nu)}) = -\eta(E - \bar{E}^{(\nu)})$, d. h., jeder Kozyklus-Vektor ist als Summe von elementaren, disjunkten Kozyklus-Vektoren darstellbar.

Wir nennen die Kozyklen $I(E^{(1)}), \ldots, I(E^{(\ell)})$ linear unabhängig, wenn die entsprechenden Vektoren $\eta^{(1)}, \eta^{(2)}, \ldots, \eta^{(\ell)}$ linear unabhängig sind. Andernfalls sind sie linear abhängig. $I(E^{(1)}), \ldots, I(E^{(\ell)})$ bilden eine fundamentale Basis von Kozyklen, falls sie alle elementar sind und für jeden elementaren Kozyklus $I(\bar{E})$ gilt: $\eta(\bar{E})$ ist als Linearkombination der $\eta^{(1)}, \ldots, \eta^{(\ell)}$ darstellbar.

1.5 Bäume, Wälder, Gerüste

Ein Graph G heißt ein Baum, falls G zusammenhängend ist und keine elementaren, geschlossenen Ketten enthält. Besteht ein Graph G aus mehreren Bäumen, so spricht man von einem Wald.

Satz 1.1 In einem Baum mit mindestens zwei Knoten sind je zwei Ecken durch genau eine elementare Kette verbunden.

Beweis. Gäbe es zwischen zwei beliebigen Ecken mindestens zwei unterschiedliche, elementare Ketten, dann könnte mindestens eine elementare, geschlossene Kette gebildet werden. ■

Korollar 1.2 Ist G ein Baum, dann entsteht durch Hinzufügen einer weiteren Kante genau eine elementare, geschlossene Kette.

Satz 1.3 Ist G ein Baum mit mindestens zwei Knoten, dann zerfällt G durch Wegnahme einer Kante k in zwei Komponenten.

Beweis. Sei $k \sim \{e, e'\}$ eine beliebige Kante. Ist k Endkante, so ist die Behauptung richtig. Andernfalls sind e und e' gemäß Satz 1.1 nach Wegnahme von k nicht mehr durch eine Kette verbunden. Damit gibt es mindestens zwei Komponenten. Da jede Ecke immer noch entweder mit e oder mit e' zusammenhängt, sind es genau zwei Komponenten. ■

Korollar 1.4 Ein Baum mit m Ecken hat $m - 1$ Kanten.

Beweis. Nach Wegnahme von $m - 1$ Kanten bleiben m Komponenten oder Knoten übrig. ■

Damit folgt sofort

Korollar 1.5 Ein Wald mit p Bäumen und m Ecken hat $m - p$ Kanten.

Ein Baum G', der Teilgraph eines Graphen G ist, d. h., alle Knoten von G enthält, heißt ein Gerüst von G.

Satz 1.6 Jeder endliche, zusammenhängende Graph G besitzt ein Gerüst.

Beweis. Da G zusammenhängend ist, endet Algorithmus 1.1 mit $t_i = 1$, $i = 1, \ldots, m$, und jeder Knoten e_i hat genau einen Vorgänger $e_{v(i)}$. Damit erhält man einen zusammenhängenden Teilgraphen G' bestehend aus den jeweils in Schritt 2 bestimmten Kanten $k \sim \{e_{v(a)}, e_a\}$. G' enthält keine elementaren, geschlossenen Ketten, da in jedem Schritt ein neuer Knoten markiert und deshalb keine Kette geschlossen wird. ■

Aus dem Beweis von Satz 1.6 ist zudem ersichtlich, daß sich mit Algorithmus 1.1 auch Gerüste von Graphen bestimmen lassen, wenn die in Schritt 2 ausgezeichneten Kanten laufend abgespeichert werden.

Satz 1.7 Ein zusammenhängender, gerichteter Graph $G = (E, P)$ mit m Knoten und n Pfeilen enthält mindestens $n - m + 1$ linear unabhängige, elementare Zyklen.

Beweis. Sei $G_{\overline{P}}$ ein beliebiges Gerüst von G. Dann enthält $P - \overline{P}$ gemäß Korollar 1.4 $n - m + 1$ Pfeile. Nach Korollar 1.2 entstehen durch Hinzufügen jedes einzelnen Pfeiles von $P - \overline{P}$ insgesamt $n - m + 1$ elementare Zyklen. Diese sind linear unabhängig, da jede Komponente, die einem hinzuzufügenden Pfeil entspricht, $(n - m)$-mal Null und einmal von Null verschieden ist. ■

Sei $G = (E, K)$ ein zusammenhängender, endlicher Graph, $\overline{K} \subset K$ und $G_{\overline{K}}$ ein Gerüst. Dann heißt $G_{K-\overline{K}}$ ein K o g e r ü s t von G. Entsprechend sind Kogerüste in gerichteten und gemischten Graphen definiert.

Lemma 1.8 Ein Kogerüst $G_{P-\overline{P}}$ eines gerichteten Graphen $G = (E, P)$ enthält keine Kozyklen bezüglich G.

B e w e i s. Da $G_{\overline{P}}$ ein Gerüst und deshalb zusammenhängend ist, enthält ein Kozyklus $I(\overline{E})$ bezüglich G für alle echten Teilmengen $\overline{E} \subset E$ ein $p \in \overline{P}$. ■

Lemma 1.9 Sei $G_{P-\overline{P}}$ Kogerüst eines gerichteten Graphen $G = (E, P)$ und $p \in \overline{P}$. Durch Hinzufügen von p zu $G_{P-\overline{P}}$ entsteht genau ein in G elementarer Kozyklus $I(\overline{E})$, der p als einzigen Pfeil von $\overline{P}$ enthält.

B e w e i s. Gemäß Satz 1.3 zerfällt $G_{\overline{P}}$ nach Wegnahme von p in zwei Komponenten, die durch zwei Knotenmengen $\overline{E}$, $E - \overline{E}$ definiert sind. Wegen $p \in I(\overline{E})$, d. h. $I(\overline{E}) \neq \emptyset$, erhält man einen in G elementaren Kozyklus, der außer p keine Pfeile aus $\overline{P}$ enthält, da diese zu $G_{\overline{E}}$ oder $G_{E-\overline{E}}$ gehören. Für jeden weiteren Kozyklus $I(E')$ in G wäre gemäß Lemma 1.8 $p \in I(E')$ und wegen $\overline{E} \neq E'$ oder $E - \overline{E} \neq E'$ mindestens ein weiterer Pfeil $p \in \overline{P}$ in $I(E')$ enthalten. ■

Satz 1.10 Ein endlicher, zusammenhängender Graph $G = (E, P)$ mit m Ecken und n Pfeilen enthält mindestens $m - 1$ linear unabhängige, elementare Kozyklen.

B e w e i s. Da ein Gerüst von G $m - 1$ Pfeile hat, erhält man nach Lemma 1.9 $m - 1$ elementare Kozyklen. Analog wie in Satz 1.7 kann gezeigt werden, daß sie linear unabhängig sind. ■

Lemma 1.11 Sei Z ein beliebiger Zyklus und $I(\overline{E})$ ein beliebiger Kozyklus. Dann gilt für die entsprechenden Vektoren $\zeta^T \eta = 0$.

B e w e i s. Haben Z und $I(\overline{E})$ keine gemeinsamen Pfeile, so ist die Behauptung trivial. Andernfalls haben Z und $I(\overline{E})$ eine gerade Anzahl von Pfeilen gemeinsam, denn erreicht man beim Durchlaufen von Z über einen Pfeil p_j eine Ecke aus $\overline{E}$, so wird man $\overline{E}$ auf einem Pfeil p_k wieder verlassen. Folgende Fälle sind möglich:

$$\zeta_j = 1, \zeta_k = 1 \Rightarrow \eta_j = -1, \eta_k = 1$$
$$\zeta_j = 1, \zeta_k = -1 \Rightarrow \eta_j = -1, \eta_k = -1$$
$$\zeta_j = -1, \zeta_k = 1 \Rightarrow \eta_j = 1, \eta_k = 1$$
$$\zeta_j = -1, \zeta_k = -1 \Rightarrow \eta_j = 1, \eta_k = -1$$

Für alle Möglichkeiten gilt $\zeta_j\eta_j + \zeta_k\eta_k = 0$. ■

Satz 1.12 (B e r g e [1]) In einem endlichen, gerichteten und zusammenhängenden Graphen $G = (E, P)$ mit m Ecken und n Pfeilen enthält eine fundamentale Basis von Zyklen $z(G) := n - m + 1$ Elemente und eine fundamentale Basis von Kozyklen $z'(G) := m - 1$ Elemente.

B e w e i s. M bzw. N seien die Vektorräume, die durch die Menge aller Zyklen bzw. durch die Menge aller Kozyklen aufgespannt werden. Gemäß den Sätzen 1.7 und 1.10 gilt dann $\dim M + \dim N \geqslant n$. Aus Lemma 1.11 folgt, daß M und N orthogonal sind, d. h., es gilt $\dim M + \dim N \leqslant n$, insgesamt also $\dim M + \dim N = n$ und deshalb $\dim M = n - m + 1$ und $\dim N = m - 1$. ∎

z(G) heißt z y k l o m a t i s c h e Z a h l von G und z′(G) k o z y k l o m a t i s c h e Z a h l von G.

Mit den Überlegungen in den Beweisen zu Satz 1.7 und Lemma 1.8 und den angedeuteten Modifikationen in Algorithmus 1.1 sind wir nun in der Lage, fundamentale Basen von Zyklen und Kozyklen zu bestimmen.

In Fig. 1.3 entsprechen die fett eingezeichneten und mit den Nummern 5 bis 8 versehenen Pfeile einem Gerüst, während die Pfeile des Kogerüstes von 1 bis 4 numeriert sind. Da jedem Pfeil des Kogerüstes ein Zyklus und jedem Pfeil des Gerüstes ein Kozyklus entspricht, sind die Elemente der Basen mit den entsprechenden Pfeilnummern versehen:

$\zeta^{(1)} = (1, 0, 0, 0, 0, 0, -1, -1)$, $\quad \eta^{(5)} = (0, 1, 1, -1, 1, 0, 0, 0)$, $\quad \bar{E} = \{a, b\}$

$\zeta^{(2)} = (0, 1, 0, 0, -1, -1, -1, 0)$, $\quad \eta^{(6)} = (0, 1, 1, 0, 0, 1, 0, 0)$, $\quad \bar{E} = \{b\}$

$\zeta^{(3)} = (0, 0, 1, 0, -1, -1, -1, -1)$, $\quad \eta^{(7)} = (1, 1, 1, -1, 0, 0, 1, 0)$, $\quad \bar{E} = \{a, b, c\}$

$\zeta^{(4)} = (0, 0, 0, 1, 1, 0, 1, 1)$, $\quad \eta^{(8)} = (1, 0, 1, -1, 0, 0, 0, 1)$, $\quad \bar{E} = \{a, b, c, d\}$

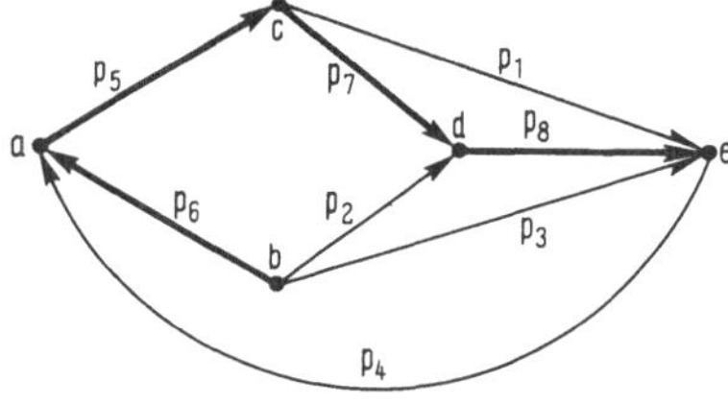

Fig. 1.3

Sei G ein gerichteter Baum. Existiert ein Knoten e, von dem aus alle andern Knoten erreichbar sind, so heißt G ein W u r z e l b a u m und e ist seine W u r z e l. Ein ungerichteter Baum G kann in einen Wurzelbaum mit beliebiger Wurzel e umgewandelt werden, indem man die Ketten von e nach den übrigen Knoten e′ in Wege von e nach e′ umwandelt. Die Speicherung von Wurzelbäumen kann z. B. mit der Triple-Label-Method von J o h n s o n [35] erfolgen, die für $E = \{e_1, \ldots, e_m\}$ den einzelnen Knoten e_i die drei Informationen v(i), b(i) und n(i) über den Vorgänger, den „Bruder" und den Nachfolger von $e_i \in E$ zuordnet. Die Methode soll an einem kleinen Beispiel (vgl. Fig. 1.4 und Tab. 1.5) erläutert werden.

v(i) = 0 bedeutet, daß e_i Wurzel und n(i) = 0, daß e_i Endknoten von G ist. Alle direkten Nachfolger von $e_a \in E$ tragen die Nummern n(a), b(n(a)), b(b(n(a))) etc. bis einer dieser Werte null wird. Grundlage für die Bestimmung der Funktionen v, b und n ist wiederum Algorithmus 1.1, in welchem man (evtl. nach Umnumerierung) vom Wurzelknoten

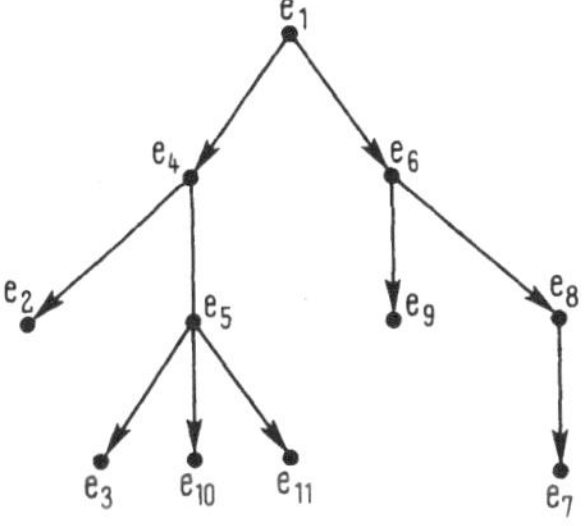

Fig. 1.4

Tab. 1.5

i	v(i)	b(i)	n(i)
1	0	0	4
2	4	5	0
3	5	10	0
4	1	6	2
5	4	0	3
6	1	0	8
7	8	0	0
8	6	9	7
9	6	0	0
10	5	11	0
11	5	0	0

$e_1[v(1) := 0]$ ausgeht und Nachfolger $e_{n(i)}$ markiert, bis ein Endknoten von G erreicht wird $[n(i) := 0]$, dann so lange rückwärts geht, bis wieder zu einem Nachfolger verzweigt werden kann $[b(i) :\neq 0]$ und dann wieder so weit wie möglich vorwärts markiert etc. Alle von einem vorgegebenen Knoten e_a aus erreichbaren Ecken eines Wurzelbaumes läuft man deshalb wie folgt an:

Algorithmus 1.3

S c h r i t t 1 Setze $i := a$.

S c h r i t t 2 Setze $j := n(i)$.

S c h r i t t 3 Falls $j \neq 0$, setze $i := j$ und gehe zu Schritt 2.

S c h r i t t 4 Falls $b(i) \neq 0$, setze $i := b(i)$ und gehe zu Schritt 2.

S c h r i t t 5 Setze $i := v(i)$.

S c h r i t t 6 Falls $i = a$, Stop. Sonst gehe zu Schritt 4.

Bei der g e f ä d e l t e n S p e i c h e r u n g eines Wurzelbaumes merkt man sich zu jeder Knotennummer i die Vorgängernummer v(i) und die nächste neue Knotennum-

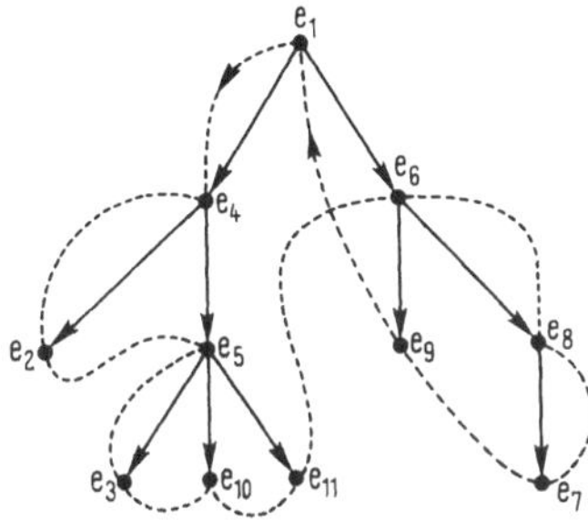

Fig. 1.5

Tab. 1.6

i	v(i)	n'(i)
1	0	4
2	4	5
3	5	10
4	1	2
5	4	3
6	1	8
7	8	9
8	6	7
9	6	1
10	5	11
11	5	6

mer $n'(i)$, die im Algorithmus 1.3 bzw. 1.1 angelaufen wird. Für den in Fig. 1.4 dargestellten Graphen und die Speicherung von Tab. 1.5 erhält man dann den in Fig. 1.5 gestrichelt gezeichneten „Faden" und Tab. 1.6.

1.6 Stark zusammenhängende Graphen und schleifenlose Graphen

Ein gerichteter Graph $G = (E, P)$ heißt *stark zusammenhängend*, wenn es für je zwei verschiedene Knoten e und e' aus E einen Weg von e nach e' und einen Weg von e' nach e gibt. In stark zusammenhängenden Graphen führt durch jeden Pfeil $p \in P$ eine Schleife. Um abzuklären, ob ein Graph $G = (E, P)$ stark zusammenhängend ist, wird mit Algorithmus 1.1 und Schritt $2'$ anstelle von Schritt 2 die Menge A der Knoten, die von $e_1 \in E$ erreichbar sind, bestimmt. Danach wendet man dieses Verfahren mit Schritt $2''$ anstelle von Schritt 2 an:

Schritt $2''$ Falls ein Vorgänger e_i von e_a mit $t_i = 0$ existiert, gehe zu Schritt 3 und sonst zu Schritt 4.

Damit erhält man die Menge B von Knoten, von denen aus e_1 erreichbar ist. Das Verfahren läuft nun wie folgt ab:

Algorithmus 1.4

Schritt 1 Bestimme A mit Algorithmus 1.1 und Schritt $2'$.

Schritt 2 Bestimme B mit Algorithmus 1.1 und Schritt $2''$.

Durch die Knotenmenge $A \cap B$ wird dann der größte stark zusammenhängende Untergraph von G definiert, der die Ecke e_1 enthält, denn über e_1 sind alle Paare von Knoten durch Wege hin und zurück verbunden.

Stark zusammenhängende Graphen sind in einem gewissen Sinn dual zu den *schleifenlosen* Graphen, da bei diesen jeder Pfeil p in einer Koschleife enthalten ist. Ist $p \sim (e, e')$ ein beliebiger Pfeil, so bestimmen wir die Menge $\overline{E}$ aller von e' aus erreichbaren Knoten. Da G schleifenlos ist, gilt $e \notin \overline{E}$, d. h. $p \in I^-(\overline{E})$. Zudem gilt $I^+(\overline{E}) = \emptyset$, da sonst weitere Knoten erreichbar wären.

Bei der Untersuchung von schleifenfreien Graphen ist der Begriff des Ranges sehr oft von Bedeutung. Es sei $G = (E, P)$ ein endlicher, gerichteter Graph und $\mathscr{W}(e)$ die Menge aller Wege mit dem Endknoten $e \in E$. Dann heißt

$$\rho_e := \sup \{\ell(W) \mid W \in \mathscr{W}(e)\}$$

der Rang von $e \in E$. $\rho_e = 0$ gilt also genau dann, wenn e keine Vorgänger hat, d. h., wenn $\delta_e^- = 0$ ist. Andererseits ist wegen der Endlichkeit von G $\rho_e = \infty$ dann und nur dann, wenn mindestens ein $W \in \mathscr{W}(e)$ eine Schleife besitzt, die unendlich oft durchlaufen werden kann. Enthält $\mathscr{W}(e)$ in einem Graphen mit m Knoten nur elementare Wege, so muß $\rho_e \leqslant m - 1$ sein. In schleifenlosen Graphen gilt also $\rho_e \leqslant m - 1$ für alle $e \in E$. Für den in Fig. 1.6 dargestellten Graphen erhält man $\rho_{e_1} = \rho_{e_2} = \rho_{e_3} = \infty$, $\rho_{e_4} = 2$, $\rho_{e_5} = 0$, $\rho_{e_6} = 1$.

Der nachfolgende Algorithmus 1.5 zur Rangbestimmung nützt die Aussage von Satz 1.13 aus.

Satz 1.13 In einem endlichen, schleifenlosen, gerichteten Graphen $G = (E, P)$ mit $P \neq \emptyset$ gibt es mindestens eine Quelle und mindestens eine Senke.

B e w e i s. Sei G ein Graph ohne Senken. Dann gibt es nach Voraussetzung ein $p_1 \sim (e_1, e_2)$, und nach evtl. Umnumerierung ein $p_2 \sim (e_2, e_3)$ etc. in P. Da dieser Prozeß unendlich oft wiederholt werden kann und G endlich ist, muß der Graph mindestens eine Schleife enthalten. Analog zeigt man, daß G mindestens eine Quelle hat. ∎

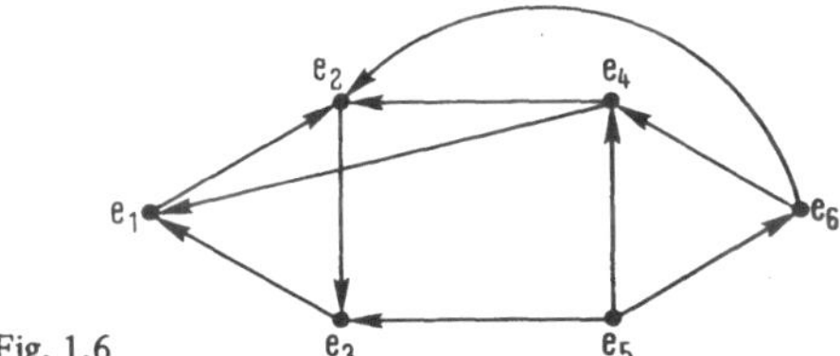

Fig. 1.6

Im Verfahren ordnet man den Quellen eines Graphen G den Rang Null zu und „streicht" die von diesen Ecken ausgehenden Pfeile. Enthält der neue Graph wieder Quellen, so haben diese Knoten den Rang eins etc. Es wird unterstellt, daß für die Ecken $e_i = i$, $1 \leqslant i \leqslant m$, gilt, daß G in Pfeilform gespeichert wird und die Innengrade δ_i^- bekannt sind.

Algorithmus 1.5

S c h r i t t 1 $s_i := \infty, i = 1, \ldots, m$. $X := E$, $s := 0$.

S c h r i t t 2 $A_s := \{i \in X \mid \delta_i^- = 0\}$.

S c h r i t t 3 Falls $A_s = \emptyset$, Stop.

S c h r i t t 4 $s_i := s \quad \forall\, i \in A_s$.

S c h r i t t 5 $\delta_\ell^- := \delta_\ell^- - 1$ für alle Nachfolger ℓ aller $i \in A_s$ („streichen" der Pfeile).

S c h r i t t 6 $X := X - A_s$.

S c h r i t t 7 Falls $X = \emptyset$, Stop.

S c h r i t t 8 $s := s + 1$. Gehe zu Schritt 2.

Um dieses Verfahren zu rechtfertigen, ist zu zeigen, daß in Iteration s der längste Weg, der in $i \in A_s$ endet, die Länge s hat. Für $s = 0$ ist diese Aussage richtig. Nun sei sie für alle ν mit $1 \leqslant \nu \leqslant s$ richtig. In Schritt 5 der Iteration s wird für alle Nachfolger ℓ aller $i \in A_s$ δ_ℓ^- je um 1 reduziert. Ist in Iteration $s + 1$ $A_{s+1} \neq \emptyset$, so sind alle diese Knoten über einen Weg der Länge $s + 1$ erreichbar, und die Ecken von A_{s+1} sind Quellen eines Untergraphen G_X mit $X = E - A_1 - \ldots - A_s$. Damit sind alle $i \in A_{s+1}$ nur von Ecken aus A_ν, $\nu \leqslant s$ erreichbar. Aus der Induktionsannahme folgt also, daß sämtliche Wege W, die in $i \in A_{s+1}$ enden, $\ell(W) \leqslant s + 1$ erfüllen. Gilt $A_{s+1} = \emptyset$, so ist G_X und somit G gemäß Satz 1.13 nicht schleifenlos, da G_X keine Quellen enthält. Sämtliche Knoten von G_X sind also in einer Schleife enthalten oder von einer solchen aus erreichbar, weshalb alle diese Ecken den Rang unendlich haben.

Selbstverständlich kann dieser Algorithmus auch für die Adjazenzmatrix als sog. Matrixalgorithmus formuliert werden, da den Quellen Spalten mit nur Nullelementen und der Reduktion des Graphen das Streichen von Spalten und Zeilen entspricht. Sind die Ränge der Knoten eines Graphen bekannt und alle endlich d. h., ist G endlich, gerichtet und schleifenlos, so können die Knoten neu numeriert werden. Man numeriert die Elemente von A_0 fortlaufend mit 1, 2, ..., i_0 und fährt mit A_1 und $i_0 + 1$ weiter etc., wobei die Reihenfolge innerhalb einer Menge A_ν nicht relevant ist. Für diese Numerierung gilt

$$\rho_{e_i} < \rho_{e_j} \Rightarrow i < j.$$

Sie heißt topologische Knotensortierung oder kurz topologische Sortierung. Aus der Definition des Ranges folgt zudem für jeden Pfeil $p_\ell \sim (e_i, e_j)$ die Beziehung $i < j$.

2 Kürzeste Wege und kürzeste Weglängen

2.1 Begriffe und Problemstellung

Bei der Bestimmung von kürzesten Wegen in endlichen, gerichteten Graphen G = (E, P) wird angenommen, daß beim Durchlaufen eines Pfeiles eine Distanz zu überwinden ist, Kosten verursacht werden, Zeit aufzuwenden ist etc. Mit $P = \{p_1, \ldots, p_n\}$ wird deshalb vorausgesetzt, daß eine Pfeilbewertung gegeben ist, die in einem Kostenvektor $c^T = (c_1, \ldots, c_n)$ zusammengefaßt sei, wobei die Komponente $c_j \in \mathbf{R}^1$ dem Pfeil p_j zugeordnet ist und als Länge des Pfeiles interpretiert werden kann. Ist nun $(e_{i_1}, p_{j_1}, e_{i_2}, p_{j_2}, \ldots, p_{j_q}, e_{i_{q+1}})$ ein Weg W, so wird die Größe

$$\ell_B(W) := \sum_{\nu=1}^{q} c_{j_\nu}$$

die bewertete Länge von W oder (wenn Mißverständnisse ausgeschlossen sind) einfach die Länge von W genannt. Das Problem besteht nun darin, aus der Menge $\mathscr{W}$ aller Wege von e_1 nach e_{q+1} einen Weg W^0 zu bestimmen, für den

$$\ell_B(W^0) = \begin{cases} \inf\{\ell_B(W) \mid W \in \mathscr{W}\}, & \text{falls } \mathscr{W} \neq \emptyset \\ \infty, & \text{sonst} \end{cases}$$

gilt. Ist $\ell_B(W^0)$ endlich, so heißt W^0 kürzester Weg und $\ell_B(W^0)$ ist die kürzeste Weglänge bzw. die kürzeste Distanz von e_1 nach e_{q+1}. Enthält ein Weg $W \in \mathscr{W}$ eine negative Schleife, d. h. eine Schleife $(e_{i_r}, p_{j_r}, \ldots, p_{j_s}, e_{i_r})$ – vgl. Abschn. 1.4 – mit

$$\sum_{\nu=r}^{s} c_{j_\nu} < 0,$$

so wird $\ell_B(W^0) = -\infty$, da diese Schleife unendlich oft durchlaufen werden kann.
Werden in einem Graphen $G^0 = (E, P^0)$ alle parallelen Pfeile bis auf den kürzesten und alle Schlingen entfernt (positive Schlingen würden nicht und negative Schlingen unendlich oft durchlaufen), so erhält man einen Digraphen $G = (E, P)$. Da die Pfeile in diesem Digraphen eindeutig durch Paare von Knoten bestimmt sind, lassen sich die Pfeilbewertungen auch in einer Kostenmatrix $C = (c_{i\ell})$ mit

$$c_{i\ell} := \begin{cases} c_j, & \text{falls } p_j \in P,\ p_j = (e_i, e_\ell) \\ 0, & \text{falls } i = \ell \\ \infty, & \text{sonst} \end{cases}$$

zusammenfassen. Dabei sind $i, \ell \in \{1, \ldots, m\}$.
In den folgenden Abschnitten werden einerseits die kürzesten Wege von einem vorgegebenen Knoten zu allen anderen Knoten und andererseits die kürzesten Wege zwischen allen Paaren von Knoten berechnet. Die hier beschriebenen Algorithmen sind einfach aufgebaut und schnell. Es ist möglich, durch Kombination der Ideen dieser Verfahren neue Algorithmen zu konstruieren, die gewissermaßen die Vorteile von verschiedenen Verfahren in sich vereinen. Solche Verfahren sind natürlich komplizierter und entsprechend umständlich zu beschreiben. Sie werden deshalb hier nicht behandelt, sind aber z. B. bei Yen [60] zu finden.

2.2 Kürzeste Wege von einem vorgegebenen Knoten zu allen anderen Knoten

2.2.1 Verfahren

Im ersten Verfahren enthalte die Kostenmatrix C nur nichtnegative Elemente $c_{i\ell}$, und $e_1 \in E$ sei der Ausgangsknoten. Der Algorithmus wurde von Dijkstra [8] vorgeschlagen.

Algorithmus 2.1 (für nicht-negative c_{ij})

Schritt 1 $t_1 := 0$. $t_i := \infty, i = 2, \ldots, m$. $A := E - \{e_1\}$, $a := 1$, $s := \infty$.

Schritt 2 Für alle $e_i \in A$ führe (2.1) und (2.2) aus:
Falls $t_a + c_{ai} < t_i$, setze $t_i := t_a + c_{ai}$, $v(i) := a$. (2.1)
Falls $t_i < s$, setze $s := t_i$, $b := i$. (2.2)

Schritt 3 Falls $s = \infty$, Stop.

Schritt 4 $A := A - \{e_b\}$.

Schritt 5 Falls $A = \emptyset$, Stop.

Schritt 6 $a := b$, $s := \infty$. Gehe zu Schritt 2.

Nach Abbruch des Verfahrens können die kürzesten Wege von e_1 nach e_i für alle i mit

$t_i < \infty$ anhand der Vorgängerinformationen v(i) ermittelt werden. Der Algorithmus arbeitet mit der Kostenmatrix C, weshalb G nicht zusätzlich gespeichert werden muß.

In der Pfeilform des Verfahrens lautet Schritt 2 wie folgt:

Schritt 2′ Für alle $p_j \in I^+(e_a)$ mit $p_j = (e_a, e_i)$ führe (2.1′) und (2.2′) aus:

Falls $e_i \in A$, setze $t_i := \min(t_i, t_a + c_j)$. (2.1′)

Falls $t_i < s$, setze $s := t_i$, $b := i$. (2.2′)

G wird in diesem Fall gemäß den Ausführungen von Abschn. 1.2 gespeichert. Zusammen mit dem Kostenvektor c belegt man 2n + m Speicherplätze gegenüber m^2, wenn die Kostenmatrix C gespeichert wird. Eine Einsparung erfolgt also nur, wenn $n < \frac{m(m-1)}{2}$ gilt. Rechenzeitmäßig wird man gemäß Domschke [9] ebenfalls nur bei relativ kleinen Pfeildichten $\left(\frac{n}{m^2}\text{ klein}\right)$ günstiger fahren. Die Rechtfertigung von Algorithmus 2.1 erfolgt durch vollständige Induktion. Mit A wird die Menge derjenigen Eckpunkte bezeichnet, für welche die kürzeste Distanz von e_1 noch nicht bestimmt ist.

In Schritt 1 ist $|A| = |E| - 1$ und $t_1 = 0$, da nach Voraussetzung keine negativen Schleifen existieren. Ferner sind die t_i, $i = 2, \ldots, m$, gemäß Schritt (2.1) die kürzesten Distanzen der Wege von e_1 direkt nach e_i.

Sei nun $|A| = |E| - k$, $k > 1$. Für alle $e_i \in E - A$ gilt i) t_i ist die kürzeste Distanz von e_1 nach e_i, und ii) es gibt kein $e_\ell \in A$, welches „näher" bei e_1 liegt als e_i. Für alle $e_\ell \in A$ ist t_ℓ die Länge des kürzesten Weges von e_1 nach e_ℓ, der außer e_ℓ keine weitere Ecke von A enthält. Nach Schritt (2.2) sind folgende beiden Fälle möglich:

a) $s < \infty$. Für die Ecke e_b gilt $t_b = \min\{t_i \mid e_i \in A\}$. Wegen der Induktionsvoraussetzung und $c_{i\ell} \geq 0 \quad \forall\, i, \ell$ ist deshalb jeder Weg von e_1 nach e_b, der außer e_b noch weitere Knoten in A anläuft, nicht kürzer, d. h., t_b ist minimal. Deshalb wird e_b in Schritt 4 aus A entfernt bzw. E – A um e_b ergänzt, worauf in (2.1) die t_i für alle i mit $e_i \in A$ bezüglich dem neuen Knoten e_a nachgeführt werden.

b) $s = \infty$. Sämtliche $e_i \in A$ sind nicht erreichbar, weshalb das Verfahren abgebrochen wird.

Rechentechnische Verfeinerungen zu diesem Verfahren, das vor allem bei einer relativ hohen Pfeildichte anderen Verfahren überlegen ist, können bei Yen [60] nachgelesen werden. Zur Illustration soll nun das in Fig. 2.1 dargestellte Problem gelöst werden, wobei die t_i-Werte des ersten Schrittes bereits eingetragen sind. In Fig. 2.2 bis 2.7 sind

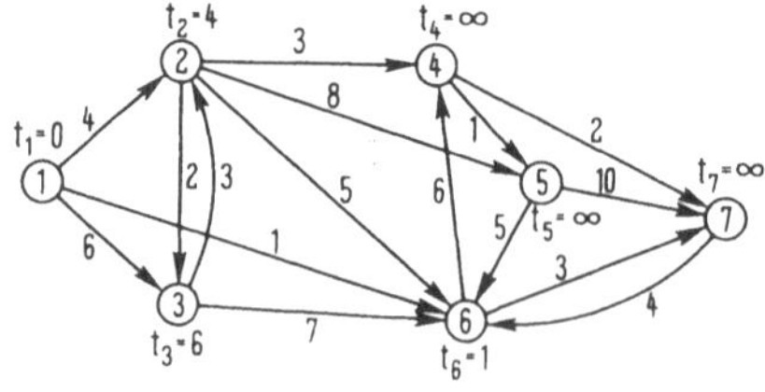

Fig. 2.1

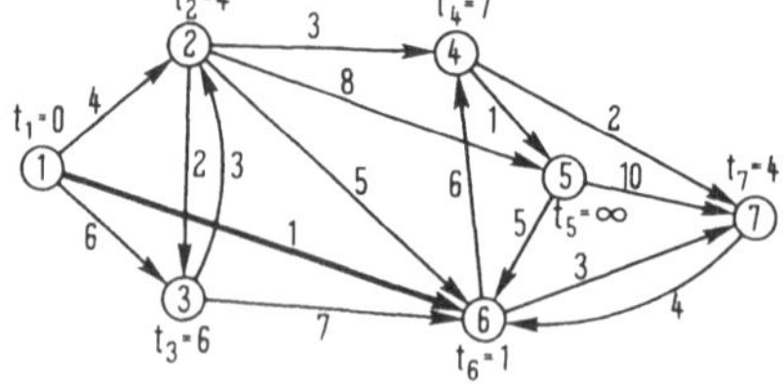

Fig. 2.2

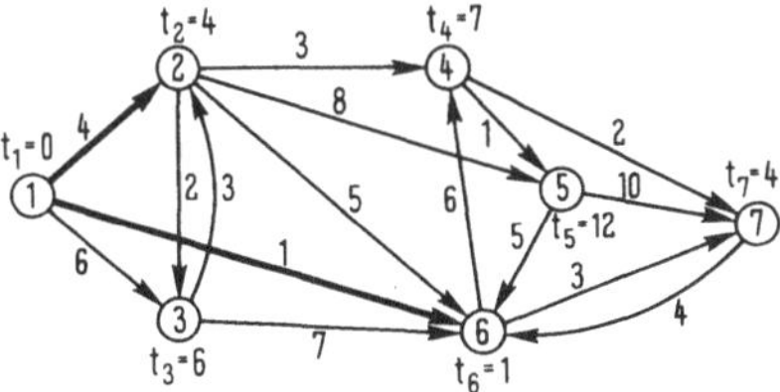

Fig. 2.3

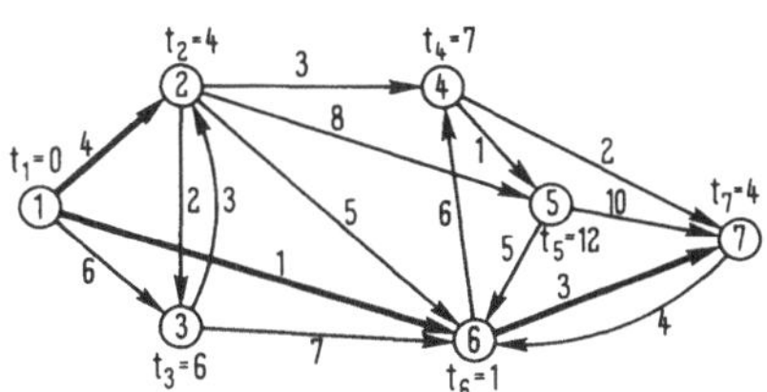

Fig. 2.4

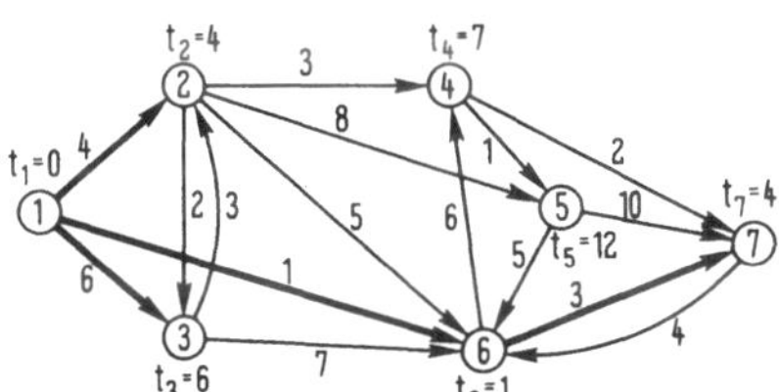

Fig. 2.5

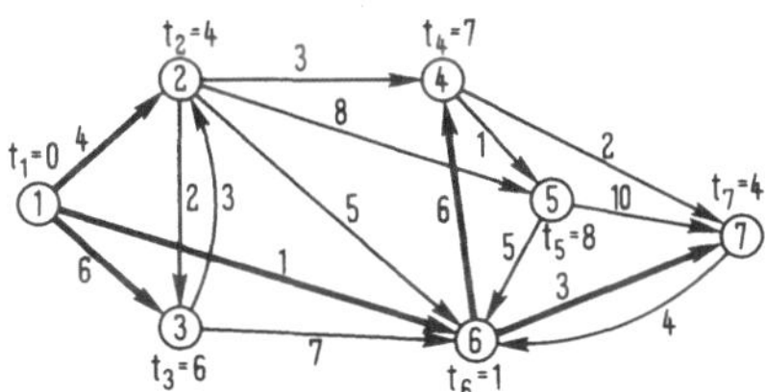

Fig. 2.6

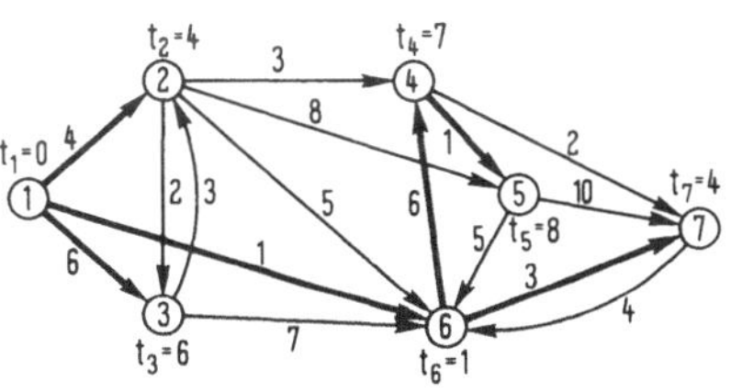

Fig. 2.7

die weiteren Iterationen festgehalten, wobei die fett eingezeichneten Pfeile den kürzesten Wegen angehören. Ein weiteres Verfahren, das von F o r d [15] vorgeschlagen wurde und mit einer beliebigen Pfeilbewertung $c \in \mathbf{R}^n$ arbeitet, ist Algorithmus 2.2:

Algorithmus 2.2 (für beliebige Kostenvektoren, ohne Vorgängerinformationen)

S c h r i t t 1 $t_1 := 0$. $t_i := \infty, i = 2, \ldots, m$. $A := \{e_1\}$, $B := \emptyset$.

S c h r i t t 2 Für alle $e_i \in A$ führe aus: Für alle $p_j \in I^+(e_i)$ mit $p_j = (e_i, e_\ell)$: Falls $t_\ell > t_i + c_j$, setze $t_\ell := t_i + c_j$, $B := B \cup \{e_\ell\}$.

S c h r i t t 3 Falls $B = \emptyset$, Stop.

S c h r i t t 4 $A := B$. $B := \emptyset$. Gehe zu Schritt 2.

In Schritt 1 umfaßt $A = \{e_1\}$ alle Knoten, die vom Ausgangsknoten e_1 mit 0 Pfeilen erreicht werden, und $t \in \mathbf{R}^m$ enthält die Weglängen von e_1 nach e_i bei 0 Pfeilen. Im nächsten Schritt werden alle Nachfolger von e_1 untersucht. B umfaßt alle jene Knoten, die über einen Pfeil günstiger zu erreichen sind als über null Pfeile. Nachdem in Schritt 4 $A := B$ gesetzt worden ist, werden in Schritt 2 alle Knoten berücksichtigt, die über 2 Pfeile eine kleinere Distanz von e_1 aufweisen als Wege mit weniger als 2 Pfeilen etc. Falls keine negativen Schleifen vorhanden sind, bricht das Verfahren nach spätestens $m - 1$ Iterationen ab.

Die hier formulierte Pfeilform des Verfahrens von Ford benötigt auch für relativ große Pfeildichten in der Regel kleinere Rechenzeiten als eine entsprechende Matrixversion. Außerdem läuft Algorithmus 2.2 bei kleinen Pfeildichten im Mittel schneller als Algorithmus 2.1, der vor allem bei großen Pfeildichten effizient ist (vgl. [9]).

Eine weitere Idee nützt Yen [60] in einem seiner Algorithmen aus. Auch dieses Verfahren arbeitet mit einer beliebigen Kostenmatrix C.

Algorithmus 2.3 (für beliebige Kostenmatrizen)

Schritt 1 $t_i := c_{1i}, i = 1, \ldots, m$.

Schritt 2 Für $\ell = 2, 3, \ldots, m$ setze $t_\ell := \min\{t_\ell, t_i + c_{i\ell} | 1 \leqslant i < \ell\}$.

Schritt 3 Falls in Schritt 2 kein t_ℓ verändert wurde, Stop.

Schritt 4 Für $\ell = m - 1, m - 2, \ldots, 1$ setze $t_\ell := \min\{t_\ell, t_i + c_{i\ell} | \ell < i \leqslant m\}$.

Schritt 5 Falls in Schritt 4 kein t_ℓ verändert wurde, Stop. Sonst gehe zu Schritt 2.

Zur Rechtfertigung des Verfahrens wird ein kürzester Weg W von e_1 nach e_i untersucht, der die Spur $S(W) = (e_1 = e_{i_1}, e_{i_2}, \ldots, e_{i_{q+1}} = e_i)$ habe. W zerfällt in s $(1 \leqslant s \leqslant m - 1)$ sogenannt monotone Blöcke, die durch die Indizes $i_{r_1}, i_{r_2}, \ldots$ definiert sind:

$$\underbrace{i_1 < i_2 < \ldots < i_{r_1}}_{\text{1. Block}} > \underbrace{i_{r_1+1} > \ldots > i_{r_2}}_{\text{2. Block}} < \ldots \underbrace{i_{r_{s-1}+1} \ldots i_{q+1}}_{\text{s-ter Block}}$$

Z. B. ergeben sich mit $S(W) = (e_1, e_3, e_8, e_2, e_6, e_7, e_5, e_4)$ die vier Blöcke (1, 3, 8), (2), (6, 7), (5, 4).

In Schritt 1 werden die optimalen Werte für t_1 und t_{i_2} bestimmt. Darauf durchläuft ℓ im Schritt 2 die Werte in aufsteigender Folge, und für jedes ℓ wird $\min(t_\ell, t_i + c_{i\ell})$ für alle i mit $1 \leqslant i < \ell$ ausgewertet. Wegen $i_3 > i_2$ wird deshalb $t_{i_3} := t_{i_2} + c_{i_2 i_3}$ gesetzt bzw. der minimale Wert für i_3 gefunden etc. Nach Abschluß von Schritt 2 sind also die kürzesten Weglängen für die Knoten des ersten Blocks bekannt. Anschließend durchläuft ℓ in Schritt 4 die Werte in absteigender Folge, und für jeden Wert von ℓ wird $\min(t_\ell, t_i + c_{i\ell})$ für alle i mit $\ell < i \leqslant m$ ermittelt. Wegen $i_{r_1} > i_{r_1+1}$ erhält man $t_{i_{r_1+1}} = t_{i_{r_1}} + c_{i_{r_1} i_{r_1+1}}$, d. h. den optimalen Wert für i_{r_1+1} etc. Also werden in Schritt 4 die kürzesten Distanzen für die Knoten des zweiten Blocks berechnet, in Schritt 2 danach die entsprechenden Werte für den dritten Block etc. Falls G keine negativen Schleifen enthält, ist die Anzahl r der t_ℓ, die nicht mehr geändert werden, mindestens so groß wie die Anzahl s der Iterationen, d. h., der Algorithmus bricht nach $s \leqslant m - 1$ Iterationen ab, wobei die Schritte 2 und 4 beide einer Iteration entsprechen. Sobald also $s > r$ gilt, können die Berechnungen beendet werden, weil G negative Schleifen enthält.

2.2.2 Zusammenhang mit der linearen Programmierung

Sei $G = (E, P)$ ein Digraph mit $E = \{e_1, \ldots, e_m\}$, $P = \{p_1, \ldots, p_n\}$ und

$$\begin{aligned} &\max \sum_{i=2}^{m} t_i \\ \text{bzgl.}\quad & t_\ell - t_i \leqslant c_j \quad \forall\, p_j \in P,\ p_j = (e_i, e_\ell) \\ & t_1 = 0 \end{aligned} \tag{2.3}$$

ein Linearprogramm über $G = (E, P)$.

Satz 2.1 Der zulässige Bereich von Problem (2.3) ist genau dann nicht leer, wenn G keine negativen Schleifen enthält.

B e w e i s. Sei der zulässige Bereich von (2.3) nicht leer und Z eine beliebige Schleife mit der Spur $S(Z) = (e_{i_1}, e_{i_2}, \ldots, e_{i_{q+1}})$. Für eine zulässige Lösung t und Z gilt dann:

$$\begin{aligned} t_{i_2} - t_{i_1} &\leqslant c_{i_1 i_2} \\ t_{i_3} - t_{i_2} &\leqslant c_{i_2 i_3} \\ &\vdots \\ t_{i_q} - t_{i_{q-1}} &\leqslant c_{i_{q-1} i_q} \\ t_{i_{q+1}} - t_{i_q} &\leqslant c_{i_q i_{q+1}} \quad . \end{aligned}$$

Durch Addition auf beiden Seiten erhält man wegen $t_{i_1} = t_{i_{q+1}}$ $\sum_{\nu=1}^{q} c_{i_\nu i_{\nu+1}} \geqslant 0$, d. h., G enthält keine negativen Schleifen. Die Umkehrung der Aussage wird in Abschn. 4.3 bewiesen. ■

Satz 2.2 Ist der zulässige Bereich von (2.3) nicht leer, so hat dieses Problem genau dann eine unendliche Lösung, wenn es Knoten gibt, die von e_1 aus nicht erreichbar sind.

B e w e i s. Bezüglich einer unendlichen Lösung sei $A \subset E$ die Menge der Knoten e_i, für die $t_i < \infty$ gilt. Wegen $t_1 = 0$ ist $A \neq \emptyset$, und wegen der Zulässigkeit $I^+(A) = \emptyset$, denn sonst wäre die Restriktion $t_\ell - t_i \leqslant c_j$ für $e_i \in A$, $e_\ell \notin A$ verletzt. Damit sind aber die Knoten aus $E - A \neq \emptyset$ von e_1 aus nicht erreichbar.
Für die Menge $E - A$ der nicht erreichbaren Knoten gilt umgekehrt ebenfalls $I^+(A) = \emptyset$. Für ein zulässiges t sind deshalb t_i, $e_i \in A$, und $t_i + \lambda$, $e_i \in E - A$, für alle $\lambda \geqslant 0$ zulässig. ■

Satz 2.3 Ein Vektor t^0 ist genau dann eine optimale Lösung von (2.3), wenn die Komponenten t_i^0 den minimalen Distanzen von e_1 nach e_i entsprechen.

B e w e i s. Seien t_i^0, $i = 1, \ldots, m$, die minimalen Distanzen von e_1 nach e_i. Dann folgt

$$t_\ell^0 \leqslant t_i^0 + c_j$$

für alle i, j, ℓ mit $p_j = (e_i, e_\ell)$. Damit ist t^0 zulässig in (2.3). Sei nun W ein kürzester Weg von e_1 nach e_i mit $S(W) = (e_1, e_{i_2}, \ldots, e_{i_{q+1}} = e_i)$. Für W gilt

$$t_i^0 - t_{i_q}^0 = c_{j_q}$$

$$t_{i_q}^0 - t_{i_{q-1}}^0 = c_{j_{q-1}}$$

$$\vdots$$

$$t_{i_2}^0 - t_{i_1}^0 = c_{j_1} .$$

Gäbe es ein optimales $\tilde{t}$ von (2.3) mit $\tilde{t}_i < t_i^0$, dann müßte auch $\tilde{t}_{i_q} < t_{i_q}^0, \ldots, \tilde{t}_1 < t_1^0$ gelten, damit in (2.3) die Restriktionen für alle p_{j_ν} aus W erfüllt bleiben. Diese Lösung wäre aber wegen $\tilde{t}_1 < 0$ unzulässig, d. h., t^0 ist optimal in (2.3).
Sei umgekehrt t^0 eine optimale Lösung von (2.3), $e_{i_{q+1}} \neq e_1$ eine beliebige Ecke und W ein beliebiger Weg von e_1 nach $e_{i_{q+1}}$. Analog zu oben gilt für W

$$t_{i_2}^0 - t_1^0 \leq c_{j_1}$$

$$t_{i_3}^0 - t_{i_2}^0 \leq c_{j_2}$$

$$\vdots$$

$$t_{i_{q+1}}^0 - t_{i_q}^0 \leq c_{j_q} .$$

Durch Addition erhält man $t_{i_{q+1}}^0 \leq \ell_B(W)$. Sei nun $t_{i_{q+1}}^0 < \ell_B(W)$ für alle Wege von e_1 nach $e_{i_{q+1}}$. Dann existiert auf jedem Weg W von e_1 nach $e_{i_{q+1}}$ ein erster Pfeil $p_{j_W} = (e_{i_W}, e_{\ell_W})$ mit

$$t_{\ell_W}^0 - t_{i_W}^0 < c_{j_W}. \tag{2.4}$$

Nun sei $\mathscr{W}$ die Menge aller Wege, die von e_1 nach $e_{i_{q+1}}$ führen, $K_{\mathscr{W}} := \{p_{j_W} | W \in \mathscr{W}\}$ und $\bar{E}$ die Menge aller Knoten, die von e_1 aus erreichbar sind, ohne daß ein Element von $K_{\mathscr{W}}$ durchlaufen wird. Dann gilt $e_{i_{q+1}} \in E - \bar{E}$ und $I^-(E - \bar{E}) = K_{\mathscr{W}}$, da t^0 optimal ist und deshalb alle $e_i \in E$ von e_1 aus erreichbar sind. Nun sei

$$t_i' := \begin{cases} t_i^0, & \text{falls } e_i \in \bar{E} \\ t_i^0 + \epsilon, & \text{falls } e_i \in E - \bar{E}. \end{cases}$$

Für ein hinreichend kleines $\epsilon > 0$ ist t' zulässig, denn für jeden Pfeil $p_j = (e_i, e_\ell)$ trifft einer der vier folgenden Fälle zu:

a) $\quad t_\ell^0 - t_i^0 \leq c_j, \quad$ falls $e_i, e_\ell \in \bar{E}$.

b) $\quad (t_\ell^0 + \epsilon) - (t_i^0 + \epsilon) \leq c_j, \quad$ falls $e_i, e_\ell \in E - \bar{E}$.

c) $t_\ell^0 - (t_i^0 + \epsilon) \leqslant c_j$, falls $e_i \in E - \overline{E}$, $e_\ell \in \overline{E}$.

d) $(t_\ell^0 + \epsilon) - t_i^0 \leqslant c_j$, falls $p_j \in K_{\mathscr{W}}$, wegen (2.4).

In allen vier Fällen bleibt die Lösung zulässig und t^0 wird verbessert. Die Annahme $t_{i_0}^0 < \ell_B(W)$ für alle Wege von e_1 nach $e_{i_{q+1}}$ führt also zu einem Widerspruch, d. h., für mindestens einen Weg W von e_1 nach $e_{i_{q+1}}$ gilt $t_{i_{q+1}}^0 = \ell_B(W)$. ■

2.3 Kürzeste Wege zwischen allen Paaren von Knoten

Sei $G = (E, P)$ mit $E = \{e_1, \ldots, e_m\}$ ein Digraph. Das folgende Verfahren zur Bestimmung der kürzesten Wege zwischen allen Knotenpaaren von G besteht im wesentlichen darin, daß Algorithmus 2.1 für jeden Knoten e_i, $i = 1, \ldots, m$, angewendet wird. Während in Algorithmus 2.1 die kürzesten Distanzen t_i von e_1 nach e_i separat gespeichert werden, ändert man hier die entsprechenden Elemente c_{1i} der Kostenmatrix. So kann später bei der Berechnung der kürzesten Wege ausgehend von Knoten e_ℓ auf diese Werte zurückgegriffen werden, was die Effizienz des Verfahrens erhöht.

Algorithmus 2.4 (für nicht-negative $c_{i\ell}$)

Schritt 1 $d := 1$.

Schritt 2 $A := E - \{e_d\}$, $a := d$, $s := \infty$.

Schritt 3 Für alle $e_i \in A$ führe (2.5) und (2.6) aus:

$$c_{di} := \min(c_{di}, c_{da} + c_{ai}) \tag{2.5}$$

Falls $c_{di} < s$: $s := c_{di}$, $b := i$. (2.6)

Schritt 4 Falls $s = \infty$, gehe zu Schritt 6.

Schritt 5 $A := A - \{e_b\}$. Falls $A \neq \emptyset$, setze $a := b$, $s := \infty$ und gehe zu Schritt 3.

Schritt 6 Falls $d < m$, setze $d := d + 1$ und gehe zu Schritt 2.

Schritt 7 Stop.

Rechentechnische Verfeinerungen zu diesem Algorithmus können bei Yen [60] nachgelesen werden. Das gleiche gilt auch für den folgenden Algorithmus von Floyd [14].

Algorithmus 2.5 (für beliebige Kostenmatrizen C)

Schritt 1 Für $\ell = 1, \ldots, m$ führe aus:

Für $i = 1, \ldots, m$ führe aus:

Für $j = 1, \ldots, m$ führe aus:

$$c_{ij} := \min(c_{ij}, c_{i\ell} + c_{\ell j}). \tag{2.7}$$

Schritt 2 Stop.

Für $\ell = 1$ ergibt (2.7) $c_{ij} := \min(c_{ij}, c_{i1} + c_{1j})$, d. h., der direkte Weg von e_i nach e_j wird dem Weg mit dem Zwischenknoten e_1 gegenübergestellt. Sei nun $\ell > 1$ und die c_{ij} die kürzesten Distanzen von e_i nach e_j, wenn nur Zwischenknoten aus $\{e_1, \ldots, e_{\ell-1}\}$

angelaufen werden. Durch $\min(c_{ij}, c_{i\ell} + c_{\ell j})$ resultiert dann der kürzeste Weg von e_i nach e_j, der nur Zwischenknoten aus $\{e_1, \ldots, e_\ell\}$ enthält. Werden einzelne Knoten mehr als einmal durchlaufen, so müssen wegen der Minimalität negative Schleifen vorliegen bzw. negative Hauptdiagonalelemente c_{ii} auftreten. Anderenfalls geben die Matrixelemente c_{ij} nach Abschluß der Berechnungen die kürzesten Distanzen von e_i nach e_j an, wobei alle c_{ii} Null sind.

Möchte man neben den kürzesten Distanzen auch die Wege kennen, so definiert man für G die Vorgängermatrix $V = (v_{ij})$ mit

$$v_{ij} := \begin{cases} i, & \text{falls } i = j \text{ oder } e_i \text{ ist Vorgänger von } e_j \\ 0, & \text{sonst.} \end{cases} \tag{2.8}$$

Der Algorithmus von Floyd lautet dann:

Schritt 1 Bestimme V.

Schritt 2 Für $\ell = 1, \ldots, m$ führe aus:
Für $i = 1, \ldots, m$ führe aus:
Für $j = 1, \ldots, m$ führe aus:
Falls $c_{ij} > c_{i\ell} + c_{\ell j}$, setze $c_{ij} := c_{i\ell} + c_{\ell j}$, $v_{ij} := v_{\ell j}$.

Schritt 3 Stop.

Nach Abbruch des Verfahrens bezeichnet v_{ij}, $j = 1, \ldots, n$, die (direkten) Vorgänger von e_j im kürzesten Weg von e_i nach e_j, falls G keine negativen Schleifen enthält. Damit sind in der i-ten Zeile von V sämtliche Informationen zur Konstruktion der kürzesten Wege von e_i nach e_j, $j = 1, \ldots, n$, gespeichert, denn für $\ell = 1$ und $c_{ij} := c_{i1} + c_{1j}$ wird $v_{ij} := v_{1j} = 1$ gesetzt, d. h., man erhält durch $v_{ij} = 1$ und $v_{i1} = i$ die Wege von e_i nach e_j mit dem Zwischenknoten e_1. Sei nun $\ell > 1$ und V enthalte die kürzesten Wege zwischen allen e_i und e_j mit Zwischenknoten aus $\{e_r \mid 1 \leqslant r \leqslant \ell - 1\}$. Für den Index ℓ werden, falls eine Verkürzung resultiert, zwei solche kürzeste Wege von e_i nach e_ℓ und von e_ℓ nach e_j kombiniert. Für den Weg von e_i nach e_ℓ sind die Indizes der durchlaufenen Knoten in der i-ten Zeile, für den Weg $\overline{W}$ von e_ℓ nach e_j in der ℓ-ten Zeile von V gespeichert. Die Indizes von $S(\overline{W})$ seien durch $j_1 = \ell, j_2, \ldots, j_q, j$ gegeben, d. h., es gilt $v_{\ell j_2} = \ell$, $v_{\ell j_3} = j_2, \ldots$ Wird c_{ij} herabgesetzt, so werden alle c_{ij_ν}, $\nu = 2, \ldots, q$, verkleinert, weil die Wege von e_{j_ν}, $\nu = 1, \ldots, q$, nach e_j als Teilwege eines kürzesten Weges selber kürzeste Wege sind. Da der Index j für ℓ und i alle Werte von 1 bis m durchläuft, werden alle $v_{\ell j_\nu}$, $\nu = 2, \ldots, q$, durch $v_{ij_\nu} := v_{\ell j_\nu}$ in die i-te Zeile übertragen.

Man kann Algorithmus 2.5 als Pivot-Algorithmus und den Knoten e_ℓ (vgl. Fig. 2.8) als Pivot-Knoten auffassen. Hoffman und Winograd [30] haben nun diese Idee verallgemeinert, indem anstelle eines einzelnen Knotens mehrere Knoten als Pivot-Elemente berücksichtigt werden. Das Verfahren ist zwar komplizierter als der Algorithmus von Floyd, dafür sind die Rechenzeiten in der Regel kürzer (vgl. Yen [60]).

Als letzter soll der Algorithmus von Dantzig [6] dargestellt werden, der auf dem folgenden Induktionsprinzip beruht. Für $\ell = 1$ ist $c_{11} = 0$ minimal. Nach $\ell - 1$ Schritten seien die kürzesten Weglängen zwischen den Knoten von $\overline{E} = \{e_1, e_2, \ldots, e_{\ell-1}\}$ bekannt, wobei nur Knoten aus $\bar{E}$ angelaufen werden. $\bar{E}$ soll nun um den Knoten e_ℓ erweitert werden (s. Fig. 2.9). Unter der Voraussetzung, daß nur Wege mit Zwischenknoten in $\bar{E}$ berücksichtigt werden, sind die kürzesten Distanzen von allen $e_i \in \bar{E}$ nach

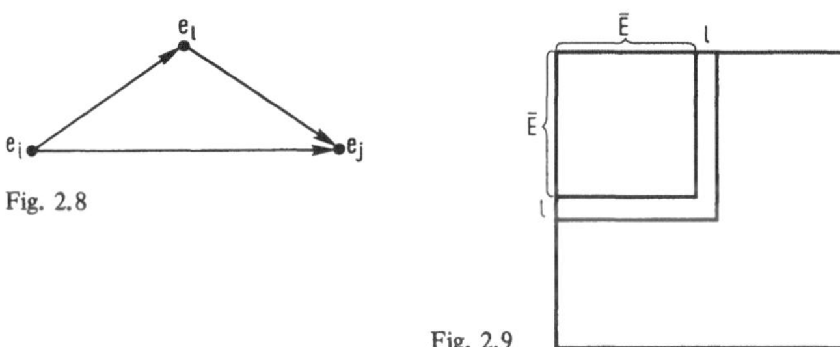

Fig. 2.8

Fig. 2.9

e_ℓ und von e_ℓ nach allen $e_i \in \bar{E}$ zu berechnen. Aufgrund dieser Informationen kann sodann nachgeprüft werden, ob negative Schleifen von e_ℓ nach $e_i \in \bar{E}$ und zurück nach e_ℓ existieren, und als letztes ist abzuklären, ob die bisher kürzesten Weglängen von $e_i \in \bar{E}$ nach $e_{i'} \in \bar{E}$ über den Knoten e_ℓ verkürzt werden können. Damit sind die kürzesten Distanzen bezüglich $\bar{E} \cup \{e_\ell\}$ bekannt. Die einzelnen Schritte können im nachfolgenden Verfahren leicht verifiziert werden.

Algorithmus 2.6 (für beliebige Kostenmatrizen C)

Schritt 1 Bestimme die Vorgängermatrix V gemäß (2.8). $\ell := 2$.

Schritt 2 Für $i = 1, 2, \ldots, \ell - 1$ und für $j = 1, 2, \ldots, \ell - 1$ berechne (2.9) und (2.10):

$$\left.\begin{array}{l}\text{Falls } c_{\ell j} > c_{\ell i} + c_{ij}, \text{ setze } c_{\ell j} := c_{\ell i} + c_{ij}, \\ \qquad\qquad\qquad\qquad\quad v_{\ell j} := v_{ij}\end{array}\right\} \tag{2.9}$$

$$\left.\begin{array}{l}\text{Falls } c_{j\ell} > c_{ji} + c_{i\ell}, \text{ setze } c_{j\ell} := c_{ji} + c_{i\ell}, \\ \qquad\qquad\qquad\qquad\quad v_{j\ell} := v_{i\ell}\end{array}\right\} \tag{2.10}$$

Schritt 3 Falls für ein $i = 1, \ldots, \ell - 1$ $c_{\ell i} + c_{i\ell} < 0$, Stop (negative Schleife).

Schritt 4 Für $i = 1, \ldots, \ell - 1$ führe aus:
Für $j = 1, \ldots, \ell - 1$ führe aus:
Falls $c_{ij} > c_{i\ell} + c_{\ell j}$, setze $c_{ij} := c_{i\ell} + c_{\ell j}$, $v_{ij} := v_{\ell j}$.

Schritt 5 Falls $\ell < m$, setze $\ell := \ell + 1$ und gehe zu Schritt 2. Sonst Stop.

Für $\ell = 1$ ist $V_1 = (v_{11})$ und $v_{11} = 1$. Sei nun $\ell > 1$ und $V_{\ell-1} = (v_{ij})$, $i, j = 1, \ldots, \ell - 1$, enthalte nach $\ell - 1$ Schritten die kürzesten Wege in $G_{\bar{E}}$, $\bar{E} = \{e_1, \ldots, e_{\ell-1}\}$. Wird in (2.9) eine Verkürzung des Weges von e_ℓ nach e_j gefunden, so wird durch $v_{\ell j} := v_{ij}$ der Vorgänger $e_{j'} = e_{v_{ij}}$ von e_j von der i-ten Zeile in die ℓ-te Zeile übertragen. Da i und j alle Werte von 1 bis $\ell - 1$ durchlaufen, wird der Vorgänger $e_{v_{ij'}}$ von $e_{j'}$ (falls es überhaupt einen gibt) ebenfalls in die ℓ-te Zeile übernommen etc. Man erhält deshalb nach Beendigung von Schritt 2 in der Zeile ℓ die Vorgängerinformationen der Wege in $G_{\bar{E} \cup \{e_\ell\}}$ mit dem Ausgangsknoten e_ℓ. Analog werden durch (2.10) die Vorgänger für die Wege mit

Endknoten e_ϱ bestimmt. Bezüglich Schritt 4 können die Überlegungen für Algorithmus 2.5 (Floyd) übernommen werden.

Zu diesem Algorithmus hat Tabourier eine Modifikation vorgeschlagen [53], welche die maximale Anzahl von Operationen zwar nicht herabsetzt, aber in vielen praktischen Fällen die Rechenzeit erheblich reduziert.

2.4 Längste Wege

Wie in Abschn. 2.2.2 sei G = (E, P) ein Digraph mit $E = \{e_1, \ldots, e_m\}$, $P = \{p_1, \ldots, p_n\}$ und durch

$$\begin{aligned} &\min \sum_{i=2}^{m} \tilde{t}_i \\ &\text{bzgl.} \quad \tilde{t}_\varrho - \tilde{t}_i \geqslant c_j \qquad \forall j \text{ mit } p_j \in P, p_j = (e_i, e_\varrho) \\ &\qquad\quad \tilde{t}_1 = 0 \end{aligned} \tag{2.11}$$

ein lineares Programm über G = (E, P) definiert. Durch Multiplikation von Zielfunktion und Restriktionen mit -1 und mit der Transformation $t := -\tilde{t}$ geht (2.11) über in

$$\begin{aligned} &\max \sum_{i=2}^{m} t_i \\ &\text{bzgl.} \quad t_\varrho - t_i \leqslant -c_j \qquad \forall j \text{ mit } p_j \in P, p_j = (e_i, e_\varrho). \\ &\qquad\quad t_1 = 0 \end{aligned} \tag{2.12}$$

Mit Ausnahme der rechten Seite sind (2.3) und (2.12) identisch. Keine negativen Schleifen bezüglich (2.12) bedeutet $\sum_{\nu=1}^{q} -c_{i_\nu i_{\nu+1}} \geqslant 0$. Für den Fall längster Wege wird also Satz 2.1 zu

Satz 2.1′ Der zulässige Bereich von (2.11) ist genau dann nicht leer, wenn G keine positiven Schleifen enthält.

Satz 2.2 kann in der gleichen Formulierung für (2.11) übernommen werden. Da minimale Distanzen mit $-c_j$, $j = 1, \ldots, n$, maximalen Distanzen mit c_j, $j = 1, \ldots, n$, entsprechen, ist Satz 2.3 folgendermaßen zu formulieren:

Satz 2.3′ Ein Vektor $\tilde{t}^0$ ist genau dann Lösung von (2.11), wenn die Komponenten $\tilde{t}_i^0$ den maximalen Distanzen von e_1 nach e_i entsprechen.

(2.11) kann also gelöst werden, indem man kürzeste Wege mit den negativen Pfeillängen $-c_k$ rechnet und danach $\tilde{t} := -t$ setzt. Man kann aber auch die Verfahren modifizieren. Für längste Wege wird Vorschrift (2.1) in Algorithmus 2.1 zu

$$t_i := \min(t_i, t_a - c_{ai}).$$

Durch $t := -\tilde{t}$ erhält man

$$-\tilde{t}_i := \min(-\tilde{t}_i, -\tilde{t}_a - c_{ai}) = -\max(\tilde{t}_i, \tilde{t}_a + c_{ai}),$$

d. h., man kann mit den Originaldaten c_j bzw. $c_{i\ell}$ rechnen, muß aber in den Algorithmen min durch max ersetzen, „<“ durch „>“ und Anfangswerte von $+\infty$ (z. B. $t_i := +\infty$, $s := +\infty$) durch $-\infty$. Ferner sind die Elemente der Kostenmatrix $C = (c_{i\ell})$ durch

$$c_{i\ell} := \begin{cases} c_j, & \text{falls } p_j \in P, p_j = (e_i, e_\ell) \\ 0, & \text{falls } i = j \\ -\infty, & \text{sonst} \end{cases}$$

zu definieren. Aus dem oben Gesagten folgt sofort, daß der für längste Wege modifizierte Algorithmus 2.1 nur eingesetzt werden darf, wenn für alle Elemente der Kostenmatrix C $c_{i\ell} \leqslant 0$ gilt.

2.5 Die Bestimmung negativer Schleifen

Gemäß Abschn. 2.3 können negative Schleifen mit Hilfe der Algorithmen 2.2, 2.3, 2.5 und 2.6 ermittelt werden. Das nächstfolgende Verfahren ist diesen Algorithmen bezüglich der Suche nach negativen Schleifen überlegen. Es beruht auf den Ideen des Verfahrens von Blattner, Dantzig und Rao [7], das von Domschke [10] verbessert wurde.

Algorithmus 2.7

Schritt 1′ Wende Algorithmus 2.1 an und führe jedes Mal, bevor Schritt 4 durchlaufen wird, die nachfolgende Subroutine 2.8 aus.

Schritt 2′ Stop.

Subroutine 2.8

Schritt a $a := b$.

Schritt b Existiert kein $e_\ell \in E - A$ mit $t_\ell > t_a + c_{a\ell}$, gehe zu Schritt f.

Schritt c Wähle ein $e_\ell \in E - A$ mit $t_\ell > t_a + c_{a\ell}$ und setze $t_\ell := t_a + c_{a\ell}$, $v(\ell) := a$, $a := \ell$.

Schritt d Falls $t_a + c_{ab} < t_b$, Stop (negative Schleife).

Schritt e Setze $t_i := t_a + c_{ai}$ für alle $e_i \in A$ mit $t_i > t_a + c_{ai}$. Gehe zu Schritt b.

Schritt f Falls $a = b$, gehe zu Schritt 4 in Algorithmus 2.1.

Schritt g Setze $a := v(a)$. Gehe zu Schritt b.

Nimmt man an, daß in $E - A$ keine negativen Schleifen existieren, so ist nach der Bestimmung von $e_b \in A$ (Algorithmus 2.1, Schritt 2) abzuklären, ob von e_b aus negative Schleifen gefunden werden, wenn nur Knoten aus $E - A$ angelaufen werden.

Dies geschieht hier in Abweichung zu Blattner u. a. sowie Domschke mittels einer modifizierten Version von Algorithmus 1.1. Man beginnt in e_a, $a = b$, (Schritt a) und markiert $e_\ell \in E - A$, falls t_ℓ verkleinert werden kann (Schritt c). Bricht das Verfahren in

Schritt d ab, so hat man eine Schleife der Länge $t_a + c_{ab} - t_b < 0$ gefunden. Eine Reduktion von t_ℓ in Schritt c bedeutet u. U., daß Knoten $e_i \in A$ von e_ℓ aus günstiger erreicht werden. Aus diesem Grund wird in Schritt e sichergestellt, daß die t_i, $e_i \in A$, wieder die kürzesten Distanzen darstellen, wenn nur Zwischenknoten $e_k \in E - A$ angelaufen werden dürfen. Die Schritte b und c entsprechen im übrigen dem „Vorwärts-Markieren" in Algorithmus 1.1 und die Schritte b, f und g dem „Rückwärts-Markieren". Gilt in Schritt f also a = b, so existiert von e_b aus keine negative Schleife mit Knoten aus $E - A \cup \{e_b\}$. Die Berechnungen werden deshalb in Algorithmus 2.1 fortgesetzt. Sind alle e_i, $2 \leq i \leq m$, von e_1 aus erreichbar, so bricht das Verfahren mit einem negativen Zyklus oder mit der Aussage, daß keine solchen Zyklen existieren, ab.

2.6 Die K kürzesten und K längsten, schleifenfreien Wege

Oft ist man daran interessiert, nebst kürzesten Wegen auch zweitkürzeste und drittkürzeste etc. zu kennen (vgl. Abschn. 2.7.2). Das hier dargestellte Verfahren zur Bestimmung der K kürzesten Wege wird aus Gründen der Übersichtlichkeit in Pfeilform beschrieben, im Gegensatz zu den meisten Distanzenalgorithmen, deren Formulierung auf der Kostenmatrix C basiert. Als erstes wird ein kürzester Weg $W^{(1)} = (p^{(1)}_{j_1}, p^{(1)}_{j_2}, \ldots, p^{(1)}_{j_{q(1)}})$ von e_1 nach e_m bestimmt. Alle übrigen gleich langen oder nächst längeren Wege sind Abweichungen von $W^{(1)}$. Man erhält sie, indem man z. B. $c^{(1)}_{j_\nu}$, $\nu = 1, \ldots, q(1)$, der Reihe nach unendlich setzt und so die p_{j_ν} einzeln sperrt. Die Teilwege

$$(e^{(r)}_1, p^{(r)}_{j_1}, e^{(r)}_{i_2}, p^{(r)}_{j_2}, \ldots, p^{(r)}_{j_{\nu-1}}, e^{(r)}_{i_\nu})$$

bzw. $$(e^{(r)}_{i_\nu}, p^{(r)}_{j_\nu}, \ldots, p^{(r)}_{j_{q(r)}}, e^{(r)}_{i_{q(r)}})$$

von $W^{(r)}$ werden mit $W^{(r)}_{1i_\nu}$ bzw. mit $W^{(r)}_{i_\nu m}$ bezeichnet, wobei $W^{(r)}_{11}$ ein zu einem Knoten degenerierter Weg ist. Sind W' und W'' zwei Wege, bei denen der Endknoten von W' dem Anfangsknoten von W'' entspricht, so lassen sich W' und W'' zu einem neuen Weg $W = W' \boxplus W''$ kombinieren. Man beachte, daß die Operation $\boxplus$ nicht kommutativ ist. $W^{(r)}_{1i_\nu} = W^{(s)}_{1i_\nu}$ bedeute komponentenweise Gleichheit der entsprechenden Folgen.

Algorithmus 2.9

Schritt 1 Bestimme $W^{(1)}$. $X := \{W^{(1)}\}$, $U := \emptyset$, $k := 1$.

Schritt 2 Für $\nu = 1, 2, \ldots, q(k)$ führe (2.13), (2.14), (2.15), (2.16) aus:

Für $r = 1, \ldots, k$ führe aus:
Falls $W^{(r)}_{1i_\nu} = W^{(k)}_{1i_\nu}$, setze $c^{(r)}_{j_\nu} := \infty$. (2.13)

Berechne einen kürzesten Weg $W^{(k+1)}_{i_\nu m}$,
der nicht durch Knoten von $W^{(k)}_{1i_\nu}$ führt. (2.14)

Setze $\overline{W} := W^{(k)}_{1i_\nu} \boxplus W^{(k+1)}_{i_\nu m}$, $U := U \cup \overline{W}$. (2.15)

Ersetze die in (2.13) geänderten Pfeillängen durch die
ursprünglichen Werte. (2.16)

Schritt 3 Bestimme einen kürzesten Weg $\tilde{W}$ aus U.

Schritt 4 Setze $W^{(k+1)} := \tilde{W}$, $X := X \cup \{W^{(k+1)}\}$, $U := U - \{W^{(k+1)}\}$.

Schritt 5 Falls k = K, Stop.

Schritt 6 Setze k := k + 1. Gehe zu Schritt 2.

Für k = 1 wird in Schritt 1 der kürzeste Weg bestimmt. Sei nun k > 1 und $W^{(1)}, \ldots, W^{(k)}$ die k kürzesten Wege. Durch (2.13) wird gewährleistet, daß sich die in (2.14) ermittelten Wege $W^{(k+1)}_{i_\nu m}$ von allen $W^{(r)}_{i_\nu m}$, $1 \leqslant r \leqslant k$, unterscheiden und deshalb nicht kürzer sind als diese. Da jeweils keine Knoten von $W^{(k)}_{1 i_\nu}$ durchlaufen werden, enthalten die Wege $\bar{W}$ in (2.15) keine Schleifen. Aus diesem Grund wird die Menge U der möglichen Kandidaten für nächstlängere Wege jeweils um $\bar{W}$ erweitert und in (2.16) das Problem auf die ursprüngliche Form zurückgeführt. Gemäß Schritt 3 gilt dann

$$\ell_B(W^{(k)}) \leqslant \ell_B(\tilde{W}) = \min \{\ell_B(W) \mid W \in U\}.$$

Da alle noch nicht bestimmten Wege von e_1 nach e_m Abweichungen von bisherigen Wegen sind, folgt, daß $W^{(k+1)} = \tilde{W}$, außer den Wegen aus X, der kürzeste Weg ist. Zudem wäre zu erwähnen, daß in U nie mehr als K – k + 1 Wege gespeichert werden müssen.
Im Falle K längster Wege ändert sich das Verfahren insofern, als $W^{(1)}$ in Schritt 1 und $W^{(k+1)}_{i_\nu m}$ in (2.14) längste Wege sind. Algorithmus 2.9 ist von Yen [59] entwickelt und von Weigand [56] verfeinert worden. Weitere Verfahren zur Bestimmung K kürzester Wege stammen von Pollack [49], Bock, Kantner und Haynes [2] sowie von Clarke, Krikorian und Rausan [4]. Bei der von Hoffman, Pavley [31] vorgeschlagenen und von Hässig, Müller [25] verbesserten Methode ist die Schleifenfreiheit der eruierten Wege nicht garantiert. Deshalb ist diese Methode vor allem im Zusammenhang mit den schleifenfreien Graphen aus der Netzplantechnik von Interesse.

2.7 Anwendungen

2.7.1 Die Bestimmung kritischer Wege in Netzplänen

Es soll hier nur kurz auf ein Teilproblem der Netzplantechnik eingegangen werden, nämlich auf die Bestimmung der kürzest möglichen Projektdauer mittels CPM (Critical Path Method). Eine ausführliche Beschreibung von Zeitplanungsproblemen erfolgt in Abschn. 3.
In der CPM-Planung wird einem Projekt ein Digraph zugeordnet. Zu diesem Zweck ist eine Strukturanalyse durchzuführen, durch die das Projekt in einzelne, zeitbeanspruchende Tätigkeiten aufgegliedert und die (zeitlichen) Vorgängerbeziehungen dieser Tätigkeiten festgelegt werden. Mit gewissen Tätigkeiten kann erst begonnen werden, wenn bestimmte andere Tätigkeiten beendet sind, während andere Tätigkeiten ohne weiteres parallel ausgeführt werden dürfen. Aufgrund einer solchen Analyse habe

man den in Fig. 2.10 dargestellten Digraphen $G = (E, P)$ mit $E = \{e_1, \ldots, e_7\}$ und $P = \{p_1, \ldots, p_{12}\}$ erhalten. Dieser Digraph G ist wie folgt zu interpretieren:

a) Jedem Pfeil p_j entspricht eine Tätigkeit.

b) Jedem Knoten e_i entspricht ein Zeitpunkt bzw. ein Termin t_i, nämlich der Zeitpunkt des Beginns resp. der Beendigung von Tätigkeiten. Man bezeichnet die Knoten auch als Ereignisse. Der Knoten e_1 entspricht dem Projektbeginn und der Knoten e_7 dem Projektende.

c) Ist $p = (e', e)$ und $p' = (e, e'')$, so darf p' erst begonnen werden, wenn p beendet ist. Dies trifft z. B. für die Tätigkeiten p_1 und p_4 oder p_8 und p_{11} in Fig. 2.10 zu, während die Tätigkeiten p_7 und p_4 oder p_5 und p_3 gleichzeitig ausgeführt werden dürfen.

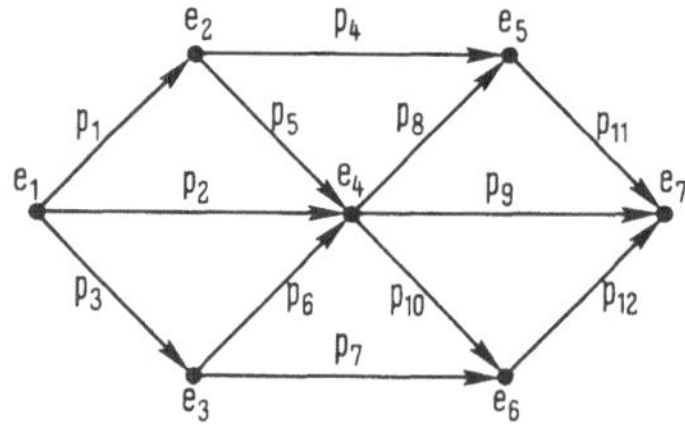

Fig. 2.10

Der Einfachheit halber sei angenommen, daß in Fig. 2.10 die Ausführungszeit c_j der Tätigkeit p_j gerade j Zeiteinheiten beträgt. Der längste Weg dieses Digraphen hat dann die Spur $(e_1, e_3, e_4, e_6, e_7)$ und die Länge $3 + 6 + 10 + 12 = 31$. Da c) für alle Tätigkeiten dieses Weges gilt, ist das Projekt frühestens nach 31 Zeiteinheiten beendet, und da es keinen längeren Weg in G gibt, braucht es auch nicht länger zu dauern. Das bedeutet, daß die Länge des längsten Weges der kürzestmöglichen Projektdauer entspricht. Analog können die frühesten Termine t_i für alle Knoten e_i interpretiert werden. Man hat also gemäß Abschnitt 2.4 das Problem der längsten Wege

$$\begin{array}{lll} \min & \sum_{i=2}^{m} t_i & \\ \text{bzgl.} & t_\ell - t_i \geqslant c_j & \forall p_j \in P \text{ mit } p_j = (e_i, e_\ell) \\ & t_1 = 0 & \end{array}$$

zu lösen. Ausgehend von $t_1 = 0$ ist für jedes Ereignis e_i der früheste Zeitpunkt zu bestimmen, wobei für die Ausführung der Tätigkeiten p_j genügend Zeit zu reservieren ist $(t_i + c_j \leqslant t_\ell)$. Einen längsten Weg von e_1 nach e_m nennt man in der CPM-Planung auch einen kritischen Weg, seine Länge kritische Dauer, und die Pfeile eines kritischen Weges heißen kritische Tätigkeiten. Sie werden als kritisch bezeichnet, weil Verzögerungen bei ihnen zu Verlängerungen der Projektdauer führen, wenn nicht bei einer anderen kritischen Tätigkeit des betreffenden Weges Zeit eingespart wird.

2.7.2 Die Bestimmung der K kürzesten und K längsten Wege

In der Verkehrsplanung werden kürzeste Wege in bezug auf die Distanzen, Fahrzeiten oder Kombinationen davon berechnet. Die Verkehrsteilnehmer befahren aber oft nicht nur die kürzesten, sondern auch die nächst längeren, schleifenfreien Wege, die deshalb in der Planung ebenfalls zu berücksichtigen sind.

Die Berechnung der K längsten Wege findet ihre Anwendung u. a. in der Netzplantechnik (vgl. Abschn. 2.7.1). Da Verzögerungen bei der Ausführung von kritischen Tätigkeiten zu Verlängerungen der Projektdauer führen können, ist bei der Überwachung eines Projektes auch auf Tätigkeiten in Wegen, die fast gleich lang wie der längste Weg sind, zu achten. Solche Wege nennt man *subkritisch*, wenn sich ihre Länge um weniger als $\epsilon > 0$ von der Länge des längsten Weges unterscheidet, wobei ϵ projektabhängig ist. Subkritische Wege werden mit Hilfe der in Abschn. 2.6 genannten Verfahren bestimmt, wobei der Abbruch des Verfahrens von ϵ abhängig gemacht wird.

2.7.3 Multiplikative Weglängen

Das Durchlaufen eines Pfeiles p kann z. B. mit einem Risiko verbunden sein, das mit einer Wahrscheinlichkeit w_p eintritt. Man ist dann etwa an Wegen $W = (e_{i_1}, p_{j_1}, \ldots, p_{j_q}, e_{i_{q+1}})$ interessiert, für die das Gesamtrisiko, also $\prod_{\nu=1}^{q} w_{p_{j_\nu}}$ minimal ist. Interpretiert man andererseits die Bewertung $w_{p_{j_\nu}}$ als Devisenkurs der Währung $e_{\nu+1}$, ausgedrückt in der Währung e_ν, so möchte man eine optimale Tauschfolge von e_1 und e_{q+1}, d. h., man möchte $\prod_{\nu=1}^{q} w_{p_{j_\nu}}$ maximieren. Zur Lösung können die Bewertungen von $w_{p_{j_\nu}}$ logarithmiert und dann die Verfahren dieses Kapitels angewendet werden. Man kann aber auch die Algorithmen modifizieren. Algorithmus 2.5 lautet dann:

Schritt 1 Für $\ell = 1, \ldots, m$ führe aus:
Für $i = 1, \ldots, m$ führe aus:
Für $j = 1, \ldots, m$ führe aus:
$c_{ij} := \min(c_{ij}, c_{i\ell} \cdot c_{\ell j})$

Schritt 2 Stop.

Dabei sind aber die Elemente $c_{i\ell}$ der Kostenmatrix C als

$$c_{i\ell} := \begin{cases} c_j, & \text{falls } p_j \in P,\ p_j = (e_i, e_\ell) \\ 1, & \text{falls } i = \ell \\ \pm\infty, & \text{sonst} \end{cases}$$

($+\infty$ bei Minimierung und $-\infty$ bei Maximierung) zu definieren.

2.7.4 Die Bestimmung von kürzesten Gerüsten

Bei der Bestimmung der kürzesten Wege wird von einem gerichteten Graphen $G = (E, P)$ mit den Ecken $e_1, e_2, \ldots, e_m$ und den Pfeilen $p_1, p_2, \ldots, p_n$ ausgegangen. Die in Abschn. 2.2.1 beschriebenen Verfahren liefern dann neben den kürzesten Weglängen vom Ausgangsknoten e_1 zu den übrigen Knoten $e_2, \ldots, e_m$ auch die entsprechenden Wege, wobei unter mehreren gleich langen Wegen einer ausgewählt wird. Dies wird dadurch erreicht, daß jedem Knoten e_i, $i = 2, \ldots, m$, jeweils nur ein Vorgänger $e_{v(i)}$ zugeordnet wird. Aus diesem Grund ist der Graph $G' = (E, P')$ mit

$$P' = \{p_j \in P \mid p_j \text{ gehört einem kürzesten Weg an}\}$$

ein Gerüst mit Wurzel e_1, d. h., $e_2, \ldots, e_m$ sind in G' von e_1 aus über einen Weg erreichbar. Definiert man die Kosten eines Gerüstes $\overline{G}_{\overline{P}}$ von $G = (E, P)$ bezüglich einer Bewertung $c \in \mathbf{R}^n$ mit

$$\ell_B(\overline{G}) = \sum_{p_j \in \overline{P}} c_j,$$

so gilt

$$\ell_B(G') = \min \{\ell_B(\overline{G}) \mid \overline{G} \text{ ist Gerüst von G mit Wurzel } e_1\},$$

denn anderenfalls wäre mindestens ein Weg nicht von minimaler Länge. G' ist also ein kürzestes Wurzelgerüst. Solche Gerüste sind z. B. von Interesse, wenn zwischen m Orten ein Versorgungsnetz aufzubauen ist. Die Versorgung mit Gas, Wasser oder Elektrizität kann nur erfolgen, wenn alle Orte entweder direkt oder indirekt durch eine Leitung mit dem Gaswerk, dem Wasserreservoir oder dem Elektrizitätswerk verbunden sind. Das Leitungsnetz soll nur aus Direktleitungen zwischen einzelnen Orten bestehen, d. h., es gibt keine Abzweigungen zwischen zwei Orten. Unter diesen Voraussetzungen möchte man die Baukosten, die Betriebskosten, die Gesamtlänge etc. minimieren. Selbstverständlich entsprechen in der graphentheoretischen Formulierung den Orten Ecken und den Möglichkeiten von direkten Verbindungen zwischen zwei Orten Kanten eines zusammenhängenden Graphen. Da die Versorgung mit Gas, Wasser und Elektrizität gewöhnlich nur in einer Richtung zu erfolgen hat, sind die Kanten mit einer Richtung zu versehen. Die Tatsache, daß Leitungsverzweigungen nur in den Orten vorkommen dürfen, kann natürlich durch Schaffung neuer „Orte" leicht umgangen werden. Andererseits ist darauf hinzuweisen, daß die Problemstellung insofern vereinfacht ist, als die Kapazität der Leitungen nicht davon abhängig gemacht werden kann, ob nur der nächstfolgende Ort oder noch weitere Orte mit Hilfe eines bestimmten Leitungsstückes zu versorgen sind.

Kann ein Leitungsnetz im Gegensatz zu den oben aufgeführten Fällen in beiden Richtungen benützt werden, wie dies beim Austausch von Informationen über ein Telefonnetz zutrifft, so erhält man ein entsprechendes Problem in einem zusammenhängenden, ungerichteten Graphen $G = (E, K)$ mit den Ecken $e_1, \ldots, e_m$ und den Kanten $k_1, \ldots, k_n$ sowie einer Bewertung $c \in \mathbf{R}^n$. Die Bewertung eines Gerüstes $\overline{G} = (E, \overline{K})$ von G erfolgt wiederum durch

$$\ell_B(\overline{G}) := \sum_{k_j \in \overline{K}} c_j,$$

und das zu lösende Problem lautet: Bestimme ein Gerüst G' von G, für welches

$$\ell_B(G') = \min \{\ell_B(\overline{G}) \mid \overline{G} \text{ ist Gerüst von G}\}$$

gilt. Zur Lösung dieses Problems können einmal die Verfahren von Abschn. 2.2.1 eingesetzt werden, wenn jede Kante $k_j \in K$ durch zwei entgegengesetzt gerichtete Pfeile ersetzt wird. Dies ist aber gleichbedeutend damit, daß in den Verfahren nicht Nachfolger von bestimmten Knoten, sondern einfach benachbarte Knoten untersucht werden. Das Problem kann auch mit dem von Kruskal [37] vorgeschlagenen Verfahren gelöst werden.

Algorithmus 2.10

Schritt 1 Setze $\overline{K} := \emptyset$, A := K, s := 0.

Schritt 2 Wähle die kürzeste Kante $k \in A$, so daß in $(E, \overline{K} \cup \{k\})$ keine geschlossene Kette existiert.

Schritt 3 Setze $\overline{K} := \overline{K} \cup \{k\}$, $A := A - \{k\}$, $s := s + 1$.

Schritt 4 Falls $s = m - 1$, Stop. Sonst gehe zu Schritt 2.

Da G zusammenhängend ist, erhält man ein kostenminimales Gerüst, das besonders schnell bestimmt ist, wenn die Kanten nach ihrer Länge geordnet sind. Algorithmus 2.10 ist unter dem Namen Greedy-Algorithmus bekannt.

2.7.5 Hinweise auf weitere Anwendungen

Wie bei der Verkehrsplanung werden kürzeste Wege auch in anderem Zusammenhang als Teilproblem eines Projektes bestimmt, so z. B. bei Standortproblemen, Distributionsproblemen etc. Ebenso können kürzeste Wege zur Bestimmung von kostenminimalen Flüssen und Potentialdifferenzen (vgl. Abschn. 4 und 5) berechnet werden. Die Gesamtheit der Anwendungen dieses Abschnitts zeigt, daß die kürzesten Wege innerhalb der graphentheoretischen Methoden im Operations Research eine sehr wichtige Stellung einnehmen.

3 Netzplantechnik

Nachdem die CPM-Problemstellung in Abschn. 2.7.1 kurz erläutert wurde, soll dieses Problem eingehender dargestellt werden. Im Anschluß daran werden die Terminplanungsmethoden PERT (Project Evaluation and Review Technique) und MPM (Metra Potential Method) behandelt. Alle drei Methoden haben ein gemeinsames Merkmal: sie betrachten nur die Zeit, die für die Ausführung eines Projektes notwendig ist. Es wird also nicht berücksichtigt, daß, wenn verschiedene Tätigkeiten gleichzeitig ausgeführt werden müssen,

u. U. zu wenig Ressourcen (Arbeitskräfte, Maschinenkapazität etc.) verfügbar sind, um die kritische Dauer einzuhalten. Einige Ansätze zur Lösung solcher Probleme sind bei Radtschik und Suchowizki [52] zu finden.

Werden Tätigkeiten auswärts vergeben, so kann oft durch Vorgabe einer längeren Ausführungszeit eine günstigere Offerte eingeholt werden. In einem solchen Fall ist es vielfach von Interesse, die Ausführungszeiten so vorzugeben, daß ein Projekt in einem geplanten Zeitabschnitt kostenminimal durchgeführt wird. Problemstellungen dieser Art werden in Abschn. 4.7.2.1 und 4.7.2.2 behandelt.

3.1 CPM (Critical Path Method)

3.1.1 CPM-Netzpläne

Der gerichtete Graph $G = (E, P)$ mit $E = \{e_1, e_2, \ldots, e_m\}$, der einem Projekt zugeordnet wird, heißt ein CPM-Netzplan, falls G ein zusammenhängender, schleifenloser Digraph mit einer Quelle (Projektbeginn im Knoten e_1) und einer Senke (Projektende im Knoten e_m) ist. Wäre G nicht zusammenhängend, so hätten wir getrennt lösbare Probleme. Die Ausführungszeiten von Tätigkeiten sind positiv. Existieren also Schleifen in G, so hat das zu lösende Problem des längsten Weges gemäß Satz 2.1′ (Abschn. 2.4) keine zulässige Lösung.

Beim Erstellen eines CPM-Netzplanes sind einige Regeln zu beachten:

Regel 1 Gibt es neben dem Projektbeginn e_1 noch weitere Quellen e_i, so sind zusätzliche Pfeile (e_1, e_i) einzuführen, denen, da sie nur die Anzahl der Quellen reduzieren, die Tätigkeitsdauer Null zugeordnet wird. Eine solche Tätigkeit heißt auch eine Scheintätigkeit.

Regel 2 Analog werden im Falle mehrerer Senken Scheintätigkeiten (e_i, e_m) eingeführt.

Regel 3 Da man die einzelnen Tätigkeiten überwachen möchte, ist es nicht sinnvoll, parallele Pfeile bis auf einen zu eliminieren. Man umgeht das durch die in Fig. 3.1 dargestellte Konstruktion, wobei der gestrichelte Pfeil p_0 einer Scheintätigkeit entspricht.

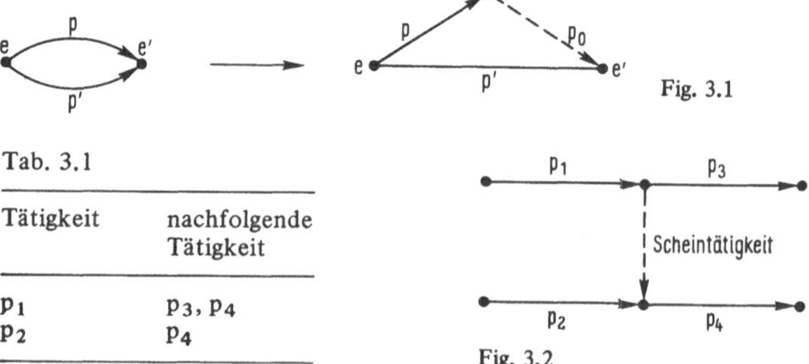

Fig. 3.1

Tab. 3.1

Tätigkeit	nachfolgende Tätigkeit
p_1	p_3, p_4
p_2	p_4

Fig. 3.2

Regel 4 Ein Sachverhalt, wie ihn Tab. 3.1 beschreibt, kann in einem Netzplan ebenfalls mit Hilfe einer Scheintätigkeit p_0 berücksichtigt werden (vgl. Fig. 3.2).

Auf analoge Art lassen sich kompliziertere Fälle abbilden.

Bei der Konstruktion eines Netzplanes zu einem umfangreichen Projekt besteht die Gefahr, daß Fehler auftreten, die beispielsweise zu Schleifen im Graphen führen. Deshalb ist es ratsam, komplizierte Netzpläne zunächst auf Schleifenfreiheit zu überprüfen. Dazu eignet sich z. B. der Algorithmus 1.5. Weiter erweist es sich als zweckmäßig, die Knoten topologisch zu sortieren und die Pfeile entsprechend umzunumerieren.

3.1.2 CPM-Planung

Die eigentliche CPM-Planung umfaßt die Bestimmung der frühesten und spätesten Termine aller Ereignisse, die Analyse der Ereigniszeiten und eventuell die Bestimmung subkritischer Wege (vgl. Abschn. 2.7.2).

3.1.2.1 Die Bestimmung der frühesten Zeitpunkte der Ereignisse Die frühesten Zeitpunkte können im Falle topologischer Sortierung der Knoten mit einer vereinfachten Version von Yen's Algorithmus 2.3 berechnet werden.

Algorithmus 3.1 (für topologisch sortierte Knoten und eine Kostenmatrix C für längste Wege)

Schritt 1 $t_1 := 0$.

Schritt 2 Für $\ell = 2, 3, \ldots, m$ setze $t_\ell := \max \{t_i + c_{i\ell} \mid 1 \leqslant i < \ell\}$.

Schritt 3 Stop.

Das zu lösende Linearprogramm lautet

$$\begin{aligned} &\min \sum_{i=2}^{m} t_i \\ \text{bzgl.}\quad &t_\ell - t_i \geqslant c_{i\ell} \qquad \forall\, (e_i, e_\ell) \text{ aus } P. \\ &t_1 = 0 \end{aligned}$$

$t_1 = 0$ gemäß Schritt 1 ist demnach zulässig. Sei nun $\ell > 1$ und t_i, $1 \leqslant i < \ell$, optimal. Da e_1 die einzige Quelle ist (vgl. Regel 1 zur Erstellung eines CPM-Netzplanes), haben alle Knoten e_ℓ, $\ell = 2, \ldots, m$, Vorgänger e_i für die wegen der topologischen Sortierung der Knoten $i < \ell$ gilt. Damit wird in Schritt 2 der optimale Wert für t_ℓ bestimmt. Der Vektor der frühesten Termine wird mit t^f bezeichnet.

3.1.2.2 Die Bestimmung der spätesten Zeitpunkte der Ereignisse Gesucht sind die spätesten Zeitpunkte der Ereignisse, wenn das Projekt zum Zeitpunkt t_m^f beendet sein soll, d. h., es ist die Aufgabe

$$\max \sum_{i=1}^{m-1} t_i$$

$$\text{bzgl.} \quad t_\ell - t_i \geqslant c_{i\ell} \quad \forall (e_i, e_\ell) \text{ aus P,}$$
$$t_m = t_m^f$$

bzw.

$$\max \sum_{i=1}^{m-1} t_i$$

$$\text{bzgl.} \quad t_i - t_\ell \leqslant - c_{i\ell} \quad \forall (e_i, e_\ell) \text{ aus P}$$
$$t_m = t_m^f,$$

also ein Problem der kürzesten Wege, zu lösen, wobei man t_m initialisiert und sich die Richtung der Pfeile wegen $t_i - t_\ell \leqslant - c_{i\ell}$ umgekehrt vorstellt.

Die Anwendung von Regel 2 zur Erstellung von CPM-Netzplänen sowie eine topologische Sortierung der Knoten ermöglichen die Anwendung von

Algorithmus 3.2 (für topologisch sortierte Knoten und eine Kostenmatrix C für längste Wege)

Schritt 1 $t_m := t_m^f$

Schritt 2 Für $i = m-1, m-2, \ldots, 1$: $t_i := \min\{t_\ell - c_{i\ell} \mid i < \ell \leqslant m\}$.

Schritt 3 Stop.

Den Vektor der spätesten Zeitpunkte bezeichnen wir mit t^s. Man bemerkt, daß die in Schritt 2 verwendete Matrix $-$ C einer Kostenmatrix für kürzeste Wege entspricht. Da kürzeste Wege mit den Pfeillängen $- c_{ij}$ längsten Wegen mit Pfeillängen c_{ij} entsprechen, ist

$$t_m^f - t_i^s$$

die Länge des längsten Weges von e_i nach e_m.

3.1.2.3 Die Analyse der Ereigniszeiten Nachdem t^f und t^s bestimmt sind, ist mit Hilfe der sog. Pufferzeiten sofort ersichtlich, wie sich längere oder kürzere Ausführungszeiten für einzelne Tätigkeiten auf die kritische Dauer des Projektes auswirken. Die verschiedenen Pufferzeiten sind für alle Pfeile $p_j = (e_i, e_\ell)$ definiert:

Gesamtpufferzeit $GP(i, \ell) := t_\ell^s - t_i^f - c_{i\ell}$

Freie Pufferzeit $FP(i, \ell) := t_\ell^f - t_i^f - c_{i\ell}$

Unabhängige Pufferzeit $UP(i, \ell) := \max(0, t_\ell^f - t_i^s - c_{i\ell})$

Die Pufferzeiten geben also an, um wieviel $c_{i\ell}$ maximal erhöht oder der Beginn einer Tätigkeit maximal hinausgeschoben werden kann, wenn für die Ereignisse unterschiedliche Termine unterstellt werden (Tab. 3.2).

Zu dem in Fig. 3.3 dargestellten Netzplan sind die Resultate mit den angegebenen Ausführungszeiten in Tab. 3.3 und 3.4 zusammengestellt.

Tab. 3.2

Pufferzeit	Zeitpunkt für den Anfangsknoten e_i	Zeitpunkt für den Endknoten e_ℓ
GP(i, ℓ)	frühester	spätester
FP(i, ℓ)	frühester	frühester
UP(i, ℓ)	spätester	frühester

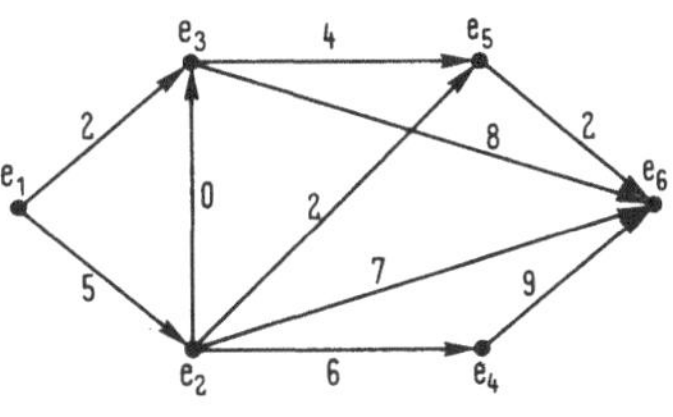

Fig. 3.3

Tab. 3.3

i	t_i^f	t_i^s
1	0	0
2	5	5
3	5	12
4	11	11
5	9	18
6	20	20

Tab. 3.4

i, ℓ	GP(i, ℓ)	FP(i, ℓ)	UP(i, ℓ)
(1, 2)	0	0	0
(1, 3)	10	3	3
(2, 3)	7	0	0
(2, 4)	0	0	0
(2, 5)	11	2	2
(2, 6)	8	8	8
(3, 5)	9	0	0
(3, 6)	7	7	0
(4, 6)	0	0	0
(5, 6)	9	9	0

Satz 3.1 Gehört eine Tätigkeit (e_i, e_ℓ) einem kritischen Weg eines Netzplanes G = (E, P) an, dann gilt FP(i, ℓ) = 0.

B e w e i s. Da (e_i, e_ℓ) dem längsten Weg angehört, gilt $t_\ell^f = t_i^f + c_{i\ell}$ bzw. FP(i, ℓ) = 0. ∎

Im obigen Beispiel ist die Spur des längsten Weges durch (e_1, e_2, e_4, e_6) gegeben. Damit ist die Tätigkeit (e_3, e_5) nicht kritisch und trotzdem FP(3, 5) = 0. Die Umkehrung der Aussage von Satz 3.1 ist also nicht richtig, dafür aber

Satz 3.2 Ist in einem CPM-Netzplan FP(i, ℓ) = 0 für alle (e_i, e_ℓ) eines Weges W von e_1 nach e_m, dann ist W kritisch.

B e w e i s. Sei $S(W) = (e_{i_1}, e_{i_2}, \ldots, e_{i_{q+1}})$. Wegen $FP(i_\nu, i_{\nu+1}) = 0$, $\nu = 1, \ldots, q$, und $t_{\nu_1}^f = 0$ ist

$$\sum_{\nu=1}^{q} c_{i_\nu i_{\nu+1}} = \sum_{\nu=1}^{q} (t_{i_{\nu+1}}^f - t_{i_\nu}^f) = t_m^f,$$

d. h., W ist kritisch. ∎

Satz 3.3 Ein Ereignis e_i liegt genau dann auf einem kritischen Weg eines CPM-Netzplanes, wenn $t_i^f = t_i^s$ gilt.

B e w e i s. Sei W ein kritischer Weg, der den Knoten $e_i \in E$ anläuft. Die Teilwege von e_1 nach e_i bzw. von e_i nach e_m haben dann die Länge t_i^f bzw. $t_m^f - t_i^s$. Damit folgt aus $t_i^f + (t_m^f - t_i^s) = t_m^f$ die Bedingung $t_i^f = t_i^s$. Umgekehrt gibt es wegen $t_i^f = t_i^s$ durch den Knoten e_i einen Weg von der Länge $t_i^f + (t_m^f - t_i^s) = t_m^f$. ■

Satz 3.4 Eine Tätigkeit (e_i, e_ℓ) eines CPM-Netzplanes ist genau dann kritisch, wenn $GP(i, \ell) = 0$ ist.

B e w e i s. Ist (e_i, e_ℓ) kritisch, so folgt aus Satz 3.1 und Satz 3.3 $t_i^f + c_{i\ell} = t_\ell^f = t_\ell^s$ und deshalb $GP(i, \ell) = 0$. Sei umgekehrt $GP(i, \ell) = t_\ell^s - t_i^f - c_{i\ell} = 0$. Da die längsten Wege von e_1 nach e_i bzw. von e_ℓ nach e_m die Längen t_i^f bzw. $(t_m^f - t_\ell^s)$ haben, folgt für den Weg von e_1 über e_i, (e_i, e_ℓ) und e_ℓ nach e_m $t_i^f + c_{i\ell} + t_m^f - t_\ell^s = t_m^f$, weshalb (e_i, e_ℓ) kritisch ist. ■

Da bei den einzelnen Tätigkeiten eines Projekts Verzögerungen auftreten können, sind neben dem längsten Weg von e_1 nach e_m auch alle um weniger als $\epsilon > 0$ kürzeren Wege von potentieller Bedeutung. Auf die Bestimmung solcher subkritischer Wege ist bereits in Abschn. 2.7.2 eingegangen worden.

3.2 PERT (Project Evaluation and Review Technique)

3.2.1 Beziehungen zum CPM-Problem

Bei PERT geht man von einem CPM-Netzplan aus und nimmt an, daß in der zu lösenden Aufgabe

$$\begin{aligned} &\min \sum_{i=2}^{m} t_i \\ \text{bzgl.}\quad & t_\ell - t_i \geqslant c_{i\ell} \qquad \forall\, (e_i, e_\ell) \text{ aus } P \\ & t_1 = 0 \end{aligned} \tag{3.1}$$

die Ausführungszeiten $c_{i\ell}$ Zufallsvariable sind. PERT ist deshalb eine Verallgemeinerung von CPM und eine Problemstellung der stochastischen, linearen Optimierung. Das Problem (3.1) wird, da es in dieser Form nicht lösbar ist, auf ein gewöhnliches CPM-Problem zurückgeführt, indem für die Zufallsvariablen $c_{i\ell}$ ihre Erwartungswerte $\bar{c}_{i\ell}$ eingesetzt werden. Zusätzlich sind noch einige wahrscheinlichkeitstheoretische Aussagen möglich.

3.2.2 PERT-Planung

Zunächst wird vorausgesetzt, daß die Erwartungswerte $\bar{c}_{i\ell}$ bzw. $\bar{c}_j$ und die Varianzen $\sigma_{i\ell}^2$ bzw. σ_j^2 der Zufallsvariablen $c_{i\ell}$ bzw. c_j bekannt sind. Auf die Schätzung dieser Parameter wird in Abschn. 3.2.3 eingegangen.

Man kann PERT unter verschiedenen Annahmen studieren. Dabei wird vorausgesetzt, daß die Zufallsvariablen $c_{i\ell}$ bzw. c_j unabhängig sind.

Sei nun $(p_{j_1}, p_{j_2}, \ldots, p_{j_q})$ ein Weg W von e_1 nach e_i.

A n n a h m e 1. Die Länge jedes Weges W von e_1 nach e_i ist normalverteilt mit den Parametern $\sum_{\nu=1}^{q} \bar{c}_{i_\nu}$ und $\sum_{\nu=1}^{q} \sigma_{j_\nu}^2$.

3.2.2.1 Die Bestimmung der erwarteten frühesten und spätesten Zeitpunkte der Ereignisse und ihrer Varianzen Der Lösungsvektor $\bar{t}^f$ der Aufgabe

$$\min \sum_{i=2}^{m} t_i$$

$$\text{bzgl.} \quad t_\ell - t_i \geqslant \bar{c}_{i\ell} \qquad \forall\, (e_i, e_\ell) \text{ aus } P$$

$$t_1 = 0$$

ist ein Schätzwert für den Erwartungswert $E(t^f)$. Analog ergibt die optimale Lösung $\bar{t}^s$ von

$$\max \sum_{i=1}^{m-1} t_i$$

$$\text{bzgl.} \quad t_\ell - t_i \geqslant \bar{c}_{i\ell} \qquad \forall\, (e_i, e_\ell) \text{ aus } P$$

$$t_m = \bar{t}_m^f$$

einen Schätzwert für $E(t^s)$. Gleichzeitig mit der Bestimmung von $\bar{t}^f$ und $\bar{t}^s$ können gemäß Annahme 1 die Varianzen der entsprechenden Wege ermittelt werden, indem

$$\sigma_{i_f}^2 := \sum_{\nu=1}^{q} \sigma_{j_\nu}^2 \quad \text{bzw.} \quad \sigma_{i_s}^2 := \sum_{\nu=1}^{q} \sigma_{j_\nu}^2$$

für längste Wege von e_1 nach e_i bzw. von e_i nach e_m gesetzt wird, wobei bei mehreren gleich langen Wegen derjenige mit der größten Varianz ausgewählt wird.

Um wahrscheinlichkeitstheoretische Aussagen machen zu können, benötigt man eine weitere Voraussetzung:

A n n a h m e 2. Falls mehrere Wege im Knoten e_i enden, ist der früheste Zeitpunkt des Ereignisses e_i normalverteilt mit den Parametern $\bar{t}_i^f$ und $\sigma_{i_f}^2$.

Die Verteilung für den frühesten Zeitpunkt t_i^f wird also nur durch den Weg mit der größten erwarteten Länge und den Weg mit der größten Varianz bestimmt.

3.2.2.2 Die Bestimmung der Wahrscheinlichkeit des Eintritts von Ereignissen zu geplanten Zeitpunkten Es sei t_i^* ein geplanter Zeitpunkt für das Ereignis e_i und w_i die Wahrscheinlichkeit, daß der tatsächliche Zeitpunkt für dieses Ereignis den geplanten Termin t_i^* nicht überschreite, d. h., es sei $P(t_i^f \leqslant t_i^*) = w_i$. Aufgrund unserer Annahmen ist

$$P(t_i^f \leqslant t_i^*) = \frac{1}{\sigma_{if}\sqrt{2\pi}} \int_{-\infty}^{t_i^*} \exp\left[\frac{-(t_i^f - \bar{t}_i^f)^2}{2\sigma_{if}^2}\right] dt_i^f$$

$$= \frac{1}{\sqrt{2\pi}} \int_{-\infty}^{\frac{t_i^* - \bar{t}_i^f}{\sigma_{if}}} \exp\left[\frac{-z^2}{2}\right] dz = \Phi\left(\frac{t_i^* - \bar{t}_i^f}{\sigma_{if}}\right) = w_i,$$

falls $z = \frac{t_i^f - \bar{t}_i^f}{\sigma_{if}}$ ist. Daraus erhält man

$$t_i^* = \bar{t}_i^f + \sigma_{if}\,\Phi^{-1}(w_i),$$

wobei $\Phi^{-1}(w)$ aus Tabellen abgelesen werden kann. Für $w_i = 0{,}95$ ist $\Phi^{-1}(w_i) = 1{,}65$ und für $w_i = 0{,}9$ ist $\Phi^{-1}(w_i) = 1{,}3$ etc. Für einen vorgegebenen Wert von w_i kann also t_i^* und für ein geplantes t_i^* das entsprechende w_i bestimmt werden.

3.2.2.3 Die Bestimmung der Wahrscheinlichkeit, daß nach Abschluß eines Vorganges keine Pufferzeit auftritt Es sei t_i' ein geplanter spätester Zeitpunkt für das Ereignis e_i. Man interessiert sich gewöhnlich für $P(t_i^f \geqslant t_i')$. Analog wie in Abschn. 3.2.2.2 erhält man

$$w_i' = P(t_i^f \geqslant t_i') = 1 - \Phi\left(\frac{t_i' - \bar{t}_i^f}{\sigma_{if}}\right) \quad \text{bzw.} \quad t_i' = \bar{t}_i^f + \sigma_{if} \cdot \Phi^{-1}(1 - w_i'),$$

falls w_i' eine vorgegebene Wahrscheinlichkeit ist.

3.2.3 Die Bestimmung der Mittelwerte und Varianzen der Ausführungszeiten

Als Verteilung der Zufallsvariablen $c_{i\ell}$ wird in der PERT-Planung meistens die Betaverteilung mit der Dichtefunktion

$$g(x) = \begin{cases} \dfrac{(x-a)^\alpha \cdot (b-x)^\beta}{(b-a)^{\alpha+\beta+1} \cdot B(\alpha+1, \beta+1)}, & \text{falls } a \leqslant x \leqslant b \\ 0, & \text{sonst} \end{cases}$$

unterstellt. Dabei ist $0 \leqslant a < b$, $\alpha, \beta > -1$, und B steht für die Betafunktion

$$B(u, v) = \int_0^1 t^{u-1}(1-t)^{v-1}\,dt, \qquad u, v > 0.$$

Für die Betafunktion gilt

$$B(u, v) = \frac{\Gamma(u)\,\Gamma(v)}{\Gamma(u+v)},$$

wobei Γ die Gammafunktion $\Gamma(z) = \int_0^1 e^{-t} t^{z-1}\,dt$, $z > 0$, bezeichnet.

Die Betaverteilung ist auf einem endlichen Intervall $[a, b]$, $0 \leqslant a < b$, definiert. Ihre Dichtefunktion g ist stetig und u n i m o d a l auf $[a, b]$, d. h., es existiert ein $x^* \in [a, b]$ mit $g(x^*) = \max_{a \leqslant x \leqslant b} \{g(x)\}$, und sowohl $a \leqslant x_1 < x_2 \leqslant x^* \leqslant b$ als auch $a \leqslant x^* \leqslant x_2 < x_1 \leqslant b$ impliziert $g(x_2) \geqslant g(x_1)$.

Der Erwartungswert und die Varianz von X sind durch

$$E(X) = \frac{a \cdot (1 + \beta) + b \cdot (1 + \alpha)}{\alpha + \beta + 2} \tag{3.2}$$

und $$\sigma_X^2 = \frac{(\alpha + 1)(\beta + 1)}{(\alpha + \beta + 2)^2 (\alpha + \beta + 3)} \cdot (b - a)^2 \tag{3.3}$$

definiert. Der M o d a l m von g ist eine Lösung von $dg/dx = 0$, beträgt also

$$m = \frac{\beta a + \alpha b}{\alpha + \beta}. \tag{3.4}$$

Die PERT-Planung unterstellt nun weiter, daß $\alpha + \beta = 4$ ist. Damit folgt aus (3.2) und (3.4)

$$E(X) = \frac{a + 4m + b}{6}. \tag{3.5}$$

Ferner kann $(\alpha + 1)(\beta + 1)$ maximal den Wert 9 annehmen.
Wird z. B. $(\alpha + 1)(\beta + 1) := 7$ gesetzt, so erhält man aus (3.3)

$$\sigma_X^2 = \frac{(b - a)^2}{36}.$$

Die Mittelwerte $\bar{c}_{i\ell}$ und Varianzen $\sigma_{i\ell}^2$ der Ausführungszeiten werden deshalb wie folgt geschätzt:

$$\bar{c}_{i\ell} = \frac{a_{i\ell} + 4m_{i\ell} + b_{i\ell}}{6} \tag{3.6}$$

$$\sigma_{i\ell}^2 = \frac{(b_{i\ell} - a_{i\ell})^2}{36}. \tag{3.7}$$

Hierbei ist $a_{i\ell}$ ein optimistischer, $b_{i\ell}$ ein pessimistischer und $m_{i\ell}$ der wahrscheinlichste Schätzwert. Diese drei Werte lassen sich in der Praxis sehr oft leichter ermitteln als Erwartungswerte und Varianzen, vor allem dann, wenn keine statistischen Daten vorhanden sind, was insbesondere bei neuen Projekten zutrifft.

3.2.4 Fehlerquellen in der PERT-Planung

M c C r i m m o n und R y a v e c [43] haben untersucht, wie sich die Annahmen in der PERT-Planung auf die Resultate auswirken können. Dabei haben sie drei Fehlerarten unterschieden:

a) Fehler $D^{(1)}$, weil die Betaverteilung unterstellt wird,

b) Fehler $D^{(2)}$, wegen der Anwendung von (3.6) und (3.7), wenn die Betaverteilung objektiv richtig ist und

c) Fehler $D^{(3)}$ in den durch die Experten angegebenen Schätzwerten für a, b und m, wenn die Betaverteilung und die Formeln (3.6) und (3.7) objektiv richtig sind.

Die Betaverteilung wird mit zwei Dichtefunktionen verglichen, die extrem von ihr abweichen, aber im gleichen Intervall [0, 1] definiert sind und den gleichen Modal m haben, wobei $0 \leqslant m < 1/2$ gelten soll (vgl. Tab. 3.5 und Fig. 3.4). Die Abschätzungen lauten nun:

$$D^{(1)}_{E(X)} = \max\left(\left|\frac{4m+1}{6} - \frac{1}{2}\right|, \left|\frac{4m+1}{6} - m\right|\right) = \frac{1-2m}{3}$$

$$D^{(1)}_{\sigma X} = \max\left(\left|\frac{1}{6} - \frac{1}{\sqrt{12}}\right|, \left|\frac{1}{6} - 0\right|\right) = \frac{1}{6}.$$

Tab. 3.5

Bez.	Verteilung	E(X)	σ_X^2	Modal
g(x)	Betaverteilung	$\frac{4m+1}{6}$	$\frac{1}{36}$	m
$g_1(x)$	Quasi-Gleichverteilung	$\frac{1}{2}$	ca. $\frac{1}{12}$	m
$g_2(x)$	Quasi-Deltaverteilung	m	ca. 0	m

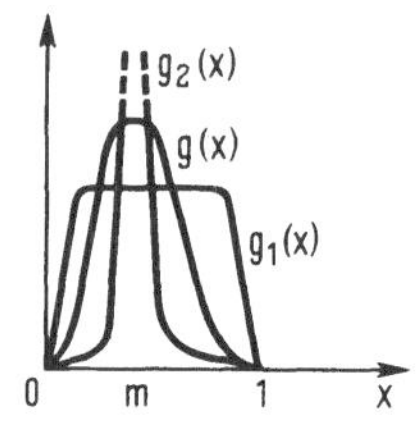

Fig. 3.4

Der Fehler des Erwartungswertes $D^{(1)}_{E(X)}$ beträgt also, wenn m sehr nahe bei Null ist, nahezu 33% der Spannweite b – a, während der Fehler für die Varianz $D^{(1)}_{\sigma X}$ von m unabhängig ist und maximal 16,7% der Spannweite ausmacht. Weiter ist

$$D^{(2)}_{E(X)} = \left|\frac{4\,m+1}{6} - \frac{\alpha+1}{\alpha+\beta+2}\right|.$$

Für $\alpha + \beta = 4$, $m \to 1/2$ und $\alpha \to 0$ erhält man einen maximalen Fehler von 33% der Spannweite b – a. Für $D^{(2)}_{\sigma X}$ sei (3.3) richtig. Mit $\alpha + \beta = \frac{\alpha}{m}$ gemäß (3.4) geht (3.3) über in

$$\sigma_X^2 = \frac{m^2(\alpha+1)(\alpha-\alpha m+m)}{(\alpha+2\,m)^2(\alpha+3\,m)},$$

und damit ist

$$D^{(2)}_{\sigma X} = \left|\frac{1}{6} - \sqrt{\frac{m^2(\alpha+1)(\alpha-\alpha m+m)}{(\alpha+2m)^2(\alpha+3\,m)}}\right|.$$

Für m = 0 beträgt also der maximale Fehler 16,7%. Für $D^{(3)}$ seien a, b, m die richtigen

Werte und t_a, t_b, t_m die entsprechenden Schätzungen, wobei die Abweichungen

$$0{,}8\,a \leqslant t_a \leqslant 1{,}1\,a, \qquad 0{,}9\,m \leqslant t_m \leqslant 1{,}1\,m, \qquad 0{,}9\,b \leqslant t_b \leqslant 1{,}2\,b$$

zugelassen werden.

Liegt m im Intervall $\left[a, \frac{1}{2}(a+b)\right]$, so ist

$$D^{(3)}_{E(X)} = \frac{1}{b-a} \max \left[\left| \frac{(0{,}8\,a + 3{,}6\,m + 0{,}9\,b) - (a + 4\,m + b)}{6} \right|, \left| \frac{1{,}1\,a + 4{,}4\,m + 1{,}2\,b - (a + 4\,m + b)}{6} \right| \right]$$

$$= \frac{1}{60} \left[\frac{a + 4\,m + 2\,b}{b-a} \right]$$

und

$$D^{(3)}_{\sigma X} = \frac{1}{b-a} \max \left[\left| \frac{(0{,}9\,b - 1{,}1\,a) - (b-a)}{6} \right|, \left| \frac{(1{,}2\,b - 0{,}8\,a) - (b-a)}{6} \right| \right]$$

$$= \frac{b+a}{30\,(b-a)}\,.$$

Eine Tätigkeit $p = (e, e')$ kann erst begonnen werden, wenn sämtliche in die Ecke e einmündenden Tätigkeiten erledigt sind. Daraus folgt, daß die Verteilung von t^f_e nicht nur von den Verteilungen der $c_{i\ell}$ bezüglich einem Weg, der e erreicht, abhängt, was im Widerspruch zur Annahme 2 steht, die gewöhnlich mit dem zentralen Grenzwertsatz begründet wird. Damit sind natürlich auch die Resultate von Abschn. 3.2.2.2 und 3.2.2.3 mit Fehlern behaftet. Die Zeitpunkte $\overline{t}^f_i$ sind zu optimistisch, denn für die Zufallsvariablen $X_1, X_2, \ldots X_n$ gilt gemäß R a o [50] die Beziehung

$$E\,\{\max(X_1, \ldots, X_n)\} \geqslant \max\,\{E(X_1), \ldots, E(X_n)\}.$$

Die hier besprochenen Fehler sind von verschiedenen Autoren kritisiert worden. Sie schlagen Verbesserungen vor, die aber ihrerseits wieder Nachteile aufweisen (vgl. [21]).

3.3 MPM (Metra Potential Method) (Roy [51])

3.3.1 Formulierung des Problems

Wie bei den CPM-Netzplänen wird ein Projekt in einzelne Tätigkeiten aufgegliedert, wobei bei MPM jeder Tätigkeit eine Ecke zugeordnet wird und zwei Tätigkeiten e_i und e_ℓ durch einen Pfeil (e_i, e_ℓ) verbunden sind, wenn e_ℓ nicht vor e_i begonnen werden darf.

MPM-Netzpläne sind gerichtete Graphen, die in zwei Stufen konstruiert werden. Zuerst wird ein P r ä z e d e n z g r a p h $\tilde{G} = (E, \tilde{P})$ und daraus ein MPM- N e t z p l a n $G = (E, P)$ mit $E = \{e_1, \ldots, e_m\}$ gebildet. Dabei entsprechen die Knoten $e_2, e_3, \ldots, e_{m-1}$

den eigentlichen Tätigkeiten, während die Scheintätigkeiten e_1 und e_m den Projektbeginn und das Projektende darstellen.

$\tilde{P}$ ist definiert durch:

a) die Pfeile bezüglich der oben erwähnten Präzedenzen unter den Knoten 2 bis m – 1,

b) die Pfeile (e_1, e_i) bzw. (e_i, e_m), falls eine positive Zeit zwischen den Terminen $t_1 = 0$ und t_i bzw. zwischen t_i und t_m gefordert wird,

c) die Pfeile (e_1, e_i) bzw. (e_i, e_m), damit e_1 die einzige Quelle und e_m die einzige Senke ist.

Die MPM-Problemstellung lautet nun

$$\min \sum_{i=2}^{m} t_i$$

$$\text{bzgl.} \quad a_{i\ell} \leqslant t_\ell - t_i \leqslant b_{i\ell} \qquad \forall\, (e_i, e_\ell) \text{ aus } \tilde{P}, \qquad t_1 = 0 \tag{3.8}$$

wobei t_i den Beginn der Tätigkeit e_i angibt und $a_{i\ell}$, $b_{i\ell}$ mit $a_{i\ell} \leqslant b_{i\ell}$ vorgegebene Konstanten sind. Wie bei CPM werden die frühesten Termine berechnet, wobei die Restriktionen in 2 Typen unterteilt sind:

a) $t_\ell - t_i \geqslant a_{i\ell}$. Mit der Tätigkeit e_ℓ kann frühestens $a_{i\ell}$ Zeiteinheiten nach e_i bzw. mit e_i muß spätestens $a_{i\ell}$ Zeiteinheiten vor e_ℓ begonnen werden. Für die Pfeile (e_1, e_i) und (e_i, e_m), die in Schritt c) oben generiert wurden, setzen wir $a_{1i} = 0$ bzw. $a_{im} = 0$.

b) $t_\ell - t_i \leqslant b_{i\ell}$. Mit der Tätigkeit e_ℓ muß spätestens $b_{i\ell}$ Zeiteinheiten nach e_i bzw. mit e_i kann frühestens $b_{i\ell}$ Zeiteinheiten vor e_ℓ begonnen werden. b_{1i} bzw. b_{im}, die den Pfeilen aus Schritt c) entsprechen, werden unendlich gesetzt.

Bei der Festsetzung der $a_{i\ell}$ und $b_{i\ell}$ sind neben anderen technologischen Bedingungen auch die eigentlichen Ausführungszeiten d_i der Tätigkeiten e_i zu berücksichtigen.

Folgende Fälle sind möglich:

$a_{i\ell} = b_{i\ell} = d_i$	e_i und e_ℓ werden in ununterbrochener Folge ausgeführt.
$a_{i\ell} = b_{i\ell} = 0$	e_i und e_ℓ beginnen gleichzeitig.
$a_{i\ell} \leqslant b_{i\ell} < d_i$	die Ausführung von e_i und e_ℓ überlappt zeitlich.
$d_i < a_{i\ell} \leqslant b_{i\ell}$	nach Beendigung von e_i ist in bezug auf e_ℓ eine Pause einzulegen.
$d_i = a_{i\ell} < b_{i\ell}$	ein Überlappen ist nicht möglich, dafür aber eine Lücke.
$a_{i\ell} < b_{i\ell} = d_i$	hier wird keine Lücke, dafür ein Überlappen zugelassen.
$a_{i\ell} < d_i < b_{i\ell}$	e_i, e_ℓ können überlappen oder durch eine Lücke getrennt sein.

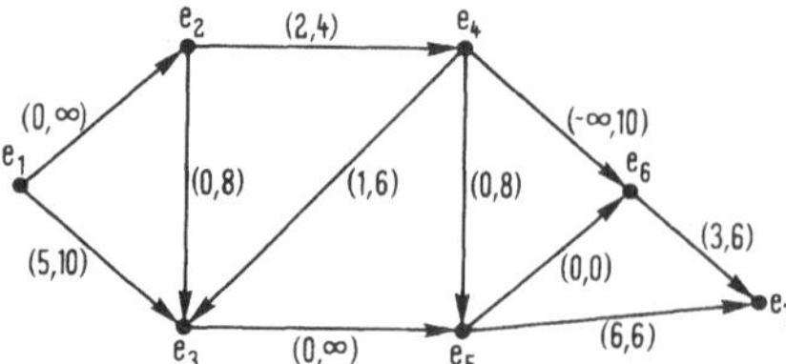

Fig. 3.5

Überlappungen und Lücken sind durch $a_{i\ell}$, $b_{i\ell}$ und d_i in ihrem Ausmaß begrenzt. Sind einzelne Restriktionen nicht relevant, so wird $a_{i\ell} := -\infty$ bzw. $b_{i\ell} := +\infty$ gesetzt. Der in Fig. 3.5 dargestellte Graph $\tilde{G}$ umfaßt die Tätigkeiten e_2, e_3, e_4, e_5, e_6. Die den Pfeilen zugeordneten Zahlenpaare enthalten $a_{i\ell}$ und $b_{i\ell}$.

3.3.2 MPM-Netzpläne

Um aus der Aufgabe (3.8) ein Problem der längsten Wege zu erhalten, multipliziert man die $\leqslant$-Restriktion mit -1 und erhält so $t_i - t_\ell \geqslant -b_{i\ell}$. Für jeden Pfeil (e_i, e_ℓ) wird also ein zusätzlicher Pfeil (e_ℓ, e_i) eingeführt. Danach werden alle Pfeile (e_i, e_ℓ) mit $a_{i\ell} = -\infty$ oder $b_{i\ell} = +\infty$ gestrichen. Man erhält so einen MPM- N e t z p l a n $G = (E, P)$, dessen Pfeile (e_i, e_ℓ) wie folgt bewertet werden:

$$c_{i\ell} := \begin{cases} a_{i\ell}, & \text{falls } (e_i, e_\ell) \text{ aus } \tilde{P},\ a_{i\ell} > -\infty \\ -b_{\ell i}, & \text{falls } (e_\ell, e_i) \text{ aus } \tilde{P},\ b_{\ell i} < \infty \\ 0, & \text{falls } i = \ell \\ -\infty, & \text{sonst.} \end{cases}$$

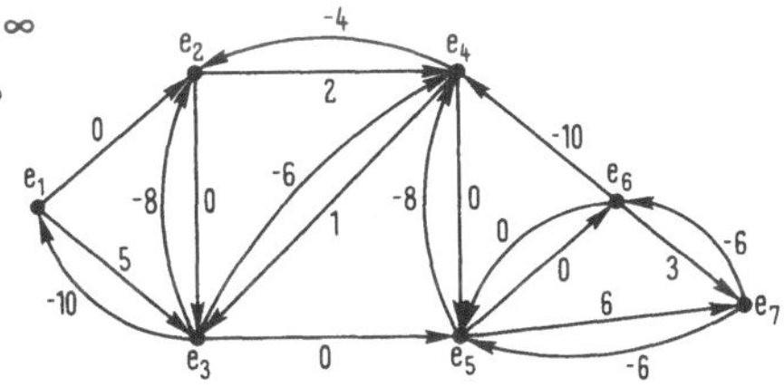

Fig. 3.6

Die Aufgabe (3.8) geht dann über in

$$\begin{aligned} &\min \sum_{i=2}^{m} t_i \\ \text{bzgl.}\quad & t_\ell - t_i \geqslant c_{i\ell} \qquad \forall\, (e_i, e_\ell) \text{ aus } P \\ & t_1 = 0 \end{aligned} \tag{3.9}$$

und ist gemäß Abschn. 2.5 ein Problem der längsten Wege. Für den in Fig. 3.5 dargestellten Präzedenzgraphen $\tilde{G}$ erhält man bereits einen relativ umfangreichen Graphen (vgl. Fig. 3.6), dessen Pfeile entsprechend den obigen Ausführungen bewertet sind.

3.3.3 MPM-Planung

Wie in der CPM-Planung werden die frühesten und spätesten Zeitpunkte bestimmt und analysiert. Die frühesten Zeitpunkte t^f können z. B. mit dem gemäß Abschn. 2.4 modifizierten Algorithmus 2.3 bestimmt werden. Für die Ermittlung der spätesten Zeitpunkte t^s lautet dieses Verfahren:

Algorithmus 3.3 (mit einer Kostenmatrix C für längste Wege)

S c h r i t t 1 $t_m := t_m^f$, $t_i := t_m^f - c_{im}$, $i = 1, \ldots, m-1$.

S c h r i t t 2 Für $j = m-1, m-2, \ldots, 1$: $t_j := \min\{t_j, t_i - c_{ji} \mid j < i \leqslant m\}$

S c h r i t t 3 Falls in Schritt 2 kein t_j verändert wurde, Stop.

S c h r i t t 4 Für $j = 2, 3, \ldots, m$: $t_j := \min\{t_j, t_i - c_{ji} \mid 1 \leqslant i < j\}$

S c h r i t t 5 Falls in Schritt 4 kein t_j verändert wurde, Stop. Sonst gehe zu Schritt 2.

Mit den bisherigen Ergebnissen werden die Pufferzeiten $P(i) := t_i^s - t_i^f$, $i = 2, \ldots, m-1$, berechnet, wobei man eine Tätigkeit kritisch nennt, wenn $P(i) = 0$ ist. Für das in Fig. 3.6 dargestellte Beispiel sind die Ergebnisse in Tab. 3.6 zusammengefaßt.

Tab. 3.6

i	t_i^f	t_i^s	P(i)
1	0	0	–
2	0	2	2
3	5	5	0
4	2	4	2
5	5	5	0
6	5	5	0
7	11	11	–

Es leuchtet sofort ein, daß die MPM-Planung gegenüber der CPM-Planung mehr Möglichkeiten bietet. Allerdings enthalten MPM-Netzpläne i. allg. Schleifen und negative Pfeilbewertungen, womit eine topologische Sortierung der Knoten unmöglich ist. Diese Merkmale erfordern die Anwendung aufwendigerer Algorithmen als für CPM. MPM benötigt deswegen längere Rechenzeiten, um so mehr als MPM-Netzpläne gewöhnlich umfangreicher sind als CPM-Netzpläne.

4 Gewöhnliche Fluß- und Potentialdifferenzenprobleme

4.1 Flüsse, Potentiale und Potentialdifferenzen

Sei $G = (E, P)$ mit $E = \{e_1, \ldots, e_m\}$ und $P = \{p_1, \ldots, p_n\}$ ein gerichteter Graph ohne Schlingen und $x = (x_1, \ldots, x_n)^T$, wobei $x_j \in \mathbf{R}^1$, $j = 1, \ldots, n$, dem Pfeil p_j zugeordnet ist. Dann heißt x ein F l u ß (in G), falls für e_i, $i = 1, \ldots, m$, die K n o t e n b e d i n g u n g e n

$$\sum_{p_j \in I^+(e_i)} x_j - \sum_{p_j \in I^-(e_i)} x_j = 0 \tag{4.1}$$

erfüllt sind. Dabei ist x_j der Fluß im Pfeil p_j. (4.1) besagt, daß die Summe der Zuflüsse zu e_i gleich der Summe der Wegflüsse von e_i sein muß, wie dies in Fig. 4.1 der Fall ist. In praktischen Problemen wird x ein Materialfluß, Kapitalfluß, Verkehrsfluß etc. sein. Den Knoten entsprechen dann Lager, Produktionsstätten, Firmen, Ortschaften, Straßenkreuzungen etc.

Die m Gleichungen (4.1) bilden ein homogenes, lineares Gleichungssystem. Die Menge aller Flußvektoren x ist deshalb ein Unterraum des $\mathbf{R}^n$, d. h., es gelten a) und b):

a) Sind $x^{(1)}$ und $x^{(2)}$ Flüsse, dann ist $x^{(1)} + x^{(2)}$ ein Fluß.

b) Ist $\lambda \in \mathbf{R}^1$ und x ein Fluß, dann ist λ x ein Fluß.

Ferner ist jeder Zyklusvektor ζ ein Fluß, denn gemäß Abschn. 1.4 ergeben die Koeffizienten von (4.1) für jedes $e_i \in E$ einen Kozyklusvektor $\eta(e_i)$ und nach Lemma 1.11 gilt $\zeta^T \eta = 0$ für beliebige ζ und η.

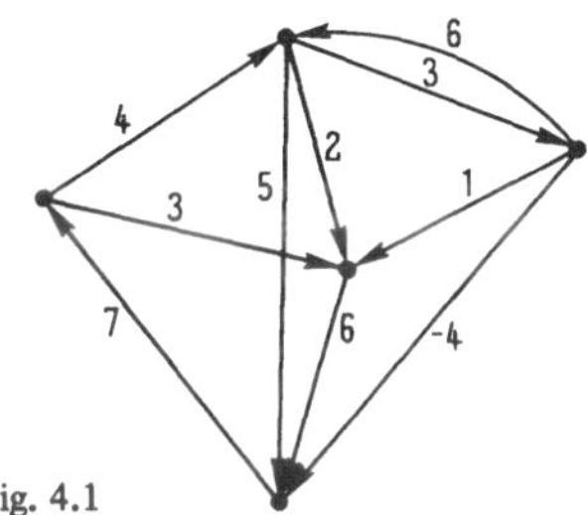

Fig. 4.1

Es soll nun gezeigt werden, daß ein Fluß x in G bereits bestimmt ist, wenn die Flüsse in den Pfeilen eines Kogerüsts (vgl. Abschn. 1.5) definiert sind.

Lemma 4.1 Ein endlicher Baum G besitzt mindestens zwei Endecken.

B e w e i s. Wegen der Endlichkeit von G und Satz 1.1 gibt es in diesem Baum eine endliche Anzahl von elementaren Ketten F, die alle von endlicher Länge $\ell(F)$ sind. Deshalb existiert mindestens eine Kette F' von maximaler Länge $\ell(F')$, die in Endknoten des Baumes anfängt und endet. ∎

Lemma 4.2 In einem Baum G = (E, P) gibt es keinen Fluß $x \neq 0$.

B e w e i s. Sei $x \neq 0$ ein Fluß in G, $\tilde{P} = \{p_j \in P \mid x_j \neq 0\}$ und $\tilde{E} = \{e_i \in E \mid e_i$ ist Ecke von Kanten $p_j \in \tilde{P}\}$. Dann ist $\tilde{G} = (\tilde{E}, \tilde{P})$ ein Baum oder ein Wald, der gemäß Lemma 4.1 mindestens zwei Endecken hat, für die (4.1) nicht erfüllt ist. ∎

Satz 4.3 Sei G = (E, P) ein zusammenhängender, gerichteter Graph und $G_{\overline{P}}$ ein Gerüst von G. Seien (evt. nach Umnumerierung) $p_1, \ldots, p_z$, z = z(G), die Pfeile aus $P - \overline{P}$. Jeder dieser Pfeile p_j sei in einem Zyklus enthalten, welcher so orientiert ist, daß die j-te Komponente des Zyklusvektors $\zeta^{(j)}$ gleich +1 ist. Für jeden Fluß x gilt dann

$$x = \sum_{j=1}^{z} x_j \zeta^{(j)}.$$

B e w e i s. Sei x ein Fluß, $\tilde{x} := \sum_{j=1}^{z} x_j \zeta^{(j)}$ und $\overline{x} := x - \tilde{x}$. Gemäß den oben erwähnten Eigenschaften sind $\tilde{x}$ und $\overline{x}$ Flüsse, wobei $\overline{x}_j = 0$, j = 1, . . ., z, wegen der Definition der $\zeta^{(j)}$ gilt. Die übrigen Variablen $\overline{x}_j$ entsprechen den Pfeilen von $\overline{P}$. Gemäß Lemma 4.2 folgt deshalb $\overline{x}_j = 0 \;\forall\, p_j \in \overline{P}$ und insgesamt $x = \tilde{x}$. ∎

Ein P o t e n t i a l ist ein Vektor $t = (t_1, \ldots, t_m)^T$, $t_i \in \mathbf{R}^1$, wobei t_i der Ecke $e_i \in E$ zugeordnet ist. Ein spezielles Potential bilden z. B. die kürzesten Weglängen von der Ecke

e_1 eines Graphen zu allen anderen Ecken. Aus einem Potential t läßt sich eine Potentialdifferenz $y \in \mathbf{R}^n$ ableiten. Dabei ist die Komponente y_j von y dem Pfeil $p_j \sim (e_i, e_\ell)$ zugeordnet und durch

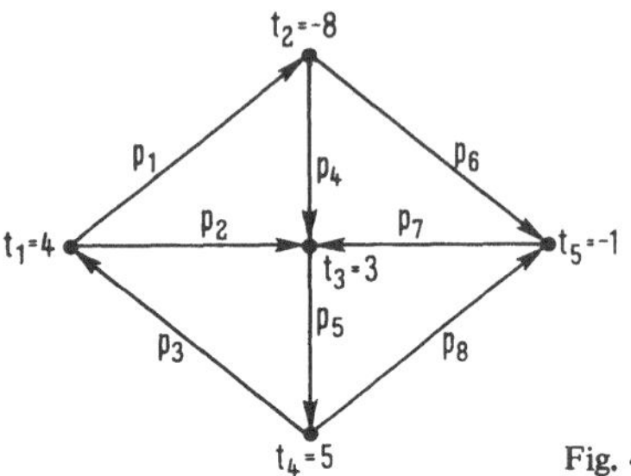

Fig. 4.2

$$y_j = t_\ell - t_i \tag{4.2}$$

definiert. Für den Graphen in Fig. 4.2 und das angegebene Potential t ist y = (−12, −1, −1, 11, 2, 7, 4, −6).

Die Menge aller Potentialdifferenzen bildet ebenfalls einen Unterraum des $\mathbf{R}^n$, denn

a) für zwei Potentialdifferenzen $y^{(1)}, y^{(2)}$ und entsprechende Potentiale $t^{(1)}, t^{(2)}$ ist $t = t^{(1)} + t^{(2)}$ ein Potential von $y = y^{(1)} + y^{(2)}$ und

b) für $\lambda \in \mathbf{R}^1$ und eine Potentialdifferenz y mit dem Potential t ist λt ein Potential von λy.

Außerdem ist jeder Kozyklusvektor $\eta(\overline{E})$ eine Potentialdifferenz, denn für

$$t_i := \begin{cases} 1, & \text{falls } e_i \notin \overline{E} \\ 0, & \text{falls } e_i \in \overline{E} \end{cases} \qquad \text{gilt} \quad y_j = \begin{cases} +1, & \text{falls } p_j \in I^+(\overline{E}) \\ -1, & \text{falls } p_j \in I^-(\overline{E}). \\ 0, & \text{sonst} \end{cases}$$

Satz 4.4 Sei G = (E, P) ein zusammenhängender, gerichteter Graph und $G_{\overline{P}}$ ein Gerüst von G. Nach eventueller Umnumerierung sei $\overline{P} = \{p_1, \ldots, p_z\}$, $z = z'(G)$. Jeder Kante $p_j \in \overline{P}$ entspreche ein Kozyklusvektor $\eta^{(j)}$ mit $\eta_j^{(j)} = +1$. Dann gilt für jede Potentialdifferenz y

$$y = \sum_{j=1}^{z} y_j \eta^{(j)}.$$

B e w e i s. Sei $\tilde{y}$ die Potentialdifferenz $\tilde{y} = y - \sum_{j=1}^{z} y_j \eta^{(j)}$. Für alle $j \in \{1, \ldots, n\}$ mit $p_j \in \overline{P}$ gilt dann $\tilde{y}_j = 0$. Da $G_{\overline{P}}$ ein Gerüst von G ist, muß das $\tilde{y}$ entsprechende Potential $\tilde{t}$ von der Form $\tilde{t} = (a, a, \ldots, a)^T$, $a \in \mathbf{R}^1$, sein. Also gilt auch $\tilde{y}_j = 0$ für alle j mit $p_j \in P - \overline{P}$. ■

Eine Potentialdifferenz in einem zusammenhängenden Graphen ist also bereits dann bestimmt, wenn y_j für alle Pfeile p_j eines Gerüstes $G_{\overline{P}}$ von G vorgegeben ist.

Satz 4.5 Ein Vektor $y \in \mathbf{R}^n$ ist genau dann eine Potentialdifferenz, wenn für jeden elementaren Zyklus Z gilt:

$$\sum_{p_j \in Z^+} y_j - \sum_{p_j \in Z^-} y_j = \zeta^T y = 0.$$

B e w e i s. Ist y eine Potentialdifferenz, so gilt gemäß Satz 4.4 und Lemma 1.11 für ein beliebiges ζ die Bedingung $\zeta^T y = 0$. Sei umgekehrt $\zeta^T y = 0$ für alle ζ und $G_{\overline{P}}$ ein beliebiges Gerüst.
O. E. d. A. sei $\overline{P} = \{p_1, \ldots, p_z\}$, $z = z'(G)$. Die Kozyklusvektoren $\eta^{(1)}, \ldots, \eta^{(z)}$ mit $\eta_j^{(j)} = +1, j = 1, \ldots, z$, bestimmen eine fundamentale Basis von Kozyklen mit entsprechenden Potentialen $t^{(1)}, \ldots, t^{(z)}$.
$\overline{y} = \sum_{j=1}^{z} y_j \eta^{(j)}$ ist dann eine Potentialdifferenz mit dem Potential $\overline{t} = \sum_{j=1}^{z} y_j t^{(j)}$. Gemäß der obigen Definition der $t^{(j)}$ gilt $\eta_i^{(j)} = 0 \; \forall \, i \neq j$, $i, j = 1, \ldots, z$, und deshalb $\overline{y}_j = y_j \; \forall \, j$ mit $p_j \in \overline{P}$. Nun sei $p_{j_1} \in P - \overline{P}$ und $Z = (e_{i_1}, p_{j_1}, \ldots, e_{i_{q+1}})$ der betreffende Basiszyklus mit $p_{j_1} \in Z^+$. Nach Voraussetzung gilt dann

$$0 = \sum_{\nu=1}^{q} \zeta_{j_\nu} y_{j_\nu} = \sum_{\nu=2}^{q} \zeta_{j_\nu} \overline{y}_{j_\nu} + y_{j_1},$$

d. h.
$$y_{j_1} = -\sum_{\nu=2}^{q} (\overline{t}_{i_{\nu+1}} - \overline{t}_{i_\nu}) = \overline{t}_{i_2} - \overline{t}_{i_1}$$

und somit $\overline{y}_j = y_j \;\; \forall \; j$ mit $p_j \in P - \overline{P}$. Folglich ist y eine Potentialdifferenz. ∎

4.2 Matrixdarstellung von Flüssen und Potentialdifferenzen

Wiederum sei $G = (E, P)$ ein schlingenloser, gerichteter Graph mit $E = \{e_1, \ldots, e_m\}$ und $P = \{p_1, \ldots, p_n\}$. Aus den Definitionen der Inzidenzmatrix H und der Kozyklusvektoren in Abschn. 1.2 bzw. 1.4 folgt, daß sowohl die Zeilen H_i von H wie auch die Koeffizienten von (4.1) den Kozyklusvektoren $\eta(e_i)$ entsprechen. Damit gilt: Ein Vektor $x = (x_1, \ldots, x_n)^T$ ist genau dann ein Fluß, wenn $Hx = 0$ ist. Dem Pfeil p_j wird dabei die Komponente x_j zugeordnet.
Da jede Spalte von H neben den Nullen genau eine + 1 und genau eine −1 enthält, ergibt die j-te Komponente von $H^T t$ für ein Potential t und $p_j \sim (e_i, e_\ell)$ gemäß (4.2)

$$(H^T t)_j = \sum_{\nu=1}^{m} h_{\nu j} t_\nu = t_i - t_\ell = -y_j.$$

Potentialdifferenzen können also auch wie folgt definiert werden: Ist $t \in \mathbf{R}^m$ ein Potential, so ist $y := -H^T t$ eine Potentialdifferenz.
Sei nun x ein Fluß und $y = -H^T t$ eine Potentialdifferenz. Dann gilt $x^T y = -x^T H^T t = 0$, d. h., x und y sind orthogonal.

Satz 4.6 Ein Vektor $x \in \mathbf{R}^n$ ist genau dann ein Fluß, wenn er zu jeder Potentialdifferenz y orthogonal ist.

B e w e i s. Es ist nur noch zu zeigen, daß die Bedingung hinreichend ist. Sei also $x^T y = 0$ für alle Potentialdifferenzen. Dann gilt insbesondere für jeden Kozyklus $I(e_i)$ $x^T \eta(e_i) = 0$, womit (4.1) erfüllt ist. ∎

Satz 4.7 Ein Vektor $y \in \mathbf{R}^n$ ist genau dann eine Potentialdifferenz, wenn y zu jedem Fluß x orthogonal ist.

B e w e i s. Auch hier ist nur zu zeigen, daß die Bedingung hinreichend ist. Sei also $y^T x = 0$ für alle Flüsse x. Dann gilt für jeden elementaren Zyklus Z $\zeta^T y = 0$, d. h., y ist gemäß Satz 4.5 eine Potentialdifferenz. ∎

Mit fundamentalen Basen von Zyklen und Kozyklen können außerdem zyklomatische und kozyklomatische Matrizen definiert und Flüsse sowie Potentialdifferenzen mit diesen Matrizen dargestellt werden (vgl. [1]).

4.3 Existenz von Flüssen und Potentialdifferenzen in vorgegebenen Intervallen

Seien $a \leqslant b$ zwei Vektoren aus $\mathbf{R}^n$. Man interessiert sich dafür, unter welchen Bedingungen ein Fluß x existiert mit $a \leqslant x \leqslant b$. Wird mit H die Inzidenzmatrix bezeichnet, so ist die Bestimmung eines solchen z u l ä s s i g e n F l u s s e s äquivalent mit dem Auffinden eines Vektors $\tilde{x} \in \{x \in \mathbf{R}^n \mid Hx = 0, a \leqslant x \leqslant b\}$. Analog heißt ein Vektor $\tilde{y} \in \{y \in \mathbf{R}^n \mid y = -H^T t, t \in \mathbf{R}^m, a \leqslant y \leqslant b\}$ eine z u l ä s s i g e P o t e n t i a l d i f f e r e n z.

Die Beweise zu den beiden folgenden Existenzsätzen stammen von G h o u i l a - H o u r i [18]. Ein Leser, der in erster Linie an den Verfahren interessiert ist, kann diese Sätze überspringen.

Satz 4.8 (H o f f m a n [29]) In einem endlichen, gerichteten Graphen G = (E, P) existiert genau dann ein Fluß x mit $a \leqslant x \leqslant b$, wenn für jeden Kozyklus $I(\overline{E})$ die Bedingungen

$$\sum_{p_j \in I^+(\overline{E})} b_j \geqslant 0, \quad \sum_{p_j \in I^+(\overline{E})} a_j \leqslant 0, \quad \text{falls } I^-(\overline{E}) = \emptyset \tag{4.3a}$$

$$\sum_{p_j \in I^-(\overline{E})} b_j \geqslant 0, \quad \sum_{p_j \in I^-(\overline{E})} a_j \leqslant 0, \quad \text{falls } I^+(\overline{E}) = \emptyset \tag{4.3b}$$

$$\sum_{p_j \in I^-(\overline{E})} b_j \geqslant \sum_{p_j \in I^+(\overline{E})} a_j, \quad \sum_{p_j \in I^+(\overline{E})} b_j \geqslant \sum_{p_j \in I^-(\overline{E})} a_j, \quad \text{sonst,} \tag{4.3c}$$

gelten.

B e w e i s. I. (Notwendig) Für einen Fluß x gilt gemäß (4.1) $x^T \eta(e_i) = 0$, i = 1, . . ., m, und gemäß Abschn. 1.4 ist $\eta(\overline{E}) = \sum_{e_i \in \overline{E}} \eta(e_i)$, d. h. $x^T \eta(\overline{E}) = 0$. Entsprechend $I^+(\overline{E})$ und $I^-(\overline{E})$ läßt sich η als Differenz $\eta = \eta^+ - \eta^-$ zweier nichtnegativer Vektoren darstellen. Also gilt für einen beliebigen Fluß x $x^T \eta^+ = x^T \eta^-$ und für einen zulässigen Fluß

$$a^T \eta^+ \leqslant x^T \eta^+ = x^T \eta^- \leqslant b^T \eta^-, \qquad b^T \eta^+ \geqslant x^T \eta^+ = x^T \eta^- \geqslant a^T \eta^-.$$

Aus diesen Bedingungen folgt für $\eta^- = 0$ (4.3a), für $\eta^+ = 0$ (4.3b) und für die übrigen Fälle (4.3c).

II. (Hinreichend) Für alle Graphen mit einem Pfeil p folgt die Existenz eines zulässigen Flusses aus (4.3). Die Aussage sei nun richtig für alle Graphen mit $s-1$ Pfeilen und $G = (E, P)$ sei ein Graph mit s Pfeilen, für den (4.3) erfüllt ist. Gilt $a = b$, so folgen aus (4.3) die Knotenbedingungen $a^T\eta(e_i) = 0 \quad \forall e_i \in E$, d. h., a ist ein zulässiger Fluß. Sei nun $p_{j_0} \sim (e_i, e_\ell)$ ein beliebiger Pfeil mit $a_{j_0} < b_{j_0}$. Läßt man e_i, e_ℓ und p_{j_0} zu einem Knoten $e_{i\ell}$ „zusammenschrumpfen" (vgl. Fig. 4.3), so resultiert ein Graph $G' = (E', P')$ mit $s-1$ Pfeilen, für den (4.3) erfüllt ist. Somit existiert in G' ein zulässiger Fluß. Wird $e_{i\ell}$ wieder „aufgelöst", so erhält man einen Fluß $\tilde{x}$ in G, der höchstens in p_{j_0} nicht zulässig ist.

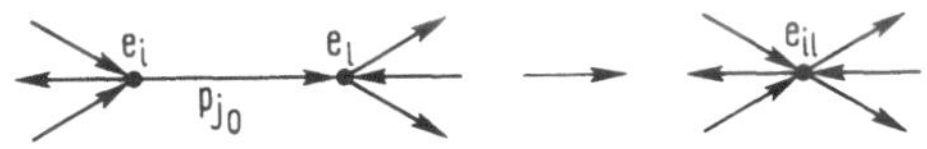

Fig. 4.3

Sei nun $I(\bar{E})$ ein beliebiger Kozyklus mit $p_{j_0} \in I^-(\bar{E})$. Wegen $a_j \leqslant \tilde{x}_j \leqslant b_j \; \forall j \neq j_0$ folgt wegen $\tilde{x}^T\eta^+ = \tilde{x}^T\eta^-$ für $\tilde{x}_{j_0}$

$$a^T\eta^+ - b^T\eta^- + b_{j_0} \leqslant \tilde{x}_{j_0} \leqslant b^T\eta^+ - a^T\eta^- + a_{j_0}.$$

Damit gilt $\tilde{x}_{j_0} \in M(\bar{E}) := [a^T\eta^+ - b^T\eta^- + b_{j_0}, b^T\eta^+ - a^T\eta^- + a_{j_0}]$ für alle $\bar{E} \subset E$ mit $p_{j_0} \in I^-(\bar{E})$, d. h., $\tilde{x}_{j_0}$ ist im Durchschnitt all dieser Mengen $M(\bar{E})$ enthalten. Andererseits ist nach (4.3) $\quad 0 \in [a^T\eta^+ - b^T\eta^-, b^T\eta^+ - a^T\eta^-]$, also

$$[a_{j_0}, b_{j_0}] \cap M(\bar{E}) \neq \emptyset \qquad \forall \bar{E} \subset E \text{ mit } p_{j_0} \in I^-(\bar{E}).$$

Da alle beteiligten Mengen paarweise einen nicht leeren Durchschnitt haben, ist gemäß dem Satz von H e l l y (vgl. [54], S. 78) der Durchschnitt M all dieser Mengen nicht leer. Nun wählt man ein $a'_{j_0} \in M$ und setzt $b'_{j_0} := a'_{j_0}$. Da die übrigen Schranken gleich bleiben, ist (4.3) mit den beiden neu definierten Werten weiterhin für alle $\bar{E} \subset E$ erfüllt. Danach wird das Verfahren für ein $p_{j_1} \in P$ mit $a_{j_1} < b_{j_1}$ wiederholt. Nach endlich vielen Schritten gilt $a'_j = b'_j \; \forall p_j \in P$, wobei (4.3) erfüllt und $a' = (a'_1, \ldots, a'_n)^T$ wie oben ein zulässiger Fluß ist. ■

Satz 4.9 In einem endlichen, gerichteten Graphen $G = (E, P)$ existiert genau dann eine Potentialdifferenz y mit $a \leqslant y \leqslant b$, wenn für alle elementaren Zyklen Z die Bedingungen

$$\sum_{p_j \in Z^+} b_j \geqslant 0, \quad \sum_{p_j \in Z^+} a_j \leqslant 0, \quad \text{falls } Z^- = \emptyset, \tag{4.4a}$$

$$\sum_{p_j \in Z^-} b_j \geqslant 0, \quad \sum_{p_j \in Z^-} a_j \leqslant 0, \quad \text{falls } Z^+ = \emptyset, \tag{4.4b}$$

$$\sum_{p_j \in Z^-} b_j \geqslant \sum_{p_j \in Z^+} a_j, \quad \sum_{p_j \in Z^+} b_j \geqslant \sum_{p_j \in Z^-} a_j, \quad \text{sonst} \tag{4.4c}$$

gelten.

B e w e i s. I. (Notwendig) Analog wie oben sei $\zeta = \zeta^+ - \zeta^-$, wobei $\zeta^+ \geqslant 0$, $\zeta^- \geqslant 0$ den Mengen Z^+, Z^- entsprechen. Für ein zulässiges y gilt dann gemäß Satz 4.5

$$a^T\zeta^+ \leqslant y^T\zeta^+ = y^T\zeta^- \leqslant b^T\zeta^- \quad \text{und} \quad b^T\zeta^+ \geqslant y^T\zeta^+ = y^T\zeta^- \geqslant a^T\zeta^-.$$

II. (Hinreichend) Der Beweis verläuft gleich wie in Satz 4.8, nur werden e_i, p_{j_0}, e_ℓ nicht „geschrumpft", sondern man entfernt p_{j_0} und fügt diesen Pfeil dann wieder hinzu. Weiter ist $\tilde{x}$ durch $\tilde{y}$ und $I(\bar{E})$, $I^+(\bar{E})$, $I^-(\bar{E})$, η, η^+, η^- durch Z, Z^+, Z^-, ζ, ζ^+, ζ^- zu ersetzen. Am Schluß folgt die Behauptung aus Satz 4.5. ■

4.4 Die Bestimmung von maximalen Flüssen

4.4.1 Problemstellung und Anwendungen

Gegeben sei ein zusammenhängender Digraph $G = (E, P)$ mit $E = \{e_1, \ldots, e_m\}$ und $P = \{p_1, \ldots, p_n\}$, in dem

a) $p_1 = (e_m, e_1)$,

b) kein Pfeil (e_1, e_m) existiert und

c) jedem Pfeil p_j eine Kapazität $b_j > 0$ $(b_j \in R^1)$ zugeordnet ist, wobei $b_1 = \infty$ oder hinreichend groß sein soll.

Das gewöhnliche Problem des m a x i m a l e n F l u s s e s lautet dann

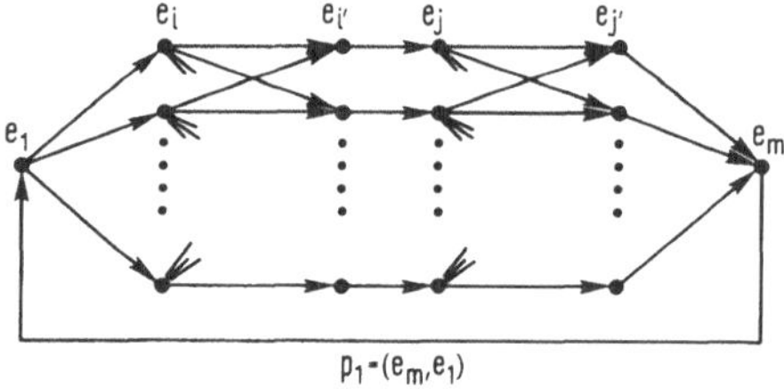

$$\max x_1$$

$$\text{bzgl.} \quad Hx = 0 \qquad (4.5)$$

$$0 \leq x \leq b.$$

Fig. 4.4

Eine mögliche Anwendung in Form eines erweiterten Transportproblems ist in Fig. 4.4 dargestellt. Dabei interpretiert man die Werte b_{1i} als verfügbare Mengen in den Lagern e_i, $b_{i'j}$ als Verarbeitungskapazitäten in den Produktionsstätten $e_{i'}$ und $b_{j'm}$ als maximale Nachfragemengen in den Orten $e_{j'}$. Die Pfeile $(e_i, e_{i'})$ und $(e_j, e_{j'})$ geben die Belieferungsmöglichkeiten der Lager und der Produktionsstätten wieder.

Ferner können auch d y n a m i s c h e F l u ß p r o b l e m e, in denen jede Einheit, die einen Pfeil $p_j \in P$ durchläuft, r_j Zeiteinheiten benötigt, als gewöhnliches Flußproblem

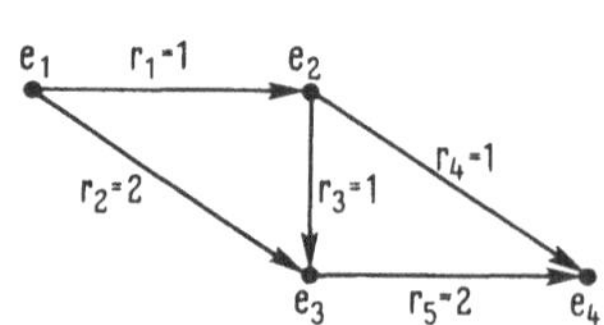

Fig. 4.5

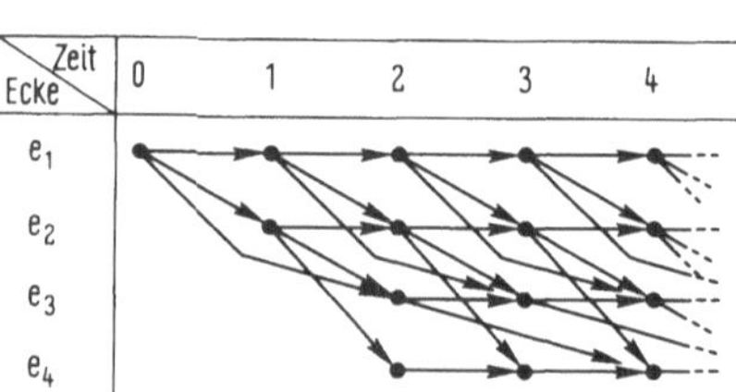

Fig. 4.6

formuliert werden, indem die Knoten des Ausgangsgraphen für jede Zeiteinheit aufgetragen werden und die Pfeile jeweils $r_j - 1$ Stufen überspringen (vgl. Fig. 4.5 und Fig. 4.6). Dabei wird vorausgesetzt, daß die r_j ganzzahlig sind.

Das Problem besteht dann darin, in einem Planungszeitraum [0, T] unter Berücksichtigung der Kapazitäten auf den Pfeilen möglichst viele Einheiten von e_1 nach e_4 zu schaffen.

4.4.2 Der Algorithmus

Beim vorliegenden Algorithmus zur Flußmaximierung handelt es sich um eine Erweiterung von Algorithmus 1.1. Man beginnt mit dem zulässigen Fluß $x = 0$ und bestimmt mittels eines lexikographischen Markierungsprozesses sukzessive alle Wege von e_1 nach e_m, die eine Flußerhöhung zulassen. Dazu markiert man ausgehend von e_1 analog wie in Algorithmus 1.1, wobei immer nur jene Pfeile durchlaufen werden, auf denen eine Flußverbesserung möglich ist. Für einen markierten Knoten e_a sind dies die Pfeile aus den Mengen

$$U^+(a) = \{j \mid p_j = (e_a, e_i), v(i) = i, x_j < b_j\},$$

$$U^-(a) = \{j \mid p_j = (e_i, e_a), v(i) = i, x_j > 0\}.$$

Dabei ist $v(i)$ die Nummer des Vorgängerknotens von e_i, und $v(i) = i$ bedeutet, daß e_i noch nicht markiert worden ist.

Algorithmus 4.1

Schritt 1 $x_j := 0, j = 1, \ldots, n.\ v(1) := m$.

Schritt 2 $v(i) := i, d(i) := \infty, i = 2, \ldots, m.\ a := 1$.

Schritt 3 Falls $U^+(a) \neq \emptyset$, setze $j_0 := \min \{j \mid j \in U^+(a)\}$. Sonst gehe zu Schritt 5.

Schritt 4 Sei e_i der Endknoten von p_{j_0}. $v(i) := a$, $w(i) := j_0$, $d(i) := \min(d(a), b_{j_0} - x_{j_0})$, $a := i$ (Markierung). Gehe zu Schritt 7.

Schritt 5 Falls $U^-(a) - \{1\} \neq \emptyset$, setze $j_0 := \min \{j \mid j \in \{U(a) - \{1\}\}\}$. Sonst gehe zu Schritt 8.

Schritt 6 Sei e_i der Anfangsknoten von p_{j_0}. Setze $v(i) := a$, $w(i) := -j_0$, $d(i) := \min(d(a), x_{j_0})$, $a := i$ (Markierung).

Schritt 7 Falls $a \neq m$, gehe zu Schritt 3. Sonst setze $r := m$ und gehe zu Schritt 9.

Schritt 8 Falls $a = 1$, Stop. Sonst setze $a := v(a)$ und gehe zu Schritt 3.

Schritt 9 $q := w(r)$. Falls $q > 0$, setze $x_q := x_q + d_m$ und sonst $x_{-q} := x_{-q} - d_m$.

Schritt 10 Falls $v(r) = 1$, setze $x_1 := x_1 + d_m$ und gehe zu Schritt 2. Sonst setze $r := v(r)$ und gehe zu Schritt 9.

$j_0 \in U^+(a)$ kann sehr einfach bestimmt werden, wenn G gemäß den Ausführungen von Abschn. 1.2.2 gespeichert ist. In diesem Fall existiert ein $\ell > 0$, so daß die Pfeile mit Anfangsknoten e_a die Nummern $\ell, \ell + 1, \ldots, s_a$ tragen. Der Reihe nach überprüft man für jeden dieser Pfeile $p_j = (e_a, e_i)$, ob $x_j < b_j$ und $v(i) = i$ sei. j_0 ist dann die Nummer des ersten Pfeiles, der diesen Bedingungen genügt. Das Auffinden von $j_0 \in U^-(a)$ hingegen ist aufwendiger, kann aber effizient gestaltet werden, wenn man zusätzlich die Mengen $I^-(e_i)$, $i = 1, \ldots, m$, speichert, in denen die Pfeilnummern jeweils in aufsteigender Folge sortiert sind.

Zur Illustration soll das Beispiel in Fig. 4.7 gelöst werden. Die den Pfeilen zugeordneten Paare enthalten in der ersten Komponente die Pfeilnummer j und in der zweiten Komponente die Kapazität b_j. In Fig. 4.8 sind die Ausgangslösung und die Markierungen bis zur ersten Änderung von x eingetragen. In Fig. 4.9 sind dann die neue Lösung und die darauf folgenden Markierungen eingetragen (Fig. 4.10 bis 4.13).

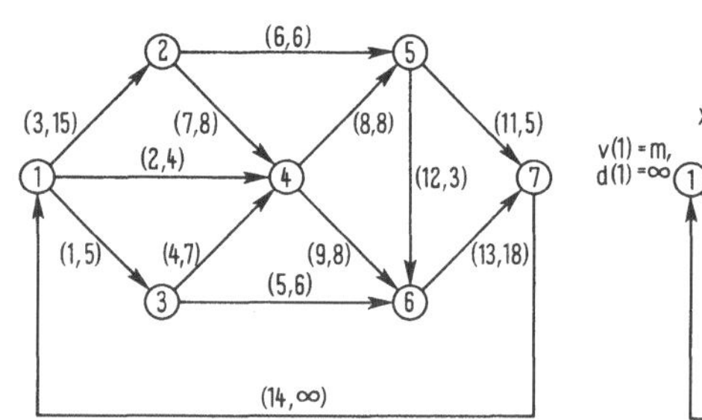

Fig. 4.7

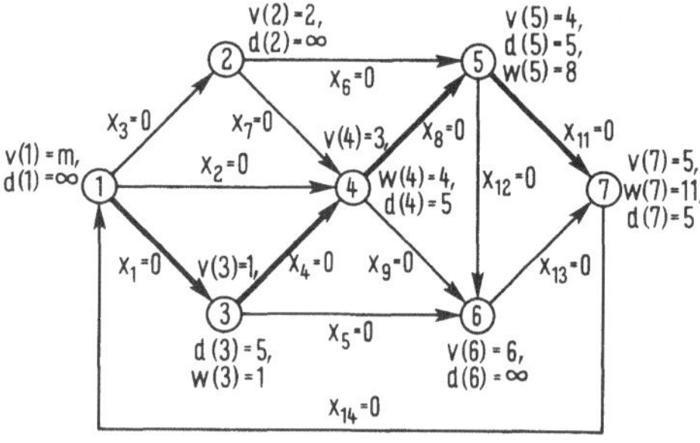

Fig. 4.8

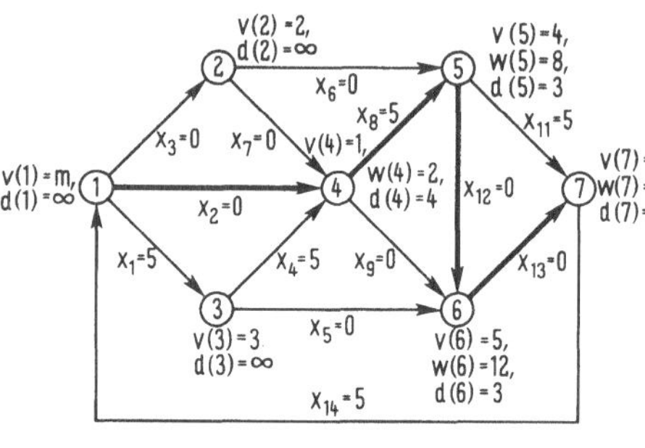

Fig. 4.9

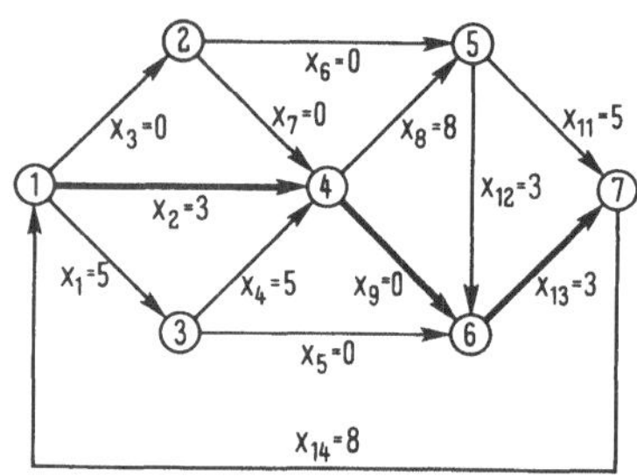

Fig. 4.10

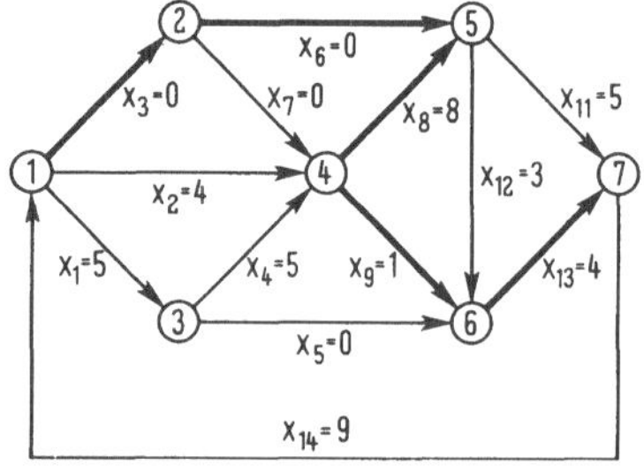

Fig. 4.11

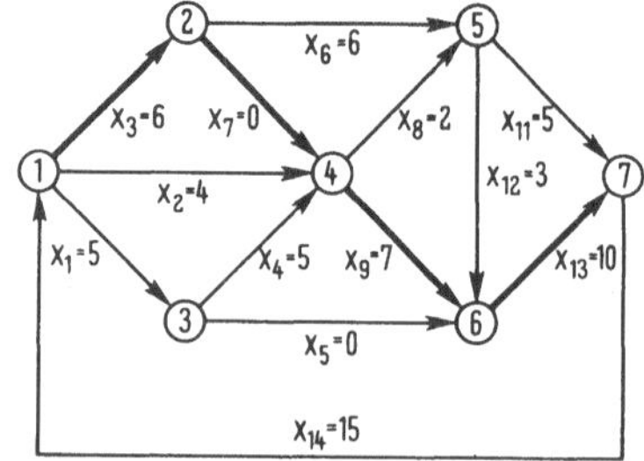

Fig. 4.12

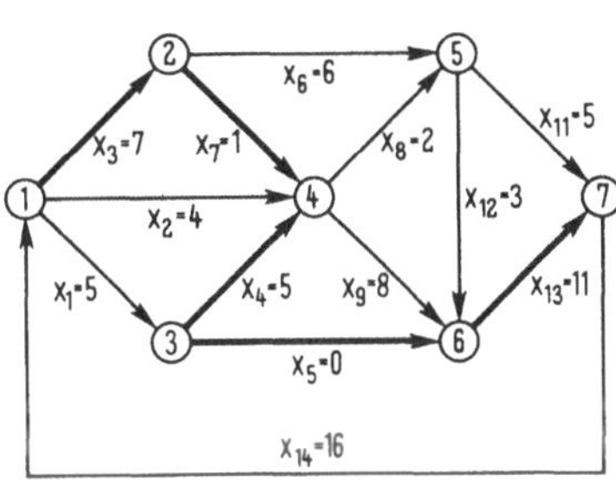

Fig. 4.13

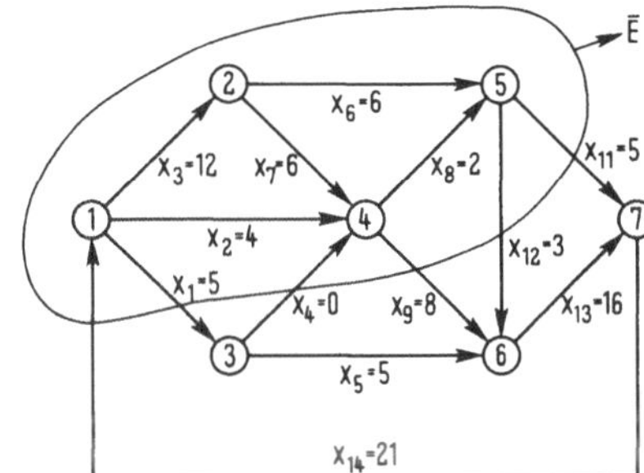

Fig. 4.14

Die optimale Lösung ist in Fig. 4.14 eingetragen. Im anschließenden Markierungsprozeß können nur noch die Knoten aus $\overline{E} = \{e_1, e_2, e_4, e_5\}$ markiert werden, denn für sämtliche Pfeile $p_j \in I^+(\overline{E})$ bzw. $p_j \in I^-(\overline{E})$ gilt $x_j = b_j$ bzw. $x_j = 0$.

4.4.3 Konvergenz und Endlichkeit des Verfahrens

Für den Algorithmus 4.1 gelten folgende Lemmata:

Lemma 4.10 Sobald $e_m \in E$ markiert wird, kann die bisherige, zulässige Lösung verbessert werden.

B e w e i s. Wird $e_m \in E$ markiert, so ist durch v und w ein elementarer Zyklus Z definiert mit $\zeta_1 = +1$. Gemäß den Schritten 8 und 9 wird $x := x + d_m\zeta$ gesetzt. Da $x = 0$ zu Beginn ein zulässiger Fluß ist, ist x nach jeder Veränderung wieder ein Fluß. Aus den Schritten 2, 4 und 6 folgt $d_m > 0$ und

$$d_m \leqslant b_j - x_j \qquad \forall\, p_j \in Z^+, \qquad d_m \leqslant x_j \qquad \forall\, p_j \in Z^-.$$

Damit ist $x + d_m\zeta$ zulässig und der Wert der Zielfunktion wird um d_m verbessert. ■

Seien Z und Z′ zwei verschiedene Zyklen mit dem gleichen Ausgangsknoten e_{i_1}. Dann existiert ein $s \geqslant 1$, so daß die ersten $s - 1$ Pfeile von Z und Z′ identisch sind und p_{j_s} aus Z sowie $p_{j'_s}$ aus Z′ sich unterscheiden. Falls $p_{j_s} \in Z^+$ und $p_{j'_s} \in Z^-$, dann heißt Z *l e x i k o g r a p h i s c h k l e i n e r* als Z′ ($Z \prec Z'$). Im Falle $p_{j_s} \in Z^+(Z^-)$, $p_{j'_s} \in Z'^+(Z'^-)$ heißt Z genau dann lexikographisch kleiner als Z′, wenn $j_s < j'_s$ gilt.

Diese Ordnung und die verwendete Markierung ermöglichen es, die Endlichkeit des Verfahrens nachzuweisen, auch wenn die b_j nicht ganze oder gebrochen rationale Zahlen sind. F o r d und F u l k e r s o n zeigen anhand eines einfachen Beispieles, daß eine nicht-lexikographische Markierung bei reellen Kapazitäten b_j zu einem zulässigen aber nicht maximalen Fluß führen kann (vgl. [16], S. 21). Die Idee, lexikographisch zu markieren, stammt von P l a [48].

Lemma 4.11 Nach endlich vielen Veränderungen von x kann $e_m \in E$ nicht mehr markiert werden.

B e w e i s. Im Verfahren wird erst dann ein j_0 aus $U^-(a)$ bestimmt, wenn $U^+(a)$ leer ist, und es wird immer die kleinstmögliche Pfeilnummer gewählt. Der als erster bestimmte Zyklus $Z^{(1)}$ ist deshalb der lexikographisch kleinstmögliche. Aus den Schritten 2, 4 und 6 folgt, daß in $Z^{(1)}$ ein (minimales) ν mit $d_m = b_{j_\nu} - x_{j_\nu}$ existiert. Nach Änderung von x gilt also $x_{j_\nu} = b_{j_\nu}$, womit $Z^{(1)}$ im darauf folgenden Markierungsprozeß „blockiert" ist. Um $Z^{(2)}$ zu bestimmen, wird wegen der Lexikographie zuerst $Z^{(1)}$ von e_1 bis zum Anfangsknoten von p_{j_ν} durchlaufen und dann auf diesem Wegstück so verzweigt, daß $Z^{(2)}$ der lexikographisch nächst größere Zyklus ist. Danach werden $Z^{(1)}$ und nachher $Z^{(2)}$ bis zu den Blockierungen durchlaufen, d. h., $Z^{(3)}$ ist der lexikographisch drittkleinste Zyklus etc. Da G endlich ist, gibt es nur endlich viele Zyklen in G. e_m kann also höchstens endlich oft markiert werden. ∎

Ist $\bar{E}$ eine Teilmenge von E mit $e_1 \in \bar{E}$ und $e_m \notin \bar{E}$, so heißt der Kozyklus $I^+(\bar{E})$ ein S c h n i t t in G und die Zahl

$$b(\bar{E}) := \sum_{p_j \in I^+(\bar{E})} b_j = b^T \eta^+(\bar{E})$$

die K a p a z i t ä t des Schnittes $I^+(\bar{E})$, wobei wieder $\eta = \eta^+ - \eta^-$, $\eta^+ \geqslant 0$, $\eta^- \geqslant 0$ ist.

Lemma 4.12 Für jeden zulässigen Fluß x und jeden Schnitt $I^+(\bar{E})$ gilt $x_1 \leqslant b(\bar{E})$.

B e w e i s. Gemäß dem Beweis von Satz 4.8 gilt für jeden Fluß $x^T \eta^-(\bar{E}) = x^T \eta^+(\bar{E})$ für alle $\bar{E} \subset E$. Für jeden zulässigen Fluß x und alle Schnitte gilt deshalb

$$x_1 \leqslant x^T \eta^-(\bar{E}) = x^T \eta^+(\bar{E}) \leqslant b^T \eta^+(\bar{E}) = b(\bar{E}).$$ ∎

Lemma 4.13 Kann $e_m \in E$ nicht markiert werden, so ist x_1 maximal.

B e w e i s Kann $e_m \in E$ nicht mehr markiert werden, so ist aufgrund der Markierungen ein Schnitt $I^+(\bar{E})$ definiert. Nach den Markierungsregeln gilt $x_j = b_j$ für alle $p_j \in I^+(\bar{E})$, $x_j = 0$ für alle $p_j \in I^-(\bar{E}) - \{p_1\}$ und damit

$$x_1 = x^T \eta^-(\bar{E}) = x^T \eta^+(\bar{E}) = b(\bar{E}).$$

x_1 ist also gemäß Lemma 4.11 maximal. ∎

Lemma 4.12 und 4.13 wurden von F o r d und F u l k e r s o n [16] im sogenannten M a x F l o w - M i n C u t - T h e o r e m zusammengefaßt:

Satz 4.14 In einem gewöhnlichen Flußmaximierungsproblem ist der maximale Fluß gleich der minimalen Schnittkapazität.

Insgesamt gilt

Satz 4.15 Eine optimale Lösung des gewöhnlichen Flußmaximierungsproblemes wird nach endlich vielen Knotenmarkierungen gefunden.

Beweis. In jedem Markierungsprozeß wird $e_m \in E$ nach höchstens m Markierungen erreicht und gemäß Lemma 4.10, Lemma 4.11 und Lemma 4.13 gibt es bis zum Optimum nur endlich viele Verbesserungen. ■

Satz 4.16 Sind die Komponenten von b ganzzahlig, dann ist die durch Algorithmus 1.4 gefundene optimale Lösung von (4.5) ganzzahlig.

Beweis. Zu Beginn ist x = 0. Gemäß den Schritten 4 und 6 ist d_m und damit $x + d_m\zeta$ bei jeder Änderung ganzzahlig, also auch die optimale Lösung. ■

4.4.4 Allgemeine Flußmaximierungsprobleme

Sei G = (E, P) ein Digraph mit den in Abschn. 4.4.1 aufgeführten Eigenschaften. Das *allgemeine Problem des maximalen Flusses* lautet dann

$$\begin{aligned} &\max x_1 \\ \text{bzgl.}\quad &Hx = d \\ &a \leqslant x \leqslant b, \end{aligned} \tag{4.6}$$

wobei $d \in \mathbf{R}^m$, $\sum_{i=1}^{m} d_i = 0$ und $a, b \in \mathbf{R}^n$, $0 \leqslant a \leqslant b$.

Für d = 0 und a = 0 erhält man als Spezialfall (4.5). Alle $e_i \in E$ mit $d_i > 0$ nennt man *Quellen* und alle $e_i \in E$ mit $d_i < 0$ *Senken* des *Flußproblems*. Die Knoten $e_i \in E$ mit $d_i = 0$ heißen *Transitknoten*. (4.6) ist wegen $a \geqslant 0$ nur lösbar, wenn für alle Quellen e_i $I^+(e_i) \neq \emptyset$ und für alle Senken e_i $I^-(e_i) \neq \emptyset$ gilt. Um ein zu (4.6) zulässiges x zu bestimmen, setzt man $\overline{x} := x - a$ und erhält

$$H\overline{x} = d - Ha, \qquad 0 \leqslant \overline{x} \leqslant b - a. \tag{4.7}$$

Sei $1_m = (1, 1, \ldots, 1)^T$ ein m-Vektor. Dann ist $1_m^T(d - Ha) = -(1_m^T H)\,a = 0$, da jede Spalte von H eine + 1, eine −1 und sonst Nullen enthält. Im Flußproblem (4.7) ist die Summe der verfügbaren Mengen in den Quellen wiederum gleich groß wie die Summe der nachgefragten Mengen in den Senken. Dadurch kann G ergänzt und ein Problem des Typs (4.5) formuliert werden:

a) Erzeuge die zwei weiteren Knoten e_0 und e_{m+1} und den zusätzlichen Pfeil $p_{m+1,0} = (e_{m+1}, e_0)$.

b) Erzeuge zusätzliche Pfeile p_{0i} mit Kapazitäten

$$d_i - \sum_{j=1}^{n} h_{ij} a_j$$

für alle Quellen e_i des Flußproblemes (4.7).

c) Erzeuge zusätzliche Pfeile $p_{i,m+1}$ mit Kapazitäten

$$\sum_{j=1}^{n} h_{ij} a_j - d_i$$

für alle Senken e_i des Flußproblemes (4.7).

Zu dem so definierten Graphen $\tilde{G} = (\tilde{E}, \tilde{P})$ mit der Inzidenzmatrix $\tilde{H}$ betrachtet man nun das gewöhnliche Flußmaximierungsproblem

$$\begin{aligned} &\max \tilde{x}_{m+1,0} \\ \text{bzgl.}\quad &\tilde{H}\tilde{x} = 0 \\ &0 \leqslant \tilde{x} \leqslant \tilde{b}. \end{aligned} \tag{4.8}$$

Zulässige Lösungen von (4.6) entsprechen also gewöhnlichen Flüssen in einem erweiterten Graphen $\tilde{G}$. Aus diesem Grund bezeichnet man (4.6) ebenfalls als Flußproblem.

Es gilt der nachfolgende

Satz 4.17 Sei $\tilde{x}^0$ optimale Lösung von (4.8) und $\bar{x}^0$ der entsprechende Vektor für (4.7). $x^0 := \bar{x}^0 + a$ ist genau dann eine zulässige Lösung von (4.6), wenn die optimalen Flüsse auf allen Pfeilen p_{0i} an der oberen Schranke sind.

Beweis. Die Aussage folgt aus der obigen Konstruktion von (4.8). ∎

Mit der zulässigen Lösung $\bar{x}^0$ zu (4.7) löst man nun

$$\begin{aligned} &\max \quad \bar{x}_1 \\ \text{bzgl.}\quad &H\bar{x} = d - Ha \\ &0 \leqslant \bar{x} \leqslant b - a \end{aligned}$$

und erhält danach durch Variablentransformation die optimale Lösung von (4.6). Zur Lösung wendet man Algorithmus 4.1 an, denn für jeden Änderungsvektor ζ gilt $H\zeta = 0$ und deshalb für ein zulässiges $\bar{x}$ $H(\bar{x} + d_m\zeta) = d - Ha$. Aufgrund von Satz 4.16 und der Konstruktion von (4.8) ist klar, daß die optimale Lösung von (4.6) ganzzahlig ist, wenn die Komponenten von a, b und d ganzzahlig sind.

4.5 Die Bestimmung kostenminimaler Flüsse

4.5.1 Problemstellung und Anwendungen

Wie bei den Flußmaximierungsproblemen sei $G = (E, P)$ mit $E = \{e_1, \ldots, e_m\}$ und $P = \{p_1, \ldots, p_n\}$ ein zusammenhängender Digraph. Das zu lösende Problem ist bezüglich der Zielfunktion eine Verallgemeinerung von (4.6) und lautet

$$\begin{aligned} &\min c^T x \\ \text{bzgl.}\quad &Hx = d \\ &a \leqslant x \leqslant b. \end{aligned} \tag{4.9}$$

Es wird also angenommen, daß allen Pfeilen $p_j \in P$ Einheitskosten c_j zugeordnet sind, daß die Kosten auf dem Pfeil p_j c_jx_j und die Gesamtkosten

$$\sum_{p_j \in P} c_j x_j$$

betragen. Zudem soll wieder $\sum_i d_i = 0$ sein.

Zur Lösung von (4.9) sind viele Verfahren, welche die graphentheoretische Struktur ausnützen und demzufolge einfach und effizient sind, vorgeschlagen worden. Sie lassen sich in Anlehnung an die Theorie der linearen Optimierung einteilen in

a) Simplex-Algorithmen
a 1) primale Verfahren
a 2) duale Verfahren

b) Nicht-Simplex-Algorithmen
b 1) primal-duale Verfahren
b 2) primale Verfahren

Im folgenden wird je ein Verfahren für b 1 und b 2 dargestellt und kurz auf a) eingegangen.

Eine mögliche Anwendung für (4.9) ist das bekannte Hitchcock-Problem, in welchem in den Ausgangsorten A_i, $i = 1, \ldots, r$, Mengen $g_i > 0$ zur Verfügung stehen und in den Bestimmungsorten B_j, $j = 1, \ldots, s$, die Mengen $h_j > 0$ eines Gutes nachgefragt werden, wobei

$$\sum_{i=1}^{r} g_i = \sum_{j=1}^{s} h_j$$

gilt. Mit den Kosten c_{ij} für den Transport einer Einheit von A_i nach B_j erhält man die Optimierungsaufgabe

$$\begin{aligned} &\min \sum_{j=1}^{s} \sum_{i=1}^{r} c_{ij} x_{ij} \\ \text{bzgl.} \quad &\sum_{j=1}^{s} x_{ij} = g_i, \; i = 1, \ldots, r \\ &\sum_{i=1}^{r} - x_{ij} = - h_j, \; j = 1, \ldots, s \\ &x_{ij} \geqslant 0, \; i = 1, \ldots, r \text{ und } j = 1, \ldots, s. \end{aligned} \tag{4.10}$$

Man ordnet den Ausgangsorten A_i die Knoten e_i und den Bestimmungsorten B_j die Knoten e'_j zu und führt die Pfeile (e_i, e'_j), $i = 1, \ldots, r$, $j = 1, \ldots, s$, ein. Damit sind die Restriktionen von (4.10) Knotenbedingungen, und x_{ij} entspricht dem Fluß von e_i nach e'_j. Die Matrix dieses Gleichungssystems ist eine Inzidenzmatrix.

Man nennt den entsprechenden Graphen $G = (E, P)$ bipartit, da E aus den zwei disjunkten Mengen $E' = \{e_i \mid i = 1, \ldots, r\}$ und $E'' = \{e'_j \mid j = 1, \ldots, s\}$ besteht und alle $p_j \in P$ einen Knoten aus E' mit einem Knoten aus E'' verbinden. Ist $r = s$ und $g_i = h_j = 1$, $i, j = 1, \ldots, r$, so erhält man das Zuordnungsproblem. Diese Problemstellung tritt beispielsweise dann auf, wenn jeder Arbeitskraft i genau eine Verrichtung j zuzuteilen ist. Dabei soll $x_{ij} \in \{0, 1\}$ gelten, wobei $x_{ij} = 1$ bedeutet, daß die Arbeitskraft i die

Verrichtung j übernehmen soll. Es geht also darum, bezüglich einer vorgegebenen Bewertung eine optimale Permutation zu bestimmen.

Dem in Fig. 4.4 dargestellten Lager-Verarbeitung-Verbrauch-Problem läßt sich sehr leicht ein kostenminimales Flußproblem zuordnen, indem man auf den Pfeilen $(e_i, e_{i'})$ und $(e_j, e_{j'})$ Transportkosten sowie auf den Pfeilen $(e_{i'}, e_j)$ Verarbeitungskosten berücksichtigt. Allerdings interessiert hier nicht der maximale Fluß, sondern die kostenminimale Befriedigung der vorgegebenen Mindestnachfragemengen in den Verbrauchsorten.

4.5.2 Ein primal-duales Verfahren

4.5.2.1 Die Optimalitätsbedingungen Das zum primalen Problem

$$\begin{aligned} &\min c^T x \\ \text{bzgl.}\quad &Hx = d \\ &x \geqslant a \\ &-x \geqslant -b \end{aligned} \tag{4.11}$$

duale Problem lautet

$$\begin{aligned} &\max d^T t + a^T u - b^T v \\ \text{bzgl.}\quad &H^T t + u - v = c \\ &u \geqslant 0, v \geqslant 0. \end{aligned} \tag{4.12}$$

Gemäß den Komplementaritätsbedingungen der linearen Optimierung sind zulässige Lösungen von (4.11) und (4.12) genau dann optimal, wenn $(x - a)^T u = 0$ und $(b - x)^T v = 0$ gilt. Folgende vier Fälle sind möglich:

a) $x_j = a_j < b_j$. Wegen der Komplementarität gilt $u_j \geqslant 0$, $v_j = 0$ und somit wegen der dualen Zulässigkeit

$$-y_j = -(t_\ell - t_i) \leqslant c_j \quad \text{bzw.} \quad \bar{c}_j := c_j + y_j \geqslant 0.$$

b) $x_j = b_j > a_j$. Analog folgt $\bar{c}_j \leqslant 0$.

c) $a_j < x_j < b_j$. Wegen $u_j = v_j = 0$ ist $\bar{c}_j = 0$.

d) $x_j = a_j = b_j$. Wegen $u_j \geqslant 0$, $v_j \geqslant 0$ nimmt $\bar{c}_j$ einen beliebigen Wert an.

Damit gilt

Satz 4.18 Zulässige Lösungen von (4.11) und (4.12) sind dann und nur dann optimal, wenn für alle $p_j \in P$ eine der drei folgenden Bedingungen

$$\begin{aligned} x_j = a_j, &\quad \bar{c}_j \geqslant 0 \\ x_j = b_j, &\quad \bar{c}_j \leqslant 0 \\ a_j < x_j < b_j, &\quad \bar{c}_j = 0 \end{aligned} \tag{4.13}$$

erfüllt ist.

Fig. 4.15 zeigt die Darstellung der Bedingungen in der $(x_j, \overline{c}_j)$-Ebene. Zulässige Vektoren x, y sind genau dann optimal, wenn alle Punkte $(x_j, \overline{c}_j)$ auf der in Fig. 4.15 aufgezeichneten Kurve liegen.

4.5.2.2 Das Verfahren Das hier dargestellte Verfahren startet mit der Ausgangslösung $t := 0$ bzw. $y = 0, \overline{c} = c$ und

$$x_j := \begin{cases} a_j, & \text{falls } \overline{c}_j \geq 0 \\ b_j, & \text{falls } \overline{c}_j < 0 \end{cases} \qquad j = 1, \ldots, n.$$

x und $\overline{c}$ erfüllen deshalb die Optimalitätsbedingungen (4.13), aber u. U. gilt $Hx \neq d$. Die primale Unzulässigkeit beträgt also $Hx - d$ und durch Summierung erhält man

$$\sum_{i=1}^{m} (Hx - d)_i = 1_m^T (Hx - d) = (1_m^T H)\, x = 0,$$

wobei $1_m = (1, 1, \ldots, 1)^T$ ein m-Vektor ist.
Bezeichnet man mit H_i die i-te Zeile von H, so spricht man von einem Überschuß in der Ecke e_i, wenn $H_i x < d_i$ gilt, d. h., wenn der Zufluß in e_i größer ist als der Wegfluß. Gilt hingegen $H_i x > d_i$, so ist e_i ein Fehlmengenknoten, da der Wegfluß in e_i größer ist als der Zufluß. Die obige Bedingung besagt dann, daß die Summe der Überschüsse der Summe der Fehlmengen entspricht. Man versucht nun, den Überschuß in einem Knoten e_i und die Fehlmenge eines Knotens e_j durch einen Fluß in einer Kette von e_i nach e_j auszugleichen. Dabei ist darauf zu achten, daß die Optimalitätsbedingungen nicht verletzt werden.

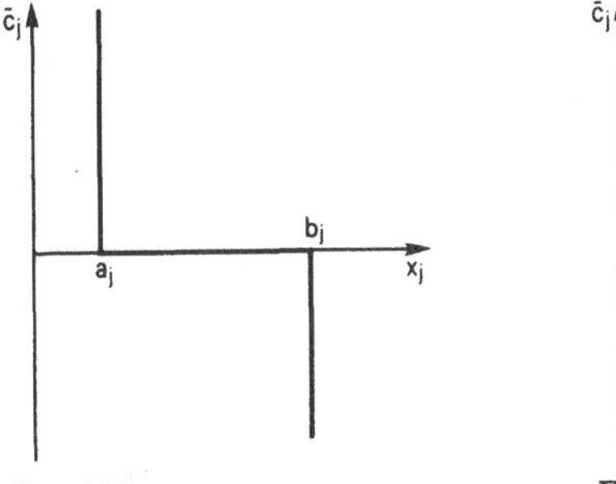

Fig. 4.15

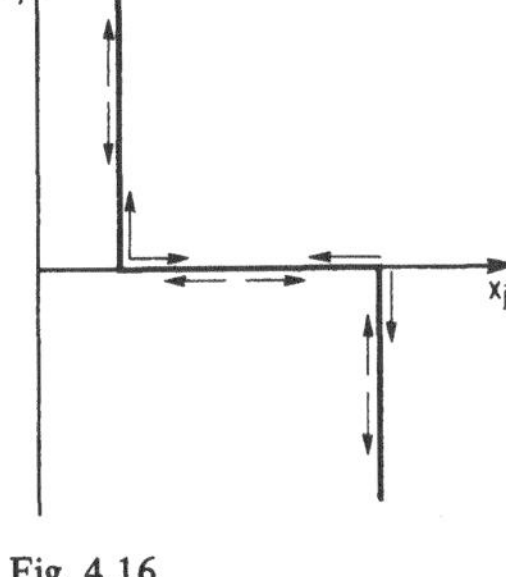

Fig. 4.16

Wie aus Fig. 4.16 hervorgeht, muß für alle Pfeile p_j einer ausgleichenden Kette $\overline{c}_j = 0$ gelten. Gibt es keine solche Kette, so ist t bzw. y um $\hat{t}$ bzw. $\hat{y} = -H^T\hat{t}$ zu ändern, d. h., t geht in $t - \hat{t}$ und y in $y - \hat{y}$ über. Gemäß Fig. 4.16 muß dann für alle $p_j \in P$

a1) $c_j + (y_j - \hat{y}_j) \geq 0$, falls $x_j = a_j$,

a2) $c_j + (y_j - \hat{y}_j) = 0$, falls $a_j < x_j < b_j$,

a3) $c_j + (y_j - \hat{y}_j) \leq 0$, falls $x_j = b_j$,

gelten. Gemäß der Definition von $\overline{c}$ lassen sich diese Bedingungen mit $p_j = (e_i, e_\ell)$ auch als a1') $\hat{t}_\ell - \hat{t}_i \leqslant \bar{c}_j \quad \forall\, p_j \in P \text{ mit } x_j < b_j,$

a3') $\hat{t}_i - \hat{t}_\ell \leqslant -\bar{c}_j \quad \forall\, p_j \in P \text{ mit } x_j > a_j$

schreiben, wobei die Gleichungen a2) je in zwei Ungleichungen aufgespalten werden. $\bar{c}_j$ ist also eine obere bzw. untere Schranke für Änderungen der Potentialdifferenz.

Sei $e_{i_1} \in E$ ein Überschußknoten und $G(x) = (E, P(x))$, wobei $P(x) = P'(x) \cup P''(x)$ mit $P'(x) = \{p_j' = (e_\ell, e_i) \mid (e_i, e_\ell) = p_j \in P, x_j > a_j\}$ und $P''(x) = \{p_j \in P \mid x_j < b_j\}$. $G(x)$ wird als Inkrementgraph bezeichnet. Er besteht aus den in a1' und a3' ausgezeichneten Pfeilen, letztere allerdings mit umgekehrter Orientierung. In $G(x)$ betrachtet man nun das Problem der kürzesten Wege

$$\begin{aligned} &\max \sum_{i \neq i_1} \hat{t}_i \\ \text{bzgl.}\quad &\hat{t}_\ell - \hat{t}_i \leqslant \bar{c}_j \quad \forall\, p_j \in P''(x) \\ &\hat{t}_i - \hat{t}_\ell \leqslant -\bar{c}_j \quad \forall\, p_j' \in P'(x) \\ &\hat{t}_{i_1} = 0. \end{aligned} \tag{4.14}$$

Da die Optimalitätsbedingungen erfüllt sind, sind in (4.14) sämtliche Pfeillängen nichtnegativ. Einem Weg W von e_{i_1} nach $e_{i_{q+1}}$ in $G(x)$ entspricht (nach Umorientierung der Pfeile aus P') eine Kette F in G, und einem positiven Fluß von e_{i_1} nach $e_{i_{q+1}}$ in W entspricht eine zulässige Änderung $\hat{x}$ von x, die durch

$$\hat{x}_j := \begin{cases} 1, & \text{falls } p_j \in F^+ \\ -1, & \text{falls } p_j \in F^- \\ 0, & \text{sonst} \end{cases} \tag{4.15}$$

bestimmt ist, wobei F^+ und F^- analog zu Z^+ und Z^- definiert sind. Für ein hinreichend kleines $\lambda > 0$ wird durch $x := x + \lambda\hat{x}$ die primale Unzulässigkeit in e_{i_1} verbessert, da e_{i_1} ein Überschußknoten ist, und ebenso in $e_{i_{q+1}}$, falls $e_{i_{q+1}}$ ein Fehlmengenknoten ist. Für die Pfeile der kürzesten Wege gilt $\hat{t}_\ell^0 - \hat{t}_i^0 = \bar{c}_j$ bzw. $\hat{t}_i^0 - \hat{t}_\ell^0 = -\bar{c}_j$. Gemäß der Definition von $\bar{c}_j$ sind die neuen Werte $\bar{c}_j'$ durch $\bar{c}_j' = c_j + (y_j - \hat{y}_j) = 0$ gegeben, weshalb die Optimalitätsbedingungen durch die Flußänderung nicht verletzt werden.

Algorithmus 4.2

Schritt 1 $x_j := \begin{cases} a_j, & \text{falls } \bar{c}_j \geqslant 0 \\ b_j, & \text{sonst} \end{cases} \quad j = 1, \ldots, n.$

$t_i := 0, i = 1, \ldots, m. \quad V := \{i \mid H_i x < d_i\}, \bar{V} := \{i \mid H_i x > d_i\}.$

Schritt 2 Wähle ein $i_1 \in V$, falls $V \neq \emptyset$. Sonst Stop.

Schritt 3 Bestimme eine Lösung $\hat{t}^0$ von (4.14).

$\bar{E} := \{i \mid \hat{t}_i^0 < \infty, 1 \leqslant i \leqslant m\}, \bar{t} := \max\{\hat{t}_i^0 \mid i \in \bar{E}\}.$

Schritt 4 Falls $\bar{V} \cap \bar{E} = \emptyset$, Stop.

Schritt 5 $t_i := \begin{cases} t_i - \hat{t}_i^0, & \text{falls } i \in \bar{E} \\ t_i - \bar{t}, & \text{falls } i \notin \bar{E} \end{cases} \quad i = 1, \ldots, m.$

S c h r i t t 6 Für jede Knotennummer $i_{q+1} \in \overline{V} \cap \overline{E}$ ist $\hat{x}$ gemäß (4.15) zu bestimmen und $x := x + \lambda\hat{x}$ zu setzen, wobei $\lambda \geqslant 0$ bezüglich $a \leqslant x \leqslant b$, $H_{i_1}x \leqslant d_{i_1}$, $H_{i_{q+1}}x \geqslant d_{i_{q+1}}$ maximal zu wählen ist. Nach jeder Änderung von x führe aus:

Falls $H_{i_{q+1}}x = d_{i_{q+1}}$, $\overline{V} := \overline{V} - \{i_{q+1}\}$.

Falls $H_{i_1}x = d_{i_1}$, setze $V := V - \{i_1\}$ und gehe zu Schritt 2.

S c h r i t t 7 Gehe zu Schritt 3.

Zur Illustration des Verfahrens soll nun das in Fig. 4.17 dargestellte Problem gelöst werden. Die den Pfeilen zugeordneten Tripel enthalten die Informationen über a_j, b_j und c_j in dieser Reihenfolge. Die Ausgangslösungen x, t sind in Fig. 4.18 angegeben. Aufgrund dieser Daten können nun die Pfeillängen $\overline{c}_j = c_j + y_j$ ermittelt und die kürzesten Wege von e_1 aus bestimmt werden, da die betreffende Knotenbedingung nicht erfüllt ist (vgl. Fig. 4.19). Die kürzesten Weglängen sind mit $\hat{t}_i$ bezeichnet und die optimalen Wege fett eingezeichnet. In Fig. 4.20 sind die neuen Lösungen x und t festgehalten.

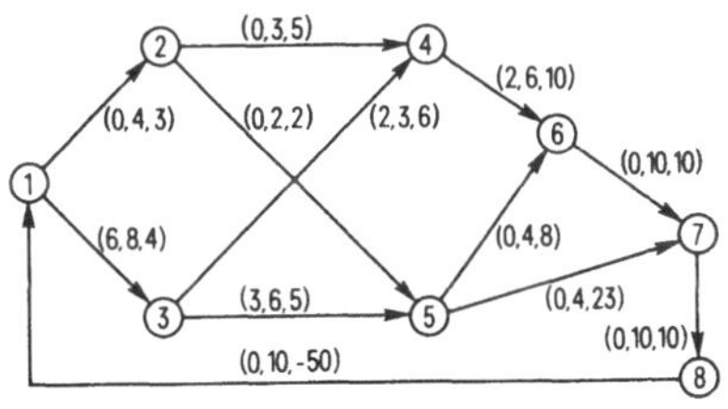

Fig. 4.17

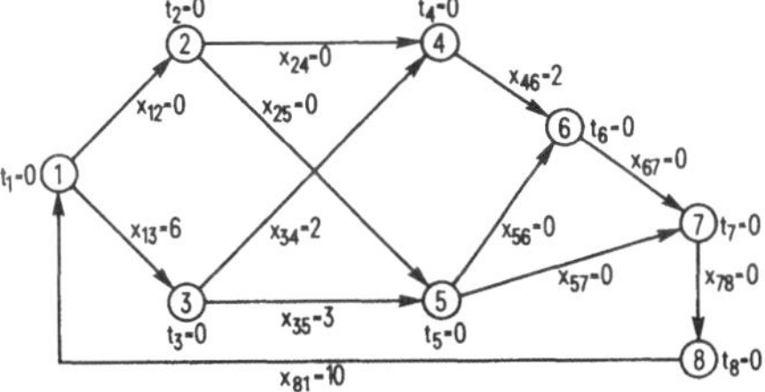

Fig. 4.18

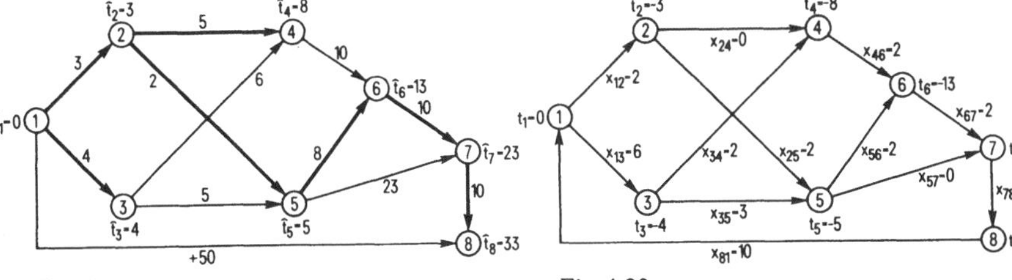

Fig. 4.19

Fig. 4.20

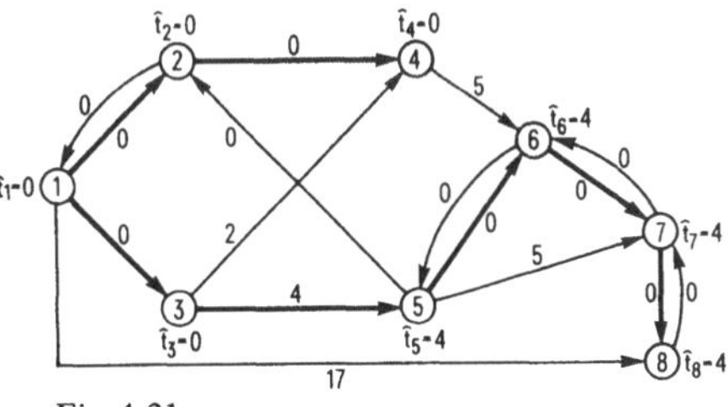

Fig. 4.21

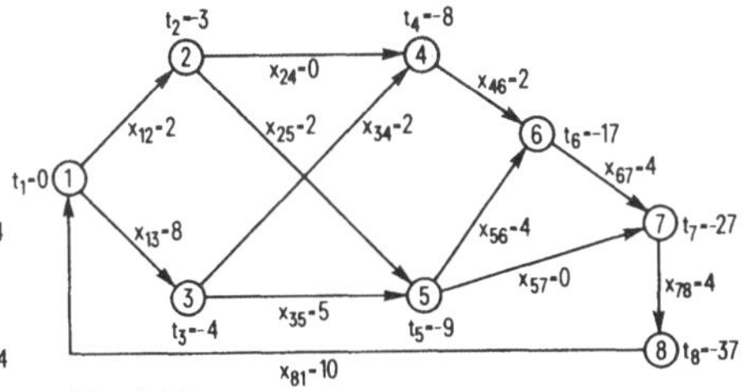

Fig. 4.22

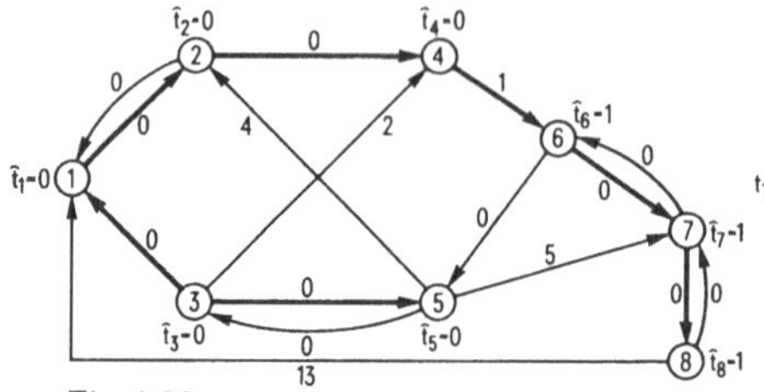

Fig. 4.23

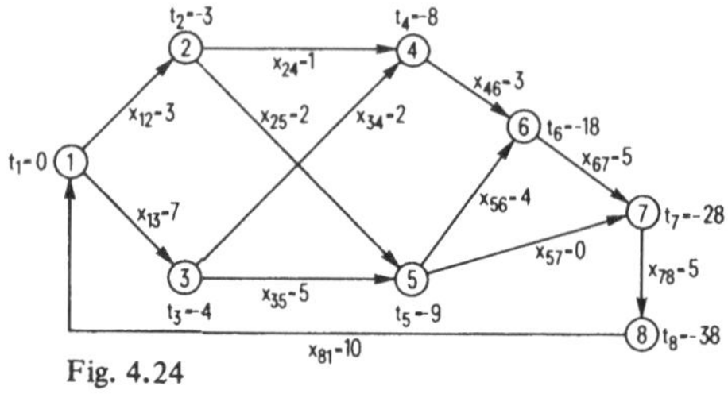

Fig. 4.24

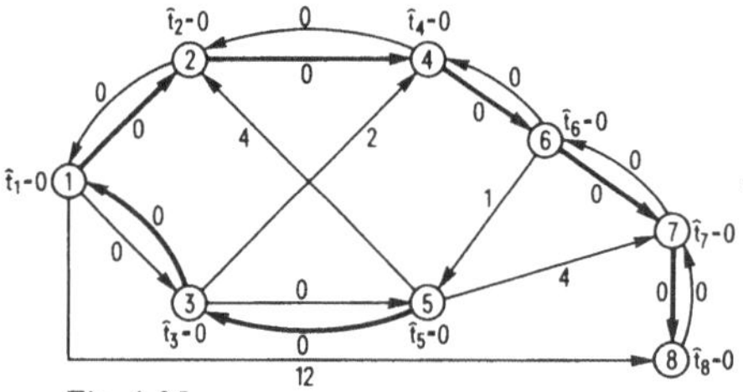

Fig. 4.25

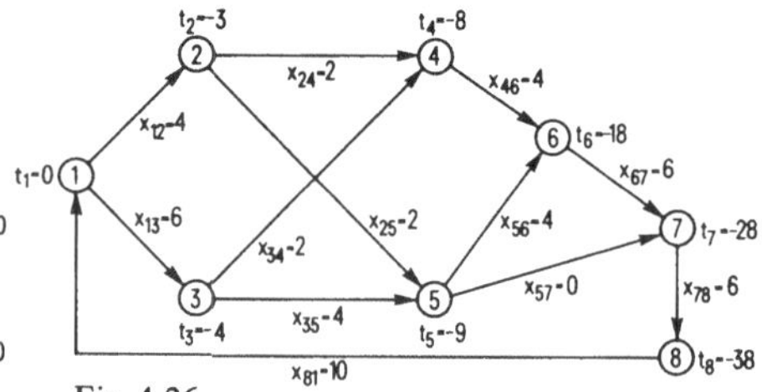

Fig. 4.26

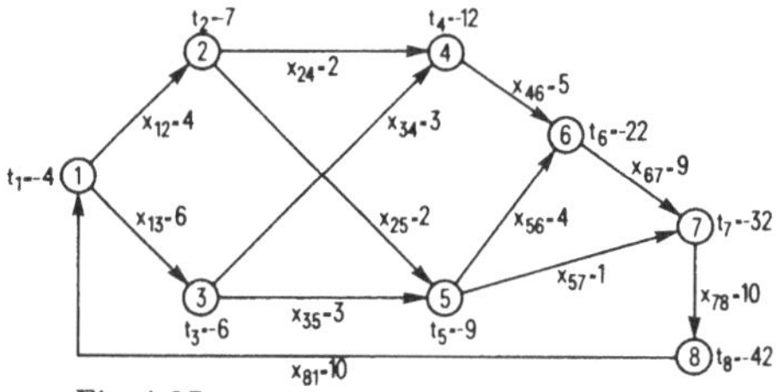

Fig. 4.27

In Fig. 4.21 und 4.22 werden das Distanzenproblem und die neuen Lösungen angegeben. Da nun die Knotenbedingungen bezüglich e_1 und e_2 erfüllt sind, ist e_3 der nächste Ausgangsknoten im zu lösenden Distanzenproblem (4.14) (Fig. 4.23 bis 4.26). Damit ist die primale Unzulässigkeit in e_3 noch nicht behoben. Weitere Iterationen führen zu der in Fig. 4.27 eingetragenen, optimalen Lösung.

4.5.2.3 Rechtfertigung des Verfahrens Da die Schritte 1 und 2 bereits begründet wurden, seien nun $\overline{E}$ und $\overline{t}$ gemäß Schritt 3 definiert. Aus der Herleitung von (4.14) folgt, daß die Optimalitätsbedingungen (4.13) durch $t_i - \hat{t}_i^0$, $i \in \overline{E}$, für die Pfeile p_j von $G_{\overline{E}}$ nicht verletzt werden. Dasselbe gilt für die Kanten p_j von $G_{E-\overline{E}}$, da $\overline{c}_j$ wegen $t_i - \overline{t}$, $i \in \overline{E}$, nicht verändert wird. Außerdem ist $I^+(\overline{E})$ bezüglich $G(x)$ gemäß Satz 2.2 leer und bezüglich $I^-(\overline{E})$ in $G(x)$ sind in G zwei Fälle möglich:

a) $p_j = (e_i, e_\ell)$, $i \in \overline{E}$, $x_j = b_j$, also $\overline{c}_j = c_j + y_j \geqslant c_j + (y_j - \hat{y}_j)$ wegen $\hat{y}_j = \overline{t} - t_i^0$ und $\overline{t} \geqslant t_i^0 \quad \forall i \in \overline{E}$.

b) $p_j = (e_i, e_\ell)$, $\ell \in \overline{E}$, $x_j = a_j$. Analog zeigt man hier, daß $\overline{c}_j$ nicht abnimmt.

Damit gilt

Lemma 4.19 x und $\overline{c}$ erfüllen nach jeder Änderung von t gemäß Schritt 5 die Optimalitätsbedingungen (4.13).

Da $\lambda\hat{x}$ gemäß (4.15) eine zulässige Flußänderung ist und $\overline{c}_j = 0$ für alle Pfeile p_j der betreffenden Ketten gilt, folgt

Lemma 4.20 x und $\overline{c}$ erfüllen nach jeder Änderung von x gemäß Schritt 6 die Optimalitätsbedingungen (4.13).

Lemma 4.21 Bei jeder Änderung von x gemäß Schritt 6 wird die primale Unzulässigkeit verbessert.

B e w e i s. Sei F die Kette $F = (e_{i_1}, p_{j_1}, \ldots, e_{i_{q+1}})$, $p_{j_1} \in I^+(e_{i_1})$ und $x'_{j_1} := x_{j_1} + \lambda$, $\lambda > 0$. Dann gilt

$$d_{i_1} \geqslant H_{i_1}x' = H_{i_1}x + \lambda > H_{i_1}x.$$

Analog zeigt man die Verbesserung für $p_{j_1} \in I^-(e_{i_1})$ sowie für $p_{j_q} \in I^-(e_{i_{q+1}})$ und $p_{j_q} \in I^+(e_{i_{q+1}})$. Gemäß der Vorschrift (4.15) bleiben $H_{i_\nu}x$ unverändert für $\nu = 2, \ldots, q$. ■

Da nach einer Änderung von t für alle Pfeile p_j eines kürzesten Weges $\overline{c}_j = 0$ gilt und Änderungen von x nur durchgeführt werden, wenn $\overline{V} \cap \overline{E} \neq \emptyset$ ist, folgt zusammen mit Lemma 4.21 das nachstehende

Lemma 4.22 Nach jeder Änderung von t ist eine Verbesserung der primalen Unzulässigkeit möglich, falls $\overline{V} \cap \overline{E} \neq \emptyset$.

Andererseits gilt

Lemma 4.23 Endet das Verfahren in Schritt 4 mit $\overline{V} \cap \overline{E} = \emptyset$, dann existiert keine zulässige Lösung.

B e w e i s. Man bemerkt, daß in Schritt 4 der Fall $V = \emptyset$ nicht eintreten kann, denn sonst wäre $\overline{V}$ ebenfalls leer und eine Optimallösung wäre erreicht.

Sei also $e_{i_1} \in \overline{E}$ mit $H_{i_1}x < d_{i_1}$ (d. h., $e_{i_1} \in V \cap \overline{E}$). $\overline{V} \cap \overline{E} = \emptyset$ bedeutet, daß für alle $e_j \in \overline{E}$ $H_jx \leqslant d_j$ gilt. Man erhält deshalb

$$0 < \sum_{e_j \in \overline{E}} (d_j - H_jx) = \sum_{e_j \in \overline{E}} d_j - x^T\eta^+(\overline{E}) + x^T\eta^-(\overline{E}).$$

Es sei t, u, v die bisherige, dual zulässige Lösung und $\tilde{u} = \eta^-(\overline{E})$, $\tilde{v} = \eta^+(\overline{E})$ und $\tilde{t} \in \mathbf{R}^m$ mit

$$\tilde{t}_i = \begin{cases} 1, & \text{falls } i \in \overline{E} \\ 0, & \text{sonst.} \end{cases}$$

Da $H^T\tilde{t} + \tilde{u} - \tilde{v} = 0$ gilt, ist $t + \lambda\tilde{t}$, $u + \lambda\tilde{u}$, $v + \lambda\tilde{v}$ für $\lambda > 0$ ebenfalls dual zulässig.

Nach Konstruktion des Inkrementgraphen G(x) muß $x_j = b_j \;\forall\; p_j \in I^+(\overline{E})$ und $x_j = a_j \;\forall\; p_j \in I^-(\overline{E})$ gelten. Damit ist

$$0 < \sum_{e_j \in \bar{E}} d_j - x^T\eta^+(\bar{E}) + x^T\eta^-(\bar{E}) = d^T\tilde{t} - b^T\tilde{v} + a^T\tilde{u},$$

d. h., das duale Programm (4.12) besitzt eine unbeschränkte Lösung. Gemäß der Theorie der linearen Optimierung hat damit das primale Programm (4.11) keine zulässige Lösung. ∎

Um die Endlichkeit des Verfahrens nachzuweisen, wird vorausgesetzt, daß die Komponenten von a, b, d rationale Zahlen sind. Alle $a_j, b_j, j = 1, \ldots, n$, und $d_i, i = 1, \ldots, m$, sind dann ganzzahlige Vielfache (GZV) einer rationalen Zahl ρ. Dasselbe gilt für den in Schritt 1 definierten Anfangsvektor x und für die Komponenten von $Hx - d$. Gemäß Schritt 6 ist λ die Differenz zweier GZV von ρ und deshalb wieder ein GZV von ρ. Damit sind auch die Komponenten von $x + \lambda\hat{x}$ in jedem Schritt GZV von ρ und insbesondere wird auch die primale Unzulässigkeit in e_{i_1} um λ, d. h. um ein GZV von ρ, verbessert. Endet also das Verfahren nicht mit $\bar{V} \cap \bar{E} = \emptyset$, so wird die primale Zulässigkeit im Knoten e_{i_1} nach endlich vielen Änderungen von x erreicht. Da G endlich ist, gilt insgesamt

Satz 4.24 Sind die Komponenten von a, b, d rationale Zahlen, so endet das Verfahren nach endlich vielen Änderungen von x mit einer optimalen Lösung oder mit der Aussage, daß (4.9) keine zulässige Lösung besitzt.

Korollar 4.25 Sind die Komponenten von a, b, d ganze Zahlen, so existiert eine ganzzahlige Optimallösung.

B e w e i s. Alle a_j, b_j, d_i sind GZV von $\rho = 1$ und damit auch $H_i x - d_i$ und λ sowie $x + \lambda\hat{x}$. ∎

Zur Bestimmung von kostenminimalen Flüssen ist eine Folge von Problemen der kürzesten Wege mit nichtnegativen Pfeillängen in einem veränderlichen Graphen G(x) zu lösen, der, wenn G a n t i s y m m e t r i s c h ist (aus $(e_i, e_j) \in P$ folgt $(e_j, e_i) \notin P$), keine parallelen Pfeile enthält, also ein Digraph ist. Es ist klar, daß G(x) und die Aufgabe (4.14) nicht generiert werden müssen. Bei der Lösung von (4.14) ist im wesentlichen $\bar{c}_j$ zu berechnen, zu testen, ob $x_j < b_j$ oder $x_j > a_j$ gilt, und aufgrund dieser Informationen das „Updating" gemäß Algorithmus 2.1 durchzuführen. Es ist auch nicht notwendig, (4.14) vollständig zu lösen. Es reicht, die Markierungen so lange durchzuführen, bis ein $i \in \bar{V}$ erreicht ist. Danach können t und x gemäß Schritt 5 und Schritt 6 geändert werden, worauf das Verfahren in Schritt 3 fortgesetzt wird. Eine solche Beschreibung von Algorithmus 4.2 würde jedoch nicht aufzeigen, daß es eigentlich darum geht, x entlang kürzester Wege zu ändern. Bezüglich der Speicherung gelten die gleichen Aussagen wie in Abschn. 4.4.2.

4.5.3 Ein primales Verfahren

Wie bereits erwähnt, besteht auch die Möglichkeit, das Problem 4.9 der Bestimmung kostenminimaler Flüsse

$$\begin{aligned} &\min c^T x \\ \text{bzgl.}\quad &Hx = d \\ &a \leqslant x \leqslant b \end{aligned}$$

mittels rein primaler Methoden zu lösen. Das hier präsentierte Verfahren beruht auf Ideen von Klein [36] und Domschke [11]. Ausgehend von einem zulässigen Fluß x wird ein kostenminimaler zulässiger Fluß gesucht. Dazu wird wieder ein Inkrementgraph $G(x) = (E, P(x))$ definiert (vgl. Abschn. 4.5.2.2) mit $P(x) = P'(x) \cup P''(x)$, wobei $P'(x) = \{p_j' = (e_\ell, e_i) \mid e_i, e_\ell) = p_j \in P, x_j > a_j\}$ und $P''(x) = \{p_j \in P \mid x_j < b_j\}$. Um zu gewährleisten, daß $G(x)$ ein Digraph ist, sei vorausgesetzt, daß $G = (E, P)$ antisymmetrisch ist. Die Pfeile aus $G(x)$ seien mit

$$\hat{c}_{i\ell} := \begin{cases} c_j, & \text{falls } p_j \in P''(x),\ p_j = (e_i, e_\ell) \\ -c_j, & \text{falls } p_j' \in P'(x),\ p_j = (e_\ell, e_i) \end{cases} \tag{4.16}$$

bewertet. $\hat{c}$ bezeichnet den Vektor der Bewertungen.

Dem Zyklusvektor $\zeta(x)$ einer Schleife aus $G(x)$ entspricht ein Zyklusvektor ζ bezüglich G. Aus der Konstruktion von $G(x)$ und aus (4.16) folgt

$$\hat{c}^T\zeta(x) = c^T\zeta.$$

Ist $\zeta(x)$ eine negative Schleife, d. h., gilt $\hat{c}^T\zeta(x) < 0$, so kann die zulässige Lösung x von (4.9) verbessert werden. Es existiert ein $\epsilon > 0$, so daß $x + \epsilon\zeta$ immer noch zulässig ist. Für diesen Fluß gilt dann

$$c^T(x + \epsilon\zeta) < c^Tx.$$

Umgekehrt gilt sogar, daß das Fehlen negativer Schleifen in $G(x)$ hinreichend ist für die Optimalität eines zulässigen Flusses x:

Satz 4.26 Ein zulässiger Fluß von $\min\{c^Tx \mid Hx = d, a \leqslant x \leqslant b\}$ ist genau dann optimal, wenn $G(x)$ keine negativen Schleifen enthält.

Beweis. Es wurde bereits gezeigt, daß die Bedingung notwendig ist. Für alle Zyklus-Vektoren $\zeta^{(i)}$, $i = 1, \ldots, s$, denen in $G(x)$ eine Schleife entspricht, gelte $c^T\zeta^{(i)} \geqslant 0$. Jede zulässige Änderung $\hat{x}$ von x ist dann durch

$$\hat{x} = \sum_{\nu=1}^{s} \epsilon_\nu \zeta^{(\nu)}$$

gegeben, $\epsilon_\nu \geqslant 0$, $\nu = 1, \ldots, s$. Damit ist $c^Tx \leqslant c^T(x + \hat{x})$ für alle zulässigen Punkte $x + \hat{x}$ einer Umgebung von x. Wegen der Konvexität der Zielfunktion und des zulässigen Bereiches ist also x sowohl lokales als auch globales Optimum des Problems. ∎

Existiert ein zulässiger Fluß x, so lautet das Verfahren wie folgt:

Algorithmus 4.3

Schritt 1 Bestimme eine zulässige Lösung x. Setze $i := 1$, $M := \emptyset$.

Schritt 2 Suche in $G(x)$ ausgehend von e_i eine negative Schleife bezüglich $\hat{c}$ (vgl. (4.16)). Falls keine solche existiert, gehe zu Schritt 4.

Schritt 3 Sei ζ der dieser negativen Schleife entsprechende Zyklusvektor in G. Setze $x := x + \lambda\zeta$, wobei λ bezüglich $a \leqslant x + \lambda\zeta \leqslant b$ maximal sei. Gehe zu Schritt 2.

S c h r i t t 4 Sei $\bar{M}$ die Menge aller von e_i aus erreichbaren Knoten. $M := M \cup \bar{M}$.
S c h r i t t 5 Falls $E - M = \emptyset$, Stop. Sonst wähle ein $e_i \in E - M$ und gehe zu Schritt 2.

Werden in der Suche nach negativen Schleifen in G(x) nicht alle Knoten aus E – M erreicht, so können in G_{E-M} noch negative Schleifen existieren, die aufgrund der Schritte 4 und 5 gefunden werden. Um die Konvergenz zu beweisen, wird vorausgesetzt, daß die Komponenten von a, b und c rationale Zahlen sind. Unter diesen Voraussetzungen überlegt man wie in Abschn. 4.5.2.3, daß die mit Hilfe von Algorithmus 4.1 ermittelte Lösung des Problems (4.8) eine zulässige Lösung von (4.9) liefert, die in allen Komponenten rational ist. Damit ist λ wie in Abschn. 4.5.2.3 in jeder Iteration ein GZV einer rationalen Zahl ρ und die Veränderung $c^T(\lambda\zeta)$ ein GZV von ρ^2. Damit wird das Optimum wegen der Kompaktheit des zulässigen Bereiches, welche die Beschränktheit der Zielfunktion impliziert, nach endlich vielen Iterationen gefunden.
Mit den gleichen Überlegungen wie in Abschn. 4.4 und 4.5.2 zeigt man, daß die optimale Lösung ganzzahlig ist, wenn die Komponenten von a und b ganze Zahlen sind.

4.5.4 Simplexalgorithmen

Das Problem (4.9) läßt sich durch eine einfache Transformation in die Aufgabe

$$\begin{aligned} &\min\ c^T x \\ \text{bzgl.}\quad &Hx = d \\ &0 \leqslant x \leqslant b \end{aligned} \tag{4.17}$$

überführen (vgl. Abschn. 4.4.4). W a g n e r hat zudem gezeigt (vgl. [55]), daß die Aufgabe (4.17) als Hitchcock-Problem (vgl. (4.10)) über einem bipartiten Graphen $G' = (E_1' \cup E_2', P')$, $E_1' \cap E_2' = \emptyset$, formuliert werden kann. Da in Hitchcock-Problemen der Fluß $x \geqslant 0$ nicht explizit nach oben beschränkt ist, behilft man sich mit einem Trick. Jedem Pfeil p_{ij} von e_i nach e_j im ursprünglichen Graphen G = (E, P) entspricht eine Ecke $e_{ij}' \in E_1'$, und jeder Ecke e_ℓ des ursprünglichen Graphen G entspricht eine Ecke $e_\ell' \in E_2'$. In den Knoten $e_{ij}' \in E_1'$ stehen die den Kapazitäten b_{ij} entsprechenden Mengen zur Verfügung. In jedem Knoten $e_s' \in E_2'$ wird die Menge

$$\sum_{p_{sj} \in I^+(e_s)} b_{sj} - d_s$$

nachgefragt. Die Bewertung der Pfeile $p_{ij,\ell} \in P'$ ist

$$c_{ij,\ell}' = \begin{cases} 0, & \text{falls } \ell = i \\ c_{ij}, & \text{falls } \ell = j \\ \infty, & \text{sonst} \end{cases}$$

für alle p_{ij} aus P und $\ell = 1, \ldots, m$.
Die Nachfragemengen sind nichtnegativ, wenn (4.17) eine zulässige Lösung besitzt. Zu-

dem ist wegen

$$\sum_{i=1}^{m} d_i = 0$$

die Summe der Ausgangsmengen gleich der Summe der Nachfragemengen. Die Transformation wird in Fig. 4.28 und 4.29 veranschaulicht, wobei in Fig. 4.29 Pfeile mit einer unendlichen Bewertung weggelassen wurden.

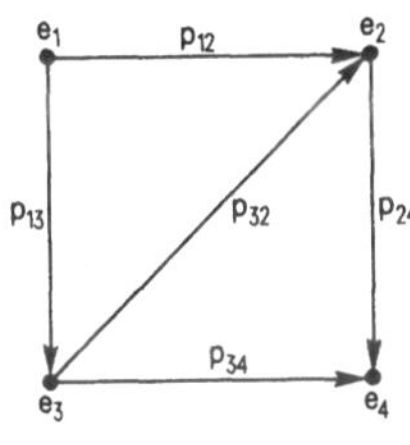

Fig. 4.28

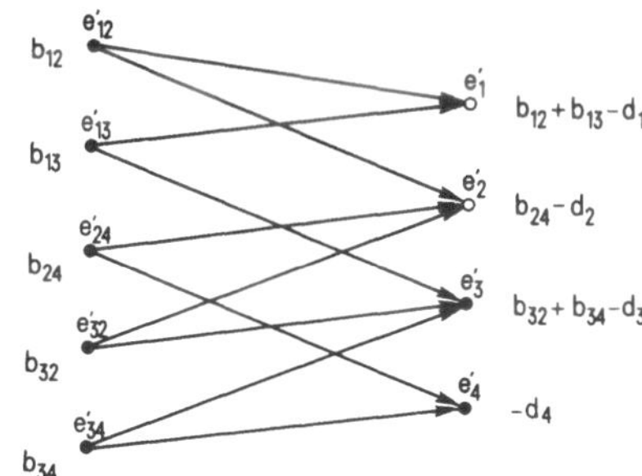

Fig. 4.29

Sei der Fluß x mit den Variablen x_{ij} im Ausgangsproblem zulässig. Dann ist

$$x'_{ij,s} := \begin{cases} x_{ij}, & \text{falls } s = j \\ b_{ij} - x_{ij}, & \text{falls } s = i \\ 0, & \text{sonst} \end{cases} \tag{4.18}$$

zulässig im entsprechenden Hitchcock-Problem, da

$$\sum_s x'_{ij,s} = b_{ij} \quad \text{für alle } (i, j)$$

und $$\sum_j x'_{sj,s} + \sum_j x'_{js,s} = \sum_j (b_{sj} - x_{sj}) + \sum_j x_{js} = \sum_j b_{sj} - d_s$$

für alle s = 1, . . ., m gilt. Sei umgekehrt x' eine zulässige Lösung des Hitchcock-Problems, wobei für alle Pfeile $p'_{ij,s}$ mit $c'_{ij,s} = \infty$ $x'_{ij,s} = 0$ gilt. Dann erfüllt $x_{ij} := x'_{ij,j}$ die Bedingung $0 \leqslant x_{ij} \leqslant b_{ij}$, da $b_{ij} \geqslant x'_{ij,j}$ ist. Zudem ist $x'_{ij,i} = b_{ij} - x_{ij}$. Also folgt aus der Nachfrageknotenbedingung

$$\sum_j x'_{sj,s} + \sum_i x'_{is,s} = \sum_j b_{sj} - d_s$$

die Relation

$$\sum_j x_{sj} - \sum_i x_{is} = d_s$$

für alle Knoten aus G. Da in beiden Problemen die gleichen Kosten auftreten, sind die beiden Probleme äquivalent.

Hitchcock-Probleme werden mit speziellen Verfahren wie Stepping-Stone-Algorithmus etc. sehr effizient gelöst. Im Grunde genommen handelt es sich dabei um Simplex-

Algorithmen, bei denen die graphentheoretische Struktur des Problems ausgenützt wird. Mit anderen Worten, diese Verfahren untersuchen im Gegensatz zu den Primal-Dual-Verfahren nur Basislösungen. Da die hier beschriebene Transformation nicht kompliziert ist, können die Schritte dieser Simplex-Algorithmen direkt im ursprünglichen Graphen G = (E, P) ausgeführt werden. Man weiß aus der Theorie zum Hitchcock-Problem, daß eine nicht degenerierte Basislösung bei n Ausgangsorten und m Bestimmungsorten n + m − 1 positive Variablen hat, d. h., die entsprechenden Pfeile bilden im bipartiten Graphen G′ ein Gerüst $\overline{G}'$. Anschaulich gesprochen erhält man G′, indem man die Pfeile $p \sim (e_i, e_j)$ gemäß Fig. 4.30 in zwei Pfeile auflöst. Sind beide Pfeile in $\overline{G}'$, dann gilt $0 < x_{ij} < b_{ij}$ und sonst entweder $x_{ij} = 0$ oder $x_{ij} = b_{ij}$. Macht man die Transformation rückgängig, d. h., schrumpft man e'_{ij}, (e'_{ij}, e'_i) und e'_i, so bleibt die Baumstruktur im ersten und im zweiten Fall erhalten, während im dritten Fall ein Zyklus geschlossen wird. Einer Basislösung von (4.17) entspricht deshalb ein Gerüst $G_{\overline{P}}$ von G mit $0 < x_{ij} < b_{ij}$ für alle Pfeile aus $\overline{P}$, denn $x_{ij} = 0$ ist Nichtbasisvariable und für

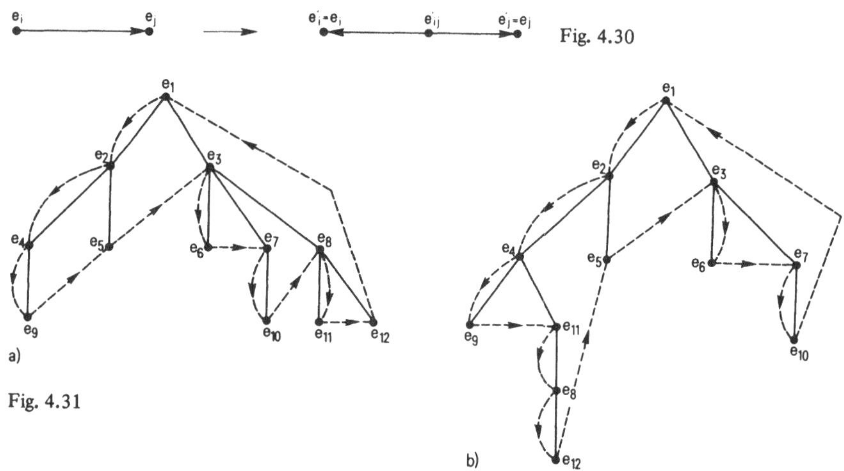

Fig. 4.30

Fig. 4.31

$x_{ij} = b_{ij}$ ist die betreffende Schlupfvariable nichtbasisch. Dadurch sind alle Nicht-Basisvariablen durch die Pfeile des Kogerüstes $G_{P-\overline{P}}$ definiert. Wird eine solche Variable basisch, so entsteht in $G_{\overline{P}}$ ein Zyklus, der wieder unterbrochen wird, wenn der Pfeil bezüglich der basisverlassenden Variablen entfernt wird. Wegen $0 < x_{ij} < b_{ij} \; \forall \, p_{ij} \in \overline{P}$ ist ein solcher Austausch immer möglich. Zur Ermittlung der neuen Basisvariablen wird analog zur (u, v)-Methode ein geeignetes Potential t bestimmt und ausgewertet. Das Gerüst $G_{\overline{P}}$ wird am zweckmäßigsten in der gefädelten Form gespeichert. Dadurch kann das nächste Basisgerüst mit einem Verfahren von Glover [20] sehr einfach bestimmt werden. Beispielsweise entspreche das Gerüst in Fig. 4.31 a einer Basis, die Kante $\{e_4, e_{11}\}$ der neuen Basisvariablen und die Kante $\{e_3, e_8\}$ der basisverlassenden Variablen. Unter diesen Voraussetzungen erhält man das in Fig. 4.31 b dargestellte neue Gerüst mit der entsprechenden, gefädelten Speicherung.

Simplexverfahren zur Lösung von kostenminimalen Flußproblemen wurden von Glover u. a. [19] vorgeschlagen und getestet. Untersuchungen von Hatch [26] haben aber gezeigt, daß es kaum eine generelle Überlegenheit der Simplexverfahren über die Primal-Dual-Verfahren gibt oder umgekehrt. Entscheidend ist vielmehr, wie weit bei einer Codierung eines Verfahrens programmiertechnische Raffinessen ausgenützt werden. Aus diesem Grund erfolgte in diesem Abschnitt keine eingehende Darstellung der Simplexverfahren.

4.6 Die Bestimmung minimaler und zulässiger Potentialdifferenzen

Analog zum Maximalflußproblem sei $G = (E, P)$ ein zusammenhängender Digraph mit den Ecken $e_1, \ldots, e_m$ und den Pfeilen $p_1, \ldots, p_n$, in dem

a) $p_1 = (e_1, e_m)$ und

b) jedem Pfeil p_j Schranken $0 \leqslant a_j \leqslant b_j$ zugeordnet sind, wobei $a_1 = -\infty$ und $b_1 = \infty$ gilt.

Das Problem der Bestimmung minimaler, zulässiger Potentialdifferenzen lautet dann

$$\begin{aligned} &\min \sum_{i=2}^{m} t_i \\ \text{bzgl.}\quad & a_j \leqslant t_\ell - t_i \leqslant b_j \qquad \forall\, p_j \in P,\ p_j = (e_i, e_\ell),\ p_j \neq p_1 \\ & t_1 = 0. \end{aligned} \tag{4.19}$$

Damit ist (4.19) identisch mit dem MPM-Problem (3.8) und kann deshalb mit Verfahren zur Bestimmung kürzester Wege gelöst werden, die neben t_m auch die übrigen Variablen $t_2, \ldots, t_{m-1}$ minimieren. Bei der Problemstellung, nicht eine minimale, sondern lediglich eine zulässige Potentialdifferenz zu finden, kann es vorkommen, daß alle b_j endlich sind. Dadurch ist die obige Bedingung b) verletzt. Man fügt deshalb einen zusätzlichen, künstlichen Pfeil $p_{n+1} \sim (e_1, e_\ell)$, e_ℓ beliebig aus E, hinzu und setzt $a_{n+1} := -\infty$, $b_{n+1} := +\infty$. Damit erhält man ein analoges Problem zu (4.19), welches bezüglich G eine zulässige Potentialdifferenz liefert.

4.7 Die Bestimmung von kostenminimalen Potentialdifferenzen

4.7.1 Problemstellung, Optimalitätsbedingungen und Verfahren

Über einem zusammenhängenden Digraphen $G = (E, P)$ mit $E = \{e_1, \ldots, e_m\}$ und $P = \{p_1, \ldots, p_n\}$ ist die Aufgabe

$$\begin{aligned} &\min c^T y \\ \text{bzgl.}\quad & -y - H^T t = 0 \\ & a \leqslant y \leqslant b \end{aligned} \tag{4.20}$$

zu lösen, wobei a, b, c n-Vektoren sind. Das duale Problem lautet dann

$$\begin{aligned} &\max a^T u - b^T v \\ \text{bzgl.}\quad &-Hx = 0 \\ &-x + u - v = c \\ &u \geqslant 0, \quad v \geqslant 0 \end{aligned} \tag{4.21}$$

Man bemerkt, daß x ein Fluß ist.

Gemäß den Komplementaritätsbedingungen der linearen Optimierung ist ein Paar zulässiger Lösungen (y, t) und (x, u, v) von (4.20) und (4.21) genau dann optimal, wenn $(y - a)^T u = 0$ und $(b - y)^T v = 0$ gilt. Dabei sind vier Fälle zu unterscheiden:

a) $y_j = a_j < b_j$. Daraus folgt $u_j \geqslant 0$ und $v_j = 0$. Wegen der Zulässigkeit in (4.21) ist also $\bar{\bar{c}}_j := c_j + x_j \geqslant 0$.

b) $y_j = b_j > a_j$. Analog folgt hier $\bar{\bar{c}}_j \leqslant 0$.

c) $a_j < y_j < b_j$. Wegen $u_j = v_j = 0$ folgt $\bar{\bar{c}}_j = 0$.

d) $y_j = a_j = b_j$. Aus $u_j \geqslant 0$, $v_j \geqslant 0$ folgt, daß $\bar{\bar{c}}_j$ beliebige Werte annehmen kann.

Damit gilt

Satz 4.27 Ein Paar zulässiger Lösungen von (4.20) und (4.21) ist genau dann optimal, wenn für jeden Pfeil $p_j \in P$ eine der drei folgenden Bedingungen erfüllt ist:

$$\begin{aligned} &y_j = a_j, &&\bar{\bar{c}}_j \geqslant 0 \\ &y_j = b_j, &&\bar{\bar{c}}_j \leqslant 0 \\ &a_j < y_j < b_j, &&\bar{\bar{c}}_j = 0 \end{aligned} \tag{4.22}$$

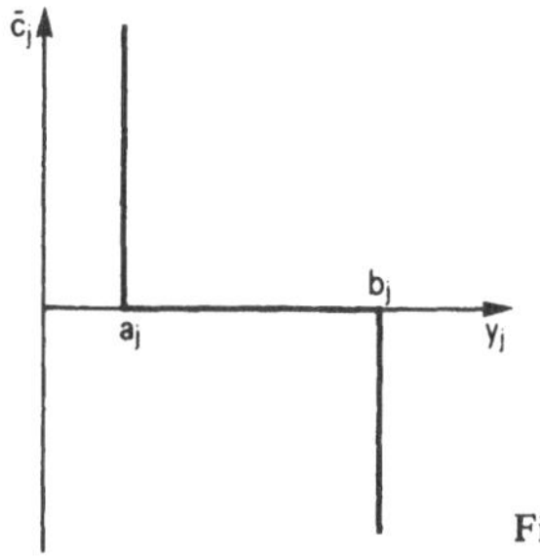

Fig. 4.32

Diese Bedingungen lassen sich in der $(y_j, \bar{\bar{c}}_j)$-Ebene darstellen (vgl. Fig. 4.32). y ist also genau dann optimal, wenn alle Paare $(y_j, \bar{\bar{c}}_j)$ auf der in Fig. 4.32 aufgezeichneten Kurve liegen.

Zunächst wird zur Lösung des kostenminimalen Potentialdifferenzenproblems eine zulässige Potentialdifferenz y bestimmt. Danach setzt man

$$\bar{\bar{c}}_j := c_j + x_j := 0, \quad \text{d. h. } x_j := -c_j,$$

$j = 1, \ldots, n$. Damit sind die Optimalitätsbedingungen (4.22) erfüllt, aber u. U. gilt $Hx \neq 0$ Um diese duale Unzulässigkeit zu verbessern, werden wie in Abschn. 4.5.2.1 die Überschüsse und Fehlmengen durch Flüsse entlang von Ketten zwischen einzelnen Knoten so ausgeglichen, daß die Optimalitätsbedingungen (4.22) nicht verletzt werden. Dabei ist u. U. t bzw. y geeignet zu ändern. Erfolgt diese Änderung durch $\hat{t}$ bzw. $\hat{y}$ und beträgt die neue Lösung $t - \hat{t}$ bzw. $y - \hat{y}$, so müssen gemäß Fig. 4.32 für $p_j \in P$ die Bedingungen

$$\begin{aligned} &\hat{y}_j = 0, \quad \text{falls } \bar{\bar{c}}_j \neq 0, \\ &\left.\begin{aligned} \hat{y}_j &\leq y_j - a_j \\ -\hat{y}_j &\leq b_j - y_j \end{aligned}\right\}, \quad \text{falls } \bar{\bar{c}}_j = 0, \end{aligned} \tag{4.23}$$

erfüllt sein, wenn die Optimalitätsbedingungen nicht verletzt werden sollen. Man bemerkt, daß hier wiederum die Restriktionen eines Problems der kürzesten Wege vorliegen, wobei die Pfeilbewertungen ebenfalls nichtnegativ sind. In den Variablen $\hat{t}_i$ lautet diese Aufgabe

$$\begin{aligned} &\max \sum_{i \neq i_1} \hat{t}_i \\ \text{bzgl.} \quad &\left.\begin{aligned} \hat{t}_\ell - \hat{t}_i &\leq 0 \\ \hat{t}_i - \hat{t}_\ell &\leq 0 \end{aligned}\right\} \forall\, p_j = (e_i, e_\ell) \in P \text{ mit } \bar{\bar{c}}_j \neq 0 \\ &\left.\begin{aligned} \hat{t}_i - \hat{t}_\ell &\leq b_j - y_j \\ \hat{t}_\ell - \hat{t}_i &\leq y_j - a_j \end{aligned}\right\} \forall\, p_j = (e_i, e_\ell) \in P \text{ mit } \bar{\bar{c}}_j = 0 \\ &\hat{t}_{i_1} = 0. \end{aligned} \tag{4.24}$$

Der Graph, der diesem Problem zugrunde liegt, entspricht dem früheren Inkrementgraphen und ist durch das Paar $(E, P \cup P')$ definiert, wobei

$$P' = \{p_j' = (e_\ell, e_i) \mid p_j = (e_i, e_\ell) \in P\}$$

gilt. Man verdoppelt die Anzahl der Pfeile (wenigstens in Gedanken), indem man einen symmetrischen Graphen bildet. Bei einem solchen folgt aus $(e_i, e_\ell) \in P$ auch $(e_\ell, e_i) \in P$. Die Struktur dieses Inkrementgraphen kann auch so erklärt werden, daß alle Flüsse x zulässige Lösungen der dualen Restriktionen

$$\begin{aligned} Hx &= 0 \\ -x + u - v &= c \\ u \geq 0, \quad & v \geq 0 \end{aligned}$$

ermöglichen. Damit gilt diese Eigenschaft auch für alle Veränderungen $\hat{x}$ von x. In dem hier definierten Inkrementgraphen können also wegen der Symmetrie alle Änderungen von Flüssen x entweder als Flußerhöhungen oder Flußherabsetzungen allein interpretiert werden.

Aus Fig. 4.32 folgt, daß nach einer maximalen Senkung von y_j ($y_j - \hat{y}_j = a_j$) der Fluß x_j nicht herabgesetzt werden kann, wenn (4.22) nicht verletzt werden soll. Umgekehrt darf x nicht erhöht werden, wenn $y_j - \hat{y}_j = b_j$ gilt. Da im letzteren Fall die Richtung von p_j umgekehrt wurde, folgt aus (4.22) und (4.24), daß zulässigen Änderungen von x wie in Algorithmus 4.2 Flußerhöhungen im Inkrementgraphen entsprechen. Man hat also wieder als Ausgangsknoten ein $e_{i_1} \in E$ mit $H_{i_1}x < 0$ zu wählen, da eine Erhöhung des Wegflusses im Inkrementgraphen diese Unzulässigkeit verbessert.

Nach einer Änderung von t um $\hat{t}^0$ gilt für eine Kette F in $G = (E, P)$, die einem kürzesten

Weg in $(E, P \cup P')$ entspricht,

$$y_j - \hat{y}_j^0 = a_j, \quad \text{falls } p_j \in F^+,$$

und $$y_j - \hat{y}_j^0 = b_j, \quad \text{falls } p_j \in F^-,$$

wobei F^+, F^- analog wie Z^+, Z^- definiert sind. Damit ist nach jeder Änderung von t eine Verbesserung der dualen Unzulässigkeit möglich. Der Änderungsfluß x ist wieder definiert durch

$$x_j = \begin{cases} +1, & \text{falls } p_j \in F^+ \\ -1, & \text{falls } p_j \in F^- \\ 0, & \text{sonst.} \end{cases} \tag{4.25}$$

Diese Überlegungen zeigen, daß sich ein Verfahren zur Bestimmung kostenminimaler Potentialdifferenzen sehr leicht aus Algorithmus 4.2 ableiten läßt.

Algorithmus 4.4

Schritt 1 Bestimme ein zulässiges Potential t.
$x_j := -c_j, j = 1, \ldots, n.$
$V := \{i \mid H_i x < 0, 1 \leqslant i \leqslant m\}$, $\bar{V} := \{i \mid H_i x > 0, 1 \leqslant i \leqslant m\}$.

Schritt 2 Wähle ein $i_1 \in V$, falls $V \neq \emptyset$. Sonst Stop.

Schritt 3 Bestimme eine Lösung $\hat{t}^0$ von (4.24).
$\bar{E} := \{i \mid t_i^0 < \infty, 1 \leqslant i \leqslant m\}$, $\bar{t} := \max \{t_i^0 \mid i \in \bar{E}\}$.

Schritt 4 Falls $\bar{V} \cap \bar{E} = \emptyset$, Stop.

Schritt 5 $t_i := \begin{cases} t_i - \hat{t}_i^0, & \text{falls } i \in \bar{E} \\ t_i - \bar{t}, & \text{falls } i \notin \bar{E} \end{cases} \quad i = 1, \ldots, m.$

Schritt 6 Für jede Knotennummer $i_{q+1} \in \bar{V} \cap \bar{E}$ ist $\hat{x}$ gemäß (4.25) zu bestimmen und $x := x + \lambda \hat{x}$ zu setzen, wobei $\lambda \geqslant 0$ bezüglich (4.22), $H_{i_1} x \leqslant 0$, $H_{i_{q+1}} x \geqslant 0$ maximal zu wählen ist. Nach jeder Änderung von x führe aus:
Falls $H_{i_{q+1}} x = 0$, setze $\bar{V} := \bar{V} - \{i_{q+1}\}$.
Falls $H_{i_1} x = 0$, setze $V := V - \{i_1\}$ und gehe zu Schritt 2.

Schritt 7 Gehe zu Schritt 3.

4.7.2 Anwendungen

4.7.2.1 Kostenminimale Terminplanung bei vorgegebener Projektdauer Gegeben sei ein Netzplan mit den Knoten $e_1, \ldots, e_m$ und den Kanten $p_1, \ldots, p_n$. Der Graph $G = (E, P)$ bestehe aus diesem Netzplan, ergänzt durch den Pfeil $p_{n+1} = (e_1, e_m)$. Für jede Tätigkeit $p_j, j = 1, \ldots, n$, wird nun

a) eine minimale Ausführungszeit $a_j \geqslant 0$ und eine maximale Ausführungszeit $b_j > 0$ sowie
b) eine lineare Kostenfunktion $f_j + c_j z_j$

vorgegeben. Dabei ist z_j die zu bestimmende Ausführungszeit, d. h., es hat $a_j \leqslant z_j \leqslant b_j$ zu gelten. Da bei Vorgabe längerer Ausführungszeiten i. a. günstigere Offerten eingehen als wenn eine Tätigkeit unter Einsatz erhöhter Ressourcen in kürzerer Zeit zu erledigen ist, soll $c_j \leqslant 0$ vorausgesetzt werden (vgl. Fig. 4.33).

Wie bei CPM wird der optimale Ablauf des Projektes durch ein Potential t charakterisiert, wobei die Komponenten t_i Ereigniszeiten sind. Ein zulässiges Potential erfüllt dann die Relationen

$$-H^T t - y = 0$$
$$a \leqslant y \leqslant b.$$

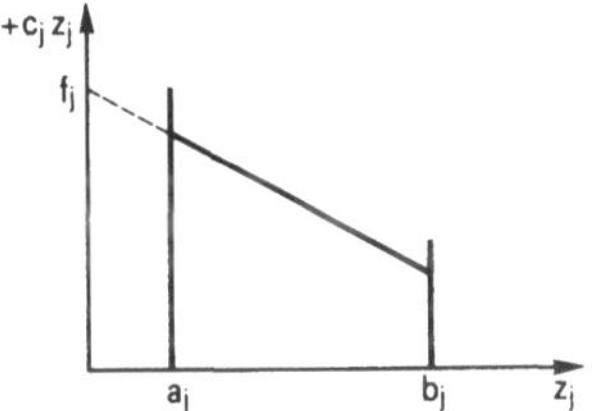

Fig. 4.33

Für jede zulässige Potentialdifferenz y muß nun $z \leqslant y$ gelten: Die Ausführungszeiten z_j dürfen die für die Tätigkeiten $p_j = (e_i, e_\ell)$ verfügbaren Zeiten $y_j = t_\ell - t_i$ nicht übersteigen. Setzt man $z := y$, so verhält man sich wegen $c \leqslant 0$ kostenmäßig optimal. Man schließt aber die bezüglich des Projektes zulässige Lösung $z_j = b_j < y_j$ aus, d. h., man erzwingt einen pufferzeitfreien Ablauf. Um die Kosten für eine vorgegebene Projektdauer $T > 0$ zu minimieren, setzt man für den zusätzlichen Pfeil $p_{n+1} = (e_1, e_m)$ $a_{n+1} := b_{n+1} := T$ und erhält so mit $a, b \in \mathbf{R}^{n+1}$ das Problem

$$\begin{aligned} &\min \sum_{j=1}^{n} (f_j + c_j y_j) \\ \text{bzgl.}\quad &-H^T t - y = 0 \qquad\qquad (4.26)\\ &a \leqslant y \leqslant b, \end{aligned}$$

das offensichtlich zu (4.20) äquivalent ist.

Das Verfahren soll nun anhand eines kleinen Beispiels (vgl. Fig. 4.34) demonstriert werden. Die den Pfeilen zugeordneten Informationen betreffen (a_j, b_j, c_j). Die Projektdauer betrage $T = 35$. In Fig. 4.35 ist ein zulässiges Potential t und der entsprechende Aus-

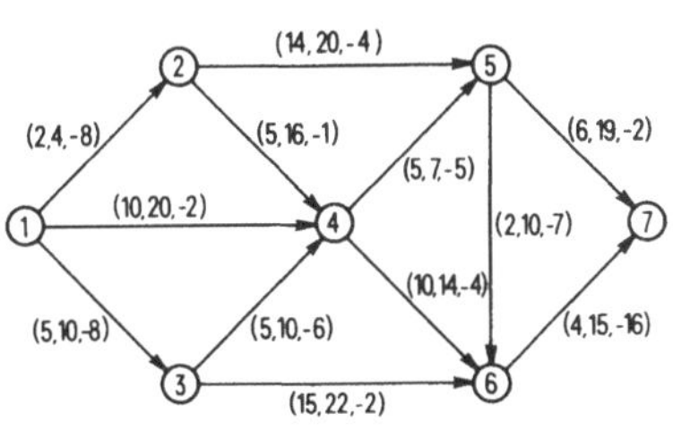

Fig. 4.34

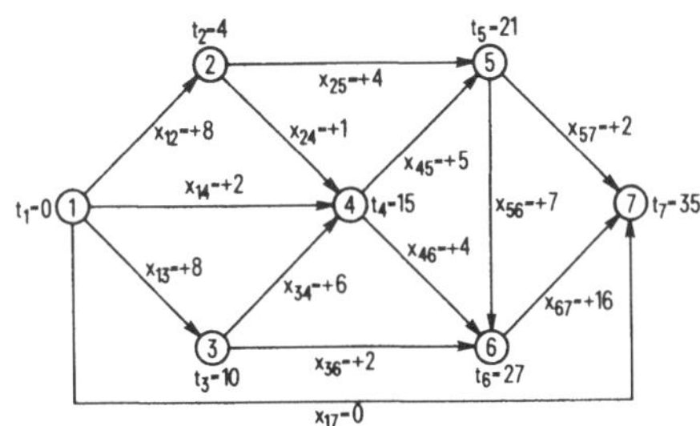

Fig. 4.35

gangsvektor x eingetragen. Das Beispiel wurde absichtlich so konstruiert, daß die Knotenbedingungen in den Knoten e_3, e_4, e_5 bereits erfüllt sind. Fig. 4.36 zeigt den Inkrementgraphen mit den Bewertungen gemäß (4.24).

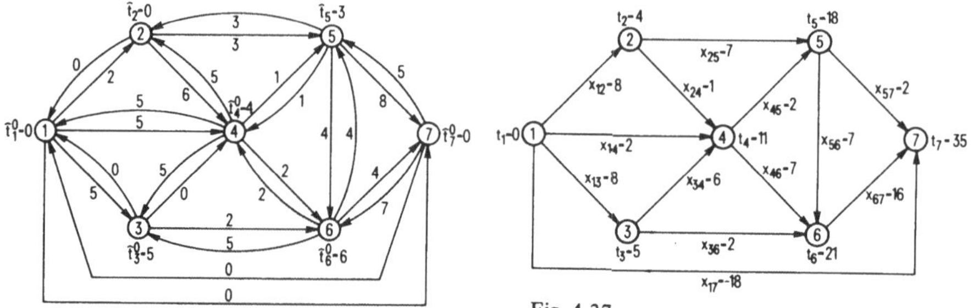

Fig. 4.36

Fig. 4.37

Da der kürzeste Weg von e_1 nach e_7 die Länge Null hat, kann x_{17} ohne vorherige Änderung von t von Null auf – 18 herabgesetzt werden. Mit dieser Änderung, der kein eigentlicher Schritt im Verfahren entspricht, sind die Knotenbedingungen für e_1 und e_7 nicht mehr verletzt. Aus diesem Grund wird im nächsten Schritt von e_2 aus markiert. Das optimale Potential t^0 der Aufgabe (4.24) ist in Fig. 4.36 eingetragen und die neuen Lösungen $t - \hat{t}^0$ und $x + d\hat{x}$ in Fig. 4.37. x wurde entlang der Kette F mit der Spur $S(F) = (e_2, e_5, e_4, e_6)$ geändert. Das Verfahren kann mit dieser Lösung abgebrochen werden, weil die duale Unzulässigkeit behoben ist. Außerdem stellt man fest, daß die Optimalitätsbedingungen erfüllt sind.

4.7.2.2 Parametrische, kostenminimale Terminplanung Falls bei der Terminplanung neben den reinen Projektkosten noch weitere Kosten eine Rolle spielen, so kann T parametrisch geändert werden. Auf diese Weise erhält man die optimalen Projektkosten als Funktion von T. In Fig. 4.38 werden diese z. B. den Kapitalkosten gegenübergestellt.

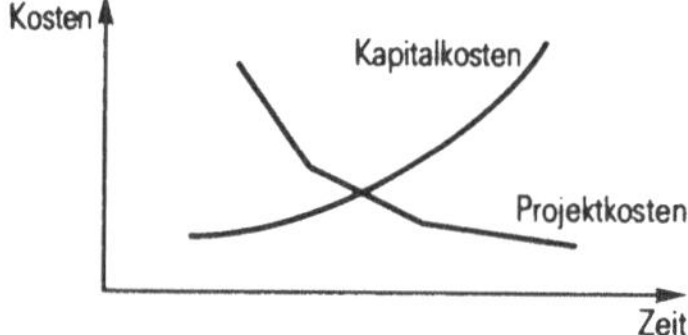

Fig. 4.38

Anhand dieser Kurven läßt sich dann sehr leicht eine gesamtminimale Projektdauer T^0 bestimmen. Bei einer Verkürzung von T geht man von der optimalen Lösung t^0, x^0 von (4.20) und (4.21) aus und bestimmt ein neues Potential $t - \hat{t}^0$, wobei $\hat{t}^0 \geqslant 0$, $t_1^0 = 0$ gilt und (4.22) erfüllt bleibt. Man errechnet deshalb wieder eine Lösung $\hat{t}^0$ von (4.24) und erhält eine Verkürzung der Projektdauer T, falls $\hat{t}_m^0 > 0$ ist, weil dann für die neue Projektdauer

$$T' = t_m^0 - \hat{t}_m^0 < t_m^0 = T$$

gilt. Werden $a_{n+1} = b_{n+1}$ der Verkürzung angepaßt, so erhält man eine neue, optimale Lösung.

Algorithmus 4.5

Schritt 1 Setze $i_1 := 1$, $t := t^0$, $x := x^0$.

Schritt 2 Bestimme eine optimale Lösung $\hat{t}^0$ von (4.24), wobei p_{n+1} (wegen der Verkürzung der Projektdauer) weggelassen wird. Setze $t := t - \hat{t}^0$.

Schritt 3 Sei F der Zyklus in G, der im Inkrementgraphen $(E, P \cup P')$ dem kürzesten Weg von e_m nach e_1, ergänzt durch p_{n+1}, entspricht und $\hat{x}$ gemäß (4.25) definiert. Setze $x := x + d\hat{x}$, wobei d bezüglich (4.22) maximal sei.

Schritt 4 Falls $d = \infty$, Stop. Sonst gehe zu Schritt 2.

In dieser Darstellung wurde aus Gründen der Übersichtlichkeit kein Abbruchkriterium für den Fall, daß keine weitere Verkürzung von T mehr notwendig ist, eingebaut. Endet das Verfahren in Schritt 4, so kann T nicht mehr verkürzt werden. $d = \infty$ bedeutet für die Pfeile p_j der Kette F in Schritt 3

$$\hat{x}_j = +1, \quad \text{falls } y_j = a_j, \qquad \hat{x}_j = -1, \quad \text{falls } y_j = b_j. \tag{4.27}$$

Da eine Verkürzung der Projektdauer T angestrebt wird und deshalb $a_{n+1} = b_{n+1}$ herabgesetzt wird, gilt

$$y_{n+1} > a_{n+1} = b_{n+1} > 0. \tag{4.28}$$

Ferner ist e_1 Ausgangsknoten der Markierungen, bei denen p_{n+1} gemäß Schritt 2 weggelassen wird. Aus diesem Grund gilt in Schritt 3 $\hat{x}_{n+1} = -1$. Für die momentane Lösung des dualen Problems gilt

$$-Hx = 0$$

$$-x + u - v = c$$

$$u \geqslant 0, \qquad v \geqslant 0.$$

Also folgt für die neue Lösung

$$x + d\hat{x}, \qquad u + d\hat{u}, \qquad v + d\hat{v}$$

die Gleichung

$$-\hat{x} + \hat{u} - \hat{v} = 0, \tag{4.29}$$

wobei o. E. d. A. $\hat{u} \geqslant 0$, $\hat{v} \geqslant 0$, $\hat{u}^T\hat{v} = 0$ angenommen werden können. Wegen $x^Ty = 0$ erhält man nun aus (4.25), (4.27), (4.28), (4.29) und $\hat{x}_{n+1} = -1$

$$0 = \hat{x}^T\hat{y} = (\hat{u} - \hat{v})^T\hat{y} < a^T\hat{u} - b^T\hat{v}.$$

$x + d\hat{x}$ ergibt also für $d \to \infty$ eine unendliche Lösung des dualen Problems. Gemäß der Theorie der linearen Optimierung gäbe es also bei einer weiteren Verkürzung der Projektdauer im primalen Problem keine zulässige Lösung mehr.

Ist $t - \hat{t}^0$ eine neue optimale Lösung von (4.26), so ist auch $t - \sigma\hat{t}^0$ für alle $\sigma \in (0, 1)$ wieder optimal in diesem Problem, wenn $a_{n+1} = b_{n+1}$ der Veränderung von T angepaßt werden. Um dies einzusehen, ist nur zu beachten, daß $\sigma\hat{t}^0$ die Restriktion von (4.24) und $t - \sigma\hat{t}^0$ die Optimalitätsbedingungen (4.22) für alle $\sigma \in (0, 1)$ erfüllt. Wegen der Linearität der Zielfunktion erhält man deshalb eine stückweise lineare Kostenfunktion K(T), wie sie in Fig. 4.38 aufgezeichnet ist.

Im folgenden soll ausgehend von der in Fig. 4.37 eingetragenen Optimallösung die Projektdauer T = 35 herabgesetzt werden. Fig. 4.39 zeigt den gemäß (4.24) bewerteten Inkrementgraphen mit der optimalen Lösung $\hat{t}^0$ zu diesem Problem. Die neue Lösung $t - \hat{t}^0$ ist in Fig. 4.40 zu sehen. Im darauffolgenden Schritt 3 wird d = ∞. Es kann keine weitere Verkürzung mehr erreicht werden, da für alle Tätigkeiten des Weges W mit $S(W) = (e_1, e_3, e_6, e_7)$ $y_j = a_j$ gilt.

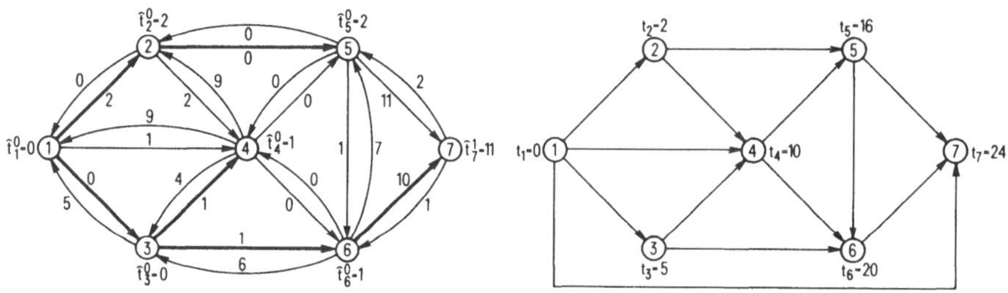

Fig. 4.39 Fig. 4.40

Für optimale Verlängerungen der Projektdauer T erhält man entsprechend

Algorithmus 4.6

Schritt 1 Setze $i_1 = m$, $t := t^0$, $x := x^0$.

Schritt 2 Bestimme eine optimale Lösung $\hat{t}^0$ von (4.24), wobei p_{n+1} (wegen der Verlängerung der Projektdauer) weggelassen wird. Setze $t := t - \hat{t}^0$.

Schritt 3 Sei F der Zyklus, der im Inkrementgraphen $(E, P \cup P')$ dem kürzesten Weg von e_m nach e_1, ergänzt durch p_{n+1}, entspricht und $\hat{x}$ gemäß (4.25) definiert. Setze $x := x + d\hat{x}$, wobei d bezüglich (4.22) maximal sei.

Schritt 4 Falls d = ∞, Stop. Sonst gehe zu Schritt 2.

Die Rechtfertigung erfolgt genau gleich wie diejenige zu Algorithmus 4.5.

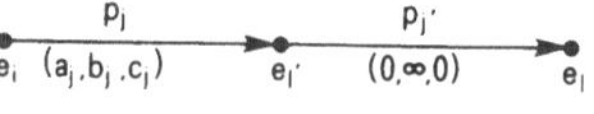

Fig. 4.41

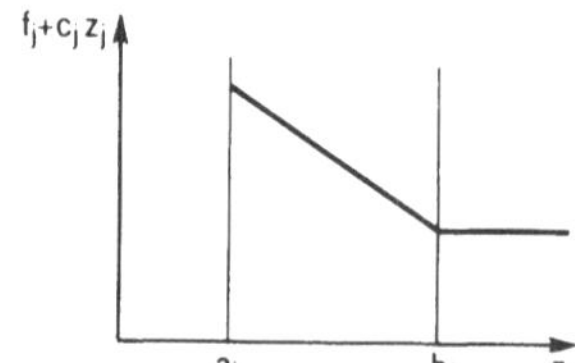

Fig. 4.42

Möchte man bei Verlängerungen von T auch Pufferzeiten zulassen, so können die Pfeile $p_j \sim (e_i, e_\ell)$ durch zwei Pfeile $(e_i, e_{\ell'})$, $(e_{\ell'}, e_\ell)$ ersetzt werden (vgl. Fig. 4.41). Mit $a_{j'} = 0$, $b_{j'} = \infty$ und $c_{j'} = 0$ erhält man dann für p_j die in Fig. 4.42 dargestellte Kostenfunktion.

4.8 Flußprobleme mit zusätzlichen Nebenbedingungen

4.8.1 Anwendungen

Im ersten Beispiel wird unterstellt, daß das Aktivgeschäft einer Bank für eine gewisse Zeit konstant bleibt und die Finanzierung der kurzfristigen Schulden zu minimalen Passivzinskosten erfolgen soll. Zur Vereinfachung sollen die Gelder Laufzeiten von 1/2, 1, 1 1/2, 2, ... Monaten haben. Die Knoten des Graphen in Fig. 4.43 entsprechen deshalb den halbmonatlichen Fälligkeitsterminen und die Pfeile von e_i nach e_{i+s} bedeuten, daß Kredite von s halben Monaten aufgenommen werden können, wobei $1 \leqslant s \leqslant \bar{s}$ gilt.

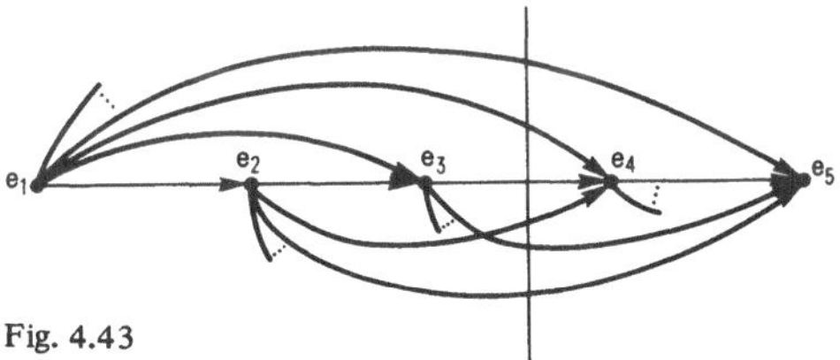

Fig. 4.43

Da die fälligen Kredite in jedem Termin durch neue Kredite abzulösen sind, muß für i = 2, 3, ... die Knotenbedingung $\sum_s x_{i,i+s} - \sum_s x_{i-s,i} = 0$ erfüllt sein, wobei $x_{j,\ell}$ den Umfang des entsprechenden Kredites bezeichnet. Da zu Beginn von einer bestimmten Struktur der Passiven auszugehen ist, sind die Flüsse auf den Pfeilen von $I^+(e_1)$ fest vorgegeben. Die Zielfunktion lautet min $\sum_j c_j x_j$, wobei die c_j den Zinssätzen für die verschiedenen Kreditmöglichkeiten entsprechen. Zum kostenminimalen Flußproblem in dieser Form sind aber noch weitere Restriktionen zu berücksichtigen, welche die Bilanzstruktur betreffen und die einerseits gesetzlicher und andererseits unternehmungspolitischer Art sind. Solche Restriktionen sind in jeder Periode zu beachten. In der dritten Periode betreffen sie z. B. die Pfeile, die in Fig. 4.43 durch die vertikale Linie geschnitten werden.

In allen bisherigen Flußproblemen wurde immer nur ein einziges Gut betrachtet, oben z. B. Geld. In vielen praktischen Problemen sind jedoch verschiedene Güter, die einen Graphen gleichzeitig durchlaufen, zu berücksichtigen. Zum Beispiel werden bei der Fertigung von verschiedenen Produkten die gleichen Anlagen benutzt oder die Straßen einer Stadt werden von verschiedenen Verkehrsträgern befahren (Auto, Tram, Bus), wobei die Produktionsanlagen und die Straßen beschränkte Kapazitäten aufweisen. Um die einzelnen Güter kontrollieren zu können, wird für jedes der R Güter ein separater Graph $G^{(r)} = (E^{(r)}, P^{(r)})$ eingeführt. Dabei seien alle Graphen $G^{(r)}$, r = 1, ..., R, identisch. Das

Mehrgüter-Flußproblem lautet nun

$$
\begin{aligned}
&\max \sum_{r=1}^{R} c^{(r)}x^{(r)} \\
\text{bzgl.}\quad & Hx^{(r)} = 0, \qquad r = 1, \ldots, R \\
&\sum_{r=1}^{R} x^{(r)} \leqslant b \\
&x^{(r)} \geqslant 0, \qquad r = 1, \ldots, R.
\end{aligned}
\tag{4.30}
$$

H sei wie üblich eine $(m \times n)$-Inzidenzmatrix, $c^{(r)}$, $r = 1, \ldots, R$, und b n-Vektoren und $c^{(r)}x^{(r)}$ ein Skalarprodukt. Da in vielen praktischen Anwendungen noch weitere Restriktionen dazu kommen können, wird im folgenden anstelle von (4.30) die Aufgabe

$$
\begin{aligned}
&\max \sum_{r=1}^{R} c^{(r)}x^{(r)} \\
\text{bzgl.}\quad & Hx^{(r)} = 0, \qquad r = 1, \ldots, R \\
&\sum_{r=1}^{R} D^{(r)}x^{(r)} \leqslant b \\
&x^{(r)} \geqslant 0, \qquad r = 1, \ldots, R
\end{aligned}
\tag{4.31}
$$

betrachtet, in welcher $D^{(r)}$, $r = 1, \ldots, R$, beliebige $(\bar{n} \times n)$-Matrizen und b ein $\bar{n}$-Vektor sind (vgl. Wollmer [58]).

4.8.2 Ein Verfahren

Die Koeffizientenmatrix von (4.31) ist in Fig. 4.44 schematisch dargestellt, wobei r = 1 auch möglich sein soll. Für die Lösung eines linearen Optimierungsproblems mit einer derart strukturierten Restriktionsmatrix bietet sich die Dantzig-Wolfe-

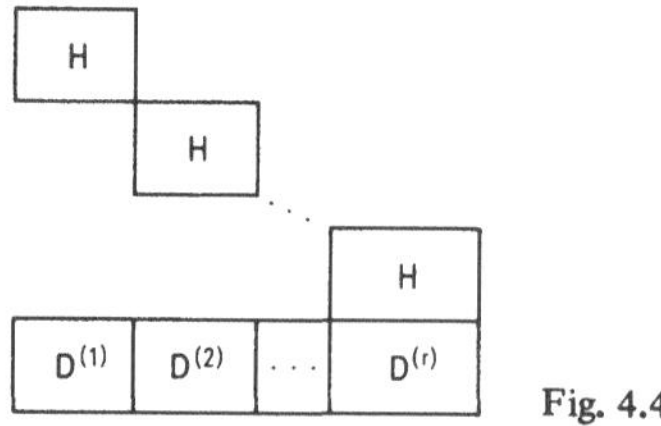

Fig. 4.44

Dekompositionsmethode [5] an. Sei also $\{\bar{x}^{(s)} \mid s = 1, \ldots, S, \bar{x}^{(s)} \geqslant 0\}$ ein Erzeugendensystem von $\{x \mid Hx = 0, x \geqslant 0\}$ und

$$
\left.
\begin{aligned}
c^{(r,s)} &:= c^{(r)}\bar{x}^{(s)} \\
D^{(r,s)} &:= D^{(r)}\bar{x}^{(s)}
\end{aligned}
\right\} \quad r = 1, \ldots, R \quad \text{und} \quad s = 1, \ldots, S.
$$

Mittels dieser Definitionen geht (4.31) über in

$$\max \sum_{s=1}^{S} \sum_{r=1}^{R} c^{(r,s)} w_{rs}$$

$$\text{bzgl.} \quad \sum_{s=1}^{S} \sum_{r=1}^{R} D^{(r,s)} w_{rs} + v = b \qquad (4.32)$$

$$\text{alle } w_{rs} \geqslant 0, v \geqslant 0.$$

Gilt $b \geqslant 0$, so ist $v := b$ eine erste, zulässige Basislösung und $\pi := 0$ der entsprechende Vektor der Schattenpreise. Gemäß der Theorie der linearen Optimierung sind beliebige, zulässige Basislösungen optimal, wenn der entsprechende Vektor π dual zulässig ist, d. h., wenn $\pi \geqslant 0$ und

$$c^{(r,s)} - \pi^T D^{(r,s)} \leqslant 0 \quad \text{für alle } r, s \qquad (4.33)$$

gilt. Um dies zu überprüfen, können wegen der Definition von $D^{(r,s)}$ R Unterprobleme

$$\mu_r = \max \, (c^{(r)} - \pi D^{(r)})^T x^{(r)}$$

$$\text{bzgl.} \quad H x^{(r)} = 0 \qquad (4.34)$$

$$0 \leqslant x^{(r)} \leqslant 1,$$

$r = 1, \ldots, R$, gelöst werden. Gilt $\mu_r \leqslant 0$, $r = 1, \ldots, R$, so ist (4.33) wegen der Maximierung in (4.34) für alle r, s erfüllt, d. h., man hat die optimale Lösung errechnet, wenn zudem $\pi \geqslant 0$ gilt. Sonst sind zwei Fälle möglich:

a) $\mu_{r_0} > 0$ für ein $r_0 \in \{1, \ldots, R\}$. Mit der Lösung $x^{(r_0)}$ von (4.34) ist eine neue Spalte von (4.32) und mit der momentanen Basisinversen eine neue Spalte im Simplextableau zu generieren. Danach ist der Simplexalgorithmus anzuwenden.

b) Alle $\mu_r \leqslant 0$, $\pi_{k_0} < 0$ für ein $k_0 \in \{1, \ldots, \overline{n}\}$. v_{k_0} soll im nächsten Austauschschritt Basisvariable werden.

Bei Flußproblemen mit zusätzlichen Nebenbedingungen kann also nicht mehr mit rein graphentheoretischen Algorithmen gearbeitet werden, sondern man muß den Simplexalgorithmus mit einem Markieralgorithmus zur Lösung von (4.34) verbinden. Selbstverständlich können Potentialdifferenzenprobleme mit Nebenbedingungen mit der gleichen Methode gelöst werden. An die Stelle von (4.34) tritt dann ein entsprechendes Potentialdifferenzenproblem. Es ist jedoch schwierig, vernünftige Anwendungen zu dieser Problemstellung anzugeben. Flußprobleme mit einer einzigen, zusätzlichen Nebenbedingung können mit einem reinen Markieralgorithmus gelöst werden (vgl. Hässig [23]). Dasselbe gilt für spezielle Zweigüter-Flußprobleme (R = 2), die von Hu [33] und Gaul [17] untersucht wurden.

5 Verallgemeinerte Fluß- und Potentialdifferenzenprobleme

5.1 Einführung und Anwendungen

Gemäß (4.1) ist ein Vektor $\overline{x} = (\overline{x}_1, \ldots, \overline{x}_n)^T$ ein Fluß in einem gerichteten Graphen $G = (E, P)$ mit den Pfeilen $p_1, \ldots, p_n$ und den Ecken $e_1, \ldots, e_m$, wenn

$$\sum_{p_j \in I^+(e_i)} \overline{x}_j - \sum_{p_j \in I^-(e_i)} \overline{x}_j = 0, \qquad i = 1, \ldots, m,$$

gilt. Entspricht der Zufluß zum Knoten e_i nicht mehr dem Wegfluß von e_i, so kann die Knotenbedingung (4.1) durch

$$\sum_{p_j \in I^+(e_i)} h_{ij}x_j - \sum_{p_j \in I^-(e_i)} h_{ij}x_j = 0, \qquad h_{ij} > 0,$$

bzw. nach einer Variablentransformation durch

$$\sum_{p_j \in I^+(e_i)} x_j - \sum_{p_j \in I^-(e_i)} h_{ij}x_j = 0 \tag{5.1}$$

ersetzt werden. Ist dann beispielsweise der Fluß x_1 in p_1 von Fig. 5.1 vorgegeben, dann fließt in p_2 wegen $h_{22}x_2 - h_{21}x_1 = 0$ die Menge $x_2 = h_{21}x_1$ und entsprechend in p_3 und p_4 die Mengen $x_3 = h_{21} \cdot h_{32}x_1$ bzw. $x_4 = h_{21} \cdot h_{32} \cdot h_{43}x_1$. Die Flüsse pflanzen

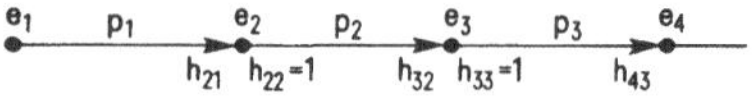

Fig. 5.1

sich also multiplikativ weiter, und durch $h_{21} > 1$ wird x_1 verstärkt, während x_1 für $h_{21} < 1$ reduziert wird. Damit ist die Möglichkeit gegeben, Gewinne, Verluste, Umrechnung auf andere Einheiten etc., die in den Ecken e_i entstehen oder durchzuführen sind, zu berücksichtigen. Insbesondere lassen sich e_1, e_2, e_3, e_4 als Währungen und die Koeffizienten h_{21}, h_{32}, h_{43} als Währungskurse interpretieren. Damit besteht ein enger Zusammenhang mit den multiplikativen Weglängen von Abschn. 2.7. Die Problemstellung wird hier insofern verallgemeinert, als zusätzliche Restriktionen möglich sind. Beispielsweise entspreche e_1 der Ausgangs- und e_m der Endwährung. Bei einer verfügbaren Menge d_1 der Währung 1 lautet eine mögliche Problemstellung

$$\begin{aligned}
&\max \sum_{p_j \in I^-(e_m)} x_j \\
\text{bzgl.}\quad &\sum_{p_j \in I^+(e_1)} x_j - \sum_{p_j \in I^-(e_1)} h_{1j}x_j = d_1 \\
&\sum_{p_j \in I^+(e_i)} x_j - \sum_{p_j \in I^-(e_i)} h_{ij}x_j = 0 \qquad i = 2, \ldots, m-1 \\
&0 \leqslant x_j \leqslant b_j, \qquad j = 1, \ldots, n.
\end{aligned} \tag{5.2}$$

In praktischen Anwendungen gibt es meistens wie in (5.2) eine Quelle oder eine Senke, für welche die Knotenbedingung wegzulassen ist. Dadurch enthält die Koeffizientenmatrix der Restriktionen

a) keine Nullzeilen und

b) in jeder Spalte mindestens einen und höchstens zwei Koeffizienten verschieden von Null.

Um die Problemstellung (5.2) zu erweitern, nennt man jede $(m \times n)$-Matrix H, welche die obigen Eigenschaften a) und b) erfüllt, eine verallgemeinerte Inzidenzmatrix oder, wenn Mißverständnisse ausgeschlossen sind, einfach Inzidenzmatrix, weil diesen Matrizen ein gemischter Graph $G = (E, K, P)$ zugeordnet werden kann. Dabei sei $E := \{e_1, \ldots, e_m\}$, falls alle Spalten von H zwei von Null verschiedene Koeffizienten enthalten, und $E := \{e_1, \ldots, e_{m+1}\}$ sonst. Die Elemente aus $P \cup K$ seien mit $k_1, \ldots, k_n$ bezeichnet. Denjenigen Spalten h_j von H, die entweder einen oder zwei positive bzw. zwei negative Koeffizienten enthalten, entsprechen (ungerichtete) Kanten. Die übrigen Spalten enthalten dann entweder zwei gegensignierte bzw. einen negativen Koeffizienten. Ihnen werden gerichtete Kanten, d. h. Pfeile, zugeordnet, die auch mit p_j bezeichnet werden. Nun wird jeder Zeile H_i von H der Knoten $e_i \in E$ zugeordnet. Ist dann h_j eine Zeile von H mit $h_{ij}, h_{\varrho j} \neq 0$, so verbinde die betreffende Kante k_j bzw. p_j die beiden Knoten e_i, e_ϱ. Gilt zudem $h_{ij} \cdot h_{\varrho j} < 0$, $h_{\varrho j} < 0$, so sei der entsprechende Pfeil p_j gegen e_ϱ gerichtet. Enthält aber eine Spalte nur einen von Null verschiedenen Koeffizienten $h_{\varrho j}$, so verbinde k_j bzw. p_j die Knoten e_ϱ und e_{m+1}. Dabei sei p_j wieder gegen e_ϱ gerichtet, falls $h_{\varrho j} < 0$ gilt. Für die Matrix

$$H = \begin{pmatrix} 4 & 3 & 0 & 3 & 0 & 0 \\ 5 & 0 & -2 & 0 & -1 & 0 \\ 0 & 0 & -1 & -2 & 0 & -4 \end{pmatrix}$$

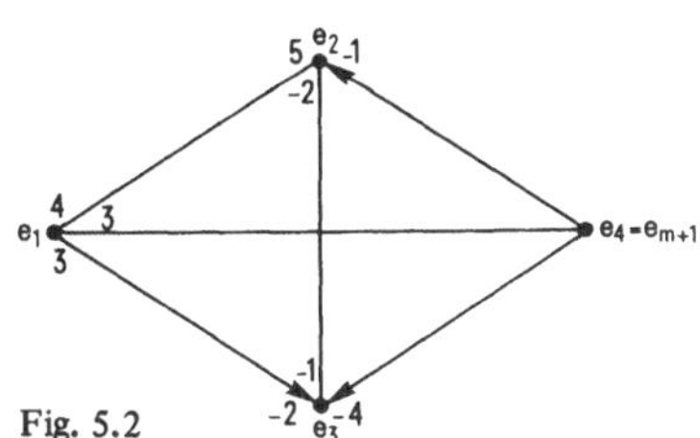

Fig. 5.2

erhält man so den in Fig. 5.2 dargestellten Graphen, über dem man – wie in Abschn. 4.5 – das Problem

$$\begin{aligned} &\min c^T x \\ \text{bzgl.}\quad &Hx = d \qquad (5.3) \\ &a \leqslant x \leqslant b \end{aligned}$$

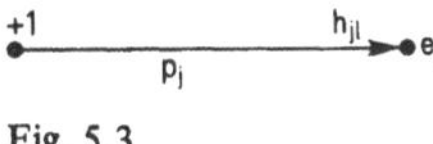

Fig. 5.3

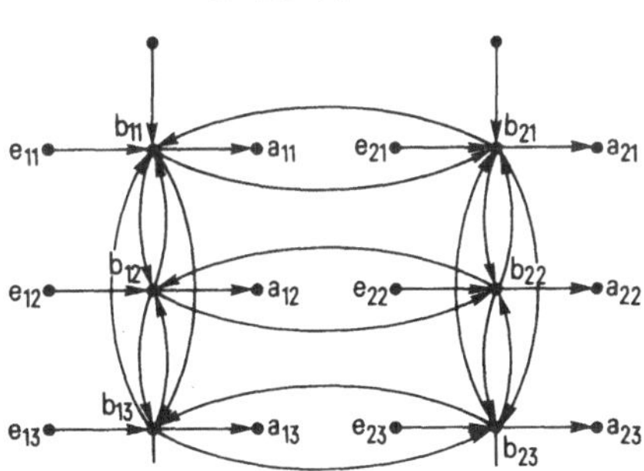

Fig. 5.4

lösen möchte. Die meisten praktischen Anwendungen beziehen sich auf gerichtete Graphen. Wie erwähnt, können mit $h_{j\ell}$ in Fig. 5.3 Zinszahlungen, Zinserträge sowie Währungswechsel berücksichtigt und damit Cash-Management-Probleme formuliert werden. Fig. 5.4 zeigt ein Beispiel eines solchen Modells mit zwei Währungen und drei Perioden. Bezeichnet i die Währung und j die Periode, so fließen in den einzelnen Pfeilen folgende Flüsse:

(e_{ij}, b_{ij})	geplante Einzahlungen
(b_{ij}, a_{ij})	geplante Auszahlungen
(b_{1j}, b_{2j})	Umtausch von Währung 1 in Währung 2
$(b_{ij}, b_{i,j+1})$	Überträge flüssiger Mittel in die nächste Periode
$(b_{ij}, b_{i,j+2})$	Anlagen flüssiger Mittel über zwei Perioden
$(b_{ij}, b_{i,j-1})$	Kreditaufnahmen über eine Periode

Analog sind die übrigen Flüsse zu interpretieren. Ein weiteres Beispiel von Iri, Amari, Takata ist in Fig. 5.5 dargestellt. Es geht darum, sechs Produkte auf drei Maschinen herzustellen. Es bezeichnet v_{qi} die Mindestnachfrage nach Produkt i, w_{ij} die Anzahl Maschinenstunden, die benötigt werden, um eine Einheit von Produkt i auf Maschine j zu fertigen, und r_{js} die maximal verfügbaren Maschinenstunden auf der Maschine j.

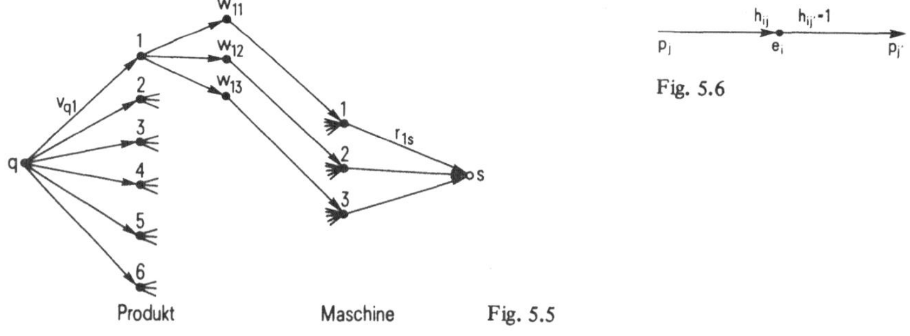

Fig. 5.6

Fig. 5.5

Abschließend sei noch darauf hingewiesen, daß sich die in Fig. 5.4 und 5.5 dargestellten Probleme als gewöhnliche Flußprobleme mit Nebenbedingungen formulieren lassen. Bei der in Fig. 5.6 dargestellten Situation ist diese Nebenbedingung durch die Knotenbedingung (5.1), also durch

$$h_{ij'}\, x_{j'} - h_{ij} x_j = 0,$$

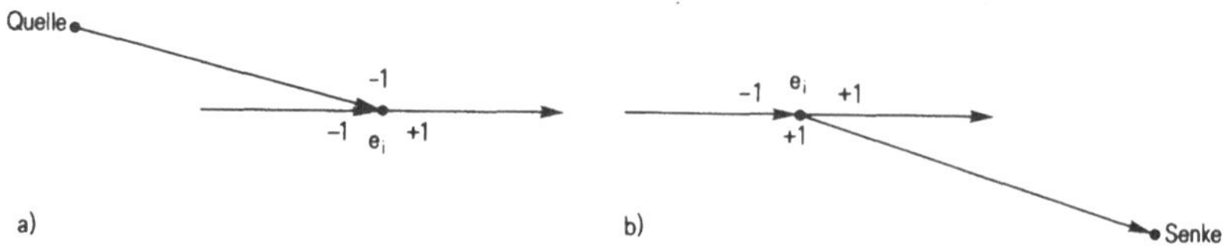

Fig. 5.7

gegeben, und das Netzwerk wird im Falle $h_{ij} > 1$ durch einen Pfeil von der Quelle zu e_i und im Falle $h_{ij} < 1$ durch einen Pfeil von e_i zur Senke ergänzt (Fig. 5.7 a und b). Kurz: Realisierte Gewinne werden in der Quelle beschafft und Verluste in die Senke abgeschoben, wobei die zusätzliche Nebenbedingung einzuhalten ist. Dieses Vorgehen ist vor allem dann angebracht, wenn diese Quell- und Senkflüsse in der Zielfunktion bewertet werden müssen.

5.2 **Verallgemeinerte Flüsse und Potentialdifferenzen** (Hässig [24])

Sei H eine verallgemeinerte Inzidenzmatrix mit m Zeilen und n Spalten. Ein Vektor $x = (x_1, x_2, \ldots, x_n)^T$ heißt ein *verallgemeinerter Fluß*, falls $Hx = 0$ erfüllt ist. Dabei wird der Kante k_j (bzw. p_j) des betreffenden Graphen G die Komponente x_j, $j = 1, \ldots, n$, zugeordnet. Ist andererseits $t = (t_1, t_2, \ldots, t_m)^T$ ein Potential, dann nennt man $y := -H^T t$ eine *verallgemeinerte Potentialdifferenz* (vgl. Abschn. 4.2).

Sei nun G = (E, K, P) ein zusammenhängender Graph bezüglich einer (verallgemeinerten) Inzidenzmatrix H und F (eventuell nach Umnumerierung) eine elementare, geschlossene Kette $(e_1, k_1, e_2, \ldots, e_q, k_q, e_{q+1})$ mit gerichteten und ungerichteten Kanten, die den Ausnahmeknoten e_{m+1} nicht enthält. In k_1 sei ein beliebiger Fluß $x_1 \neq 0$ vorgegeben. Wegen der Knotenbedingung $h_{21}x_1 + h_{22}x_2 = 0$ muß $x_2 = (-h_{21}/h_{22})\, x_1$, $x_3 = (-h_{21}/h_{22})(-h_{32}/h_{33})\, x_1$ etc. gelten. Ist eine Zirkulation, d. h. ein Fluß in F möglich, so muß (vgl. Fig. 5.8) offensichtlich

$$x_1 = \left(-\frac{h_{1q}}{h_{11}}\right)\left(-\frac{h_{21}}{h_{22}}\right)\cdots\left(-\frac{h_{q,q-1}}{h_{qq}}\right) x_1 =: f(F)x_1,$$

also $f(F) = 1$, erfüllt sein. Man sieht, daß f(F) nicht definiert werden kann, wenn F e_{m+1} enthält, da diesem Knoten in H keine Zeile zugeordnet ist. $f(F) > 1$ bedeutet,

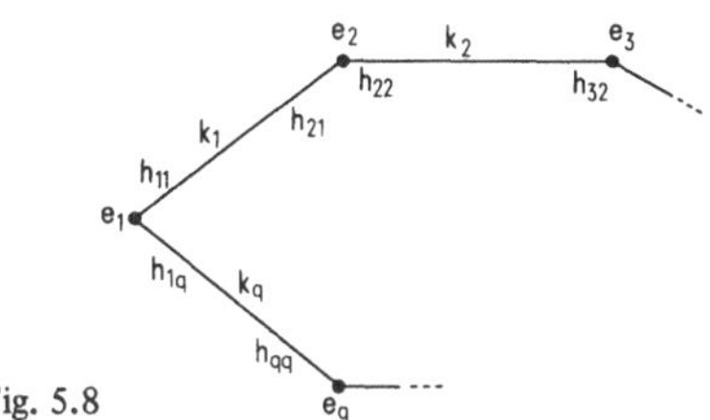

Fig. 5.8

daß der Fluß in k_q zu groß ist, um die Bedingung bezüglich e_1 erfüllen zu können. Man nennt F deshalb *generierend*. Entsprechend heißt F *absorbierend*, wenn $f(F) < 1$ gilt. Wenn $-F$ die in umgekehrter Richtung durchlaufene Kette F bezeichnet, so gilt die Beziehung

$$f(-F) = \frac{1}{f(F)},$$

d. h., wenn F absorbierend ist, so ist – F generierend und umgekehrt. In gerichteten Graphen mit einer gewöhnlichen Inzidenzmatrix H gilt immer f(F) = 1.

Einer elementaren, geschlossenen Kette F läßt sich nun ein Semi-Zyklusvektor ζ zuordnen, der nur von x_1 abhängt und durch

$$\zeta_j := \begin{cases} x_1, & \text{falls } j = 1 \\ x_1 \prod\limits_{i=2}^{j} \left(-\frac{h_{i,i-1}}{h_{ii}}\right), & \text{falls } 2 \leqslant j \leqslant q, \\ 0, & \text{sonst} \end{cases}$$

definiert ist. Er hat die Eigenschaft, daß $H\zeta = 0$ für höchstens eine Komponente verletzt ist. Vektoren ζ mit dieser Eigenschaft lassen sich jedoch nicht nur für elementare, geschlossene Ketten bestimmen: sei F eine Kette $F = (e_1, k_1, \ldots, k_{p-1}, e_p, k_p, \ldots, e_q, k_q, e_p)$ (vgl. Fig. 5.9).

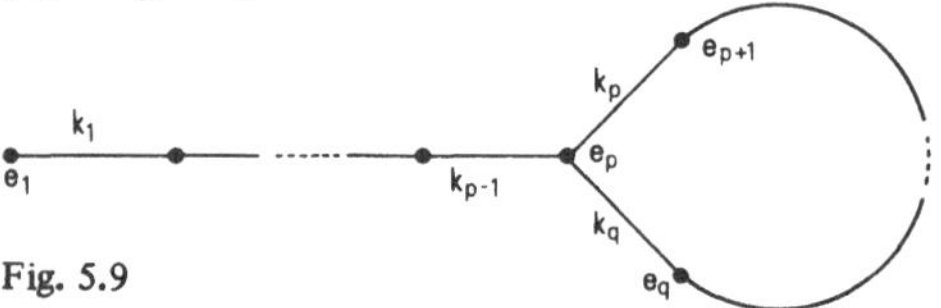

Fig. 5.9

Nach obiger Definition von ζ wird die Bedingung $H\zeta = 0$ im allgemeinen bezüglich e_1 und e_p verletzt sein. Setzt man

$$\zeta'_j := \begin{cases} \zeta_j, & j = p, \ldots, q \\ \lambda\zeta_j, & j = 1, \ldots, p-1 \end{cases}$$

mit $$\lambda := -\frac{h_{pp}\zeta_p + h_{pq}\zeta_q}{h_{p,p-1}\zeta_{p-1}},$$

dann ist

$$H_p\zeta' = \lambda(h_{p,p-1}\zeta_{p-1}) + h_{pq}\zeta_q + h_{pp}\zeta_p = 0,$$

d. h., ζ' ist ein Semi-Zyklusvektor.

Seien nun $\zeta^{(1)}$ und $\zeta^{(2)}$ zwei Semi-Zyklusvektoren, deren Ketten $F^{(1)}$ und $F^{(2)}$ im gleichen Knoten e_{i_1} beginnen, und für den $H_{i_1}\zeta^{(r)} \neq 0$, r = 1, 2, gilt. Der Vektor $\zeta = \zeta^{(1)} + \lambda\zeta^{(2)}$ mit $\lambda = -\frac{H_{i_1}\zeta^{(1)}}{H_{i_1}\zeta^{(2)}}$ erfüllt dann offensichtlich auch in der Komponente i_1 die Bedingung $H\zeta = 0$. In Analogie zur gewöhnlichen Theorie bezeichnet man deshalb die beiden Ketten $F^{(1)}$ und $F^{(2)}$ zusammen als einen verallgemeinerten Zyklus F, und ζ heißt ein verallgemeinerter Zyklusvektor. Entsprechende Überlegungen zeigen, daß die einfachsten verallgemeinerten Zyklen die in Fig. 5.10 dargestellten Formen annehmen können, da bezüglich e_{m+1} keine Knotenbedingungen zu erfüllen ist. Die einzelnen Zyklen sind aber zum Teil weder einfach noch elementar. Diese Eigenschaften treffen nur auf die einzelnen Teilstücke $F^{(1)}$, $F^{(2)}$, $F^{(3)}$ zu.

Analog wie bei den gerichteten Graphen nennt man verallgemeinerte Zyklen $Z^{(1)}, \ldots, Z^{(s)}$ linear unabhängig, wenn die betreffenden verallgemeinerten Zyklusvektoren $\zeta^{(1)}, \ldots, \zeta^{(s)}$ linear unabhängig sind. In einer f u n d a m e n t a l e n B a s i s von v e r a l l g e m e i n e r t e n Z y k l e n sind die entsprechenden s Vektoren linear unabhängig, und jeder andere Zyklusvektor ζ ist eine Linearkombination von $\zeta^{(1)}, \ldots, \zeta^{(s)}$.

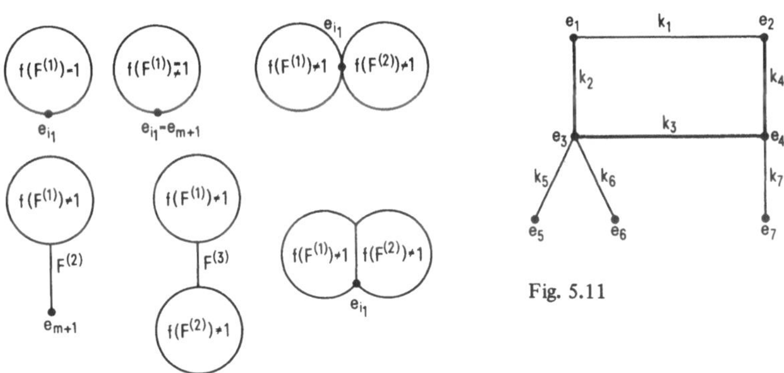

Fig. 5.11

Fig. 5.10

Sei G ein zusammenhängender Graph, $\overline{E} \subset E$ mit $e_{m+1} \notin \overline{E}$ eine nicht notwendigerweise echte Teilmenge, so daß $G_{\overline{E}}$ zusammenhängend ist und $\overline{G}_{\overline{K},\overline{P}}$ ein Gerüst von $G_{\overline{E}}$. Die Menge $\overline{I}(\overline{G}_{\overline{K},\overline{P}})$ aller Kanten von G, die mindestens einen Knoten mit $\overline{G}_{\overline{K},\overline{P}}$ gemeinsam haben, aber nicht zu $\overline{G}_{\overline{K},\overline{P}}$ gehören, definiert dann einen v e r a l l g e m e i n e r t e n K o z y k l u s, falls $\overline{I}(\overline{G}_{\overline{K},\overline{P}}) \neq 0$. Da $G_{\overline{E}}$ zusammenhängend ist, nennt man $\overline{I}(\overline{G}_{\overline{K},\overline{P}})$ elementar, falls $G_{E-\overline{E}}$ leer oder ebenfalls zusammenhängend ist. Beim Beispiel von Fig. 5.11 sei $\overline{E} = \{e_1, e_2, e_3, e_4\}$ und das Gerüst $\overline{G}_{\overline{K}}$ durch die fett eingezeichneten Kanten gegeben. $\overline{I}(\overline{G}_{\overline{K},\overline{P}}) = \{k_1, k_5, k_6, k_7\}$ ist nicht elementar, wird aber elementar, wenn G z. B. durch $k_8 \sim \{e_6, e_7\}$ ergänzt wird.

Sei G ein zusammenhängender Graph, $\overline{E} \subset E$, $e_{m+1} \notin \overline{E}$, $G_{\overline{E}}$ zusammenhängend und $\overline{G}_{\overline{K},\overline{P}}$ ein Gerüst von $G_{\overline{E}}$. Ein verallgemeinerter Kozyklusvektor kann dann mit dem folgenden Verfahren bestimmt werden.

Algorithmus 5.1

S c h r i t t 1 Setze $t_i := 0 \quad \forall e_i \in E$.

S c h r i t t 2 Wähle ein beliebiges $e_i \in \overline{E}$ und setze $t_i := a \neq 0$.

S c h r i t t 3 Falls in $\overline{G}_{\overline{K},\overline{P}}$ ein $k_j \sim \{e_i, e_\ell\}$ existiert mit $t_i \neq 0$, $t_\ell = 0$, gehe zu Schritt 4 und sonst zu Schritt 5.

S c h r i t t 4 Setze $t_\ell := -h_{ij}t_i/h_{\ell j}$ und gehe zu Schritt 3.

S c h r i t t 5 Setze $\eta := -H^T t$.

Gemäß Schritt 4 gilt $\eta_j = 0$ für alle Kanten k_j von $\overline{G}_{\overline{K},\overline{P}}$. $\eta_j \neq 0$ ist nur für die Kanten $k_j \in \overline{I}(\overline{G}_{\overline{K},\overline{P}})$ möglich. Der augenfälligste Unterschied zur Theorie über gerichtete

Graphen besteht darin, daß hier $\eta \neq 0$ auch möglich ist, wenn G keinen Ausnahmeknoten e_{m+1} enthält und $E = \overline{E}$ gilt.

Sei nun G ein zusammenhängender Graph mit m oder m + 1 Knoten und n Kanten bezüglich einer verallgemeinerten Inzidenzmatrix H.

Satz 5.1 Die Anzahl der linear unabhängigen, verallgemeinerten Zyklen in G beträgt mindestens

a) n – m, falls $|E| = m + 1$ oder $|E| = m$ und $f(F) \neq 1$ für mindestens eine elementare, geschlossene Kette F,

b) n – m + 1, falls $|E| = m$ und $f(F) = 1$ für alle elementaren, geschlossenen Ketten F.

B e w e i s. Sei $|E| = m + 1$ und $\overline{G}$ ein beliebiges Gerüst in G. Durch sukzessives Hinzufügen der Kanten des Kogerüstes erhält man gemäß Abschn. 1.5 n – m elementare, geschlossene Ketten, die über das Gerüst durch eine Kette mit e_{m+1} verbunden sind, also n – m verallgemeinerte Zyklen. Diese sind linear unabhängig, da die Komponenten der Vektoren, die den n – m Kanten des Kogerüstes entsprechen, genau einmal von Null verschieden sind.

Sei $|E| = m$ und $F^{(0)}$ eine elementare, geschlossene Kette mit $f(F^{(0)}) \neq 1$. Weiter sei G′ ein Gerüst von G, welches genau eine Kante von $F^{(0)}$ enthält. Wie oben erhält man n – m + 1 elementare, geschlossene Ketten $F^{(0)}, F^{(1)}, \ldots, F^{(n-m)}$. Gilt $f(F^{(\nu)}) = 1$, so ist $F^{(\nu)}$ ein verallgemeinerter Zyklus. Andernfalls wird $F^{(\nu)}$ (eventuell über eine Kette im Gerüst G′) mit $F^{(0)}$ kombiniert. Man erhält also wegen $f(F^{(0)}) \neq 1$ n – m linear unabhängige, verallgemeinerte Zyklen.

Im Fall b) verläuft der Beweis analog wie derjenige zu Satz 1.7. ∎

Satz 5.2 Die Anzahl der linear unabhängigen, elementaren, verallgemeinerten Kozyklen in G beträgt

a) m, falls $|E| = m + 1$ oder $|E| = m$ und $f(F) \neq 1$ für mindestens eine elementare, geschlossene Kette F,

b) m – 1, falls $|E| = m$ und $f(F) = 1$ für alle elementaren, geschlossenen Ketten F.

B e w e i s. Sei $|E| = m + 1$. Der Beweis verläuft analog wie derjenige zu Satz 1.10, wobei Algorithmus 5.1 zur Bestimmung der Kozyklus-Vektoren herangezogen wird.

G′ sei ein beliebiges Gerüst von G. Durch Wegnahme einer beliebigen Kante von G′ zerfällt dieser Graph gemäß Satz 1.13 in zwei Komponenten $G'_{\overline{E}}, G'_{E-\overline{E}}$. Gilt jeweils $e_{m+1} \notin \overline{E}$, so erhält man m Kozyklen gemäß Korollar 1.4. Diese sind linear unabhängig, da die den Kanten von G′ entsprechenden Komponenten von η genau einmal von Null verschieden sind.

Nun sei $|E| = m$, $F^{(0)}$ eine elementare, geschlossene Kette mit $f(F^{(0)}) \neq 1$ und G′ ein Gerüst von G, das alle Kanten von $F^{(0)}$ mit Ausnahme von k_q enthält. Damit ist $\overline{I}(G') \neq \emptyset$ und elementar. Sei (eventuell nach Umnumerierung) $F^{(0)} = (e_1, k_1, e_2, \ldots, e_q, k_q, e_1)$. In $\eta(G')$ ist

$$-\eta_q = h_{qq} t_q + h_{1q} t_1 = h_{1q} t_1 \left[1 - \frac{1}{f(F^{(0)})}\right] \neq 0$$

wegen

$$f(F^{(0)}) \neq 1 \quad \text{und} \quad t_q = \frac{t_1}{f(F^{(0)})}\left(-\frac{h_{1q}}{h_{qq}}\right)$$

gemäß Algorithmus 5.1. Da in $\eta(G')$ alle Komponenten, die Kanten von G' entsprechen, Null sind, aber $\eta_q \neq 0$ gilt, erhält man gegenüber der obigen Beweisführung einen zusätzlichen, linear unabhängigen Vektor.

Gilt $f(F) = 1$ für alle elementaren, geschlossenen Ketten F in G (und deshalb auch $|E| = m$), so ist nach den obigen Ausführungen $\eta(G') = 0$ für jedes Gerüst G' von G. G enthält deshalb nur $m - 1$ elementare, linear unabhängige, verallgemeinerte Kozyklen. ■

Ist $z(G(H))$ die *zyklomatische Zahl* und $z'(G(H))$ die *kozyklomatische Zahl* von G bezüglich H, so beweist man genau gleich wie in Abschn. 1.5 den

Satz 5.3 Es gilt $z(G(H)) = n - m$ und $z'(G(H)) = m$, falls $|E| = m + 1$ oder $|E| = m$ und $f(F) \neq 1$ für mindestens eine elementare, geschlossene Kette F. Ist $|E| = m$ und $f(F) = 1$ für alle elementaren, geschlossenen Ketten F, so ist $z(G(H)) = n - m + 1$ und $z'(G(H)) = m - 1$.

5.3 Die Bestimmung von kostenminimalen, verallgemeinerten Flüssen

5.3.1 Optimalitätsbedingungen und Verfahren

Sei H eine verallgemeinerte Inzidenzmatrix. Die Aufgabe

$$\min \{c^T x \mid Hx = d, a \leqslant x \leqslant b\} \tag{5.4}$$

mit $0 \leqslant a \leqslant b < \infty$ fragt dann in Analogie zu (4.6) und (4.9) nach den optimalen Flüssen von den Quellen e_i ($d_i > 0$) zu den Senken e_j ($d_j < 0$) dieses Problems, wobei Knoten e_i mit $d_i = 0$ reine Transitknoten sind. Da (5.4) und

$$\begin{aligned} &\max d^T t + a^T u - b^T v \\ \text{bzgl.} \quad &H^T t + u - v = c \\ &u \geqslant 0, \quad v \geqslant 0 \end{aligned} \tag{5.5}$$

von der Struktur her gleich aufgebaut sind wie (4.11) und (4.12), gilt wegen $y = -H^T t$ und mit $\bar{c} := c + y$

Satz 5.4 Zulässige Lösungen von (5.4) und (5.5) sind genau dann optimal, wenn für jedes $j = 1, \ldots, n$ eine der drei folgenden Bedingungen erfüllt ist:

$$\begin{aligned} x_j &= a_j, & \bar{c}_j &\geqslant 0 \\ x_j &= b_j, & \bar{c}_j &\leqslant 0 \\ a_j < x_j &< b_j, & \bar{c}_j &= 0. \end{aligned} \tag{5.6}$$

Wie in Abschn. 4 können diese Bedingungen graphisch interpretiert werden (Fig. 5.12). Zulässige Punkte x und $y = -H^T t$ in (5.4) und (5.5) sind genau dann optimal, wenn die Paare $(x_j, \overline{c}_j)$ für $j = 1, \ldots, n$ auf der in Fig. 5.12 fett eingezeichneten Kurve liegen.

Wie bei Algorithmus 4.2 wird die Ausgangslösung für das Verfahren so gewählt, daß (5.6) für $j = 1, \ldots, n$ erfüllt ist, d. h. es wird mit

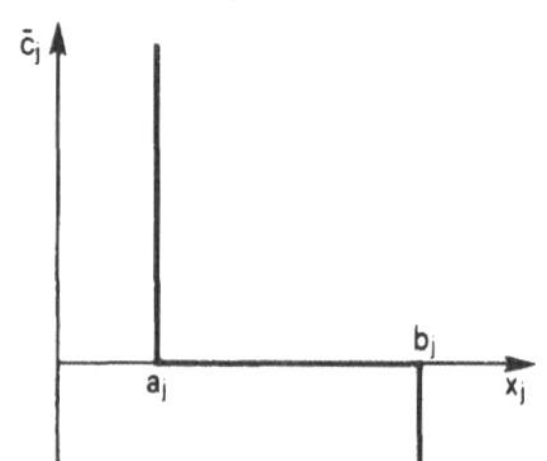

$$t_i := 0, \qquad i = 1, \ldots, m,$$

$$x_j := \begin{cases} a_j, & \text{falls } c_j \geqslant 0 \\ b_j, & \text{falls } c_j < 0 \end{cases}, \qquad j = 1, \ldots, n,$$

initialisiert.

Fig. 5.12

Es bezeichne $V := \{i \mid 1 \leqslant i \leqslant m, H_i x \neq d\}$ die Menge der Knoten, in welchen die Knotenbedingung verletzt ist. Man wird nun versuchen, in diesen Knoten die primale Zulässigkeit zu erlangen, ohne die Optimalitätsbedingungen (5.6) zu verletzen, d. h., eine Änderung von x_j kommt nur in Frage, wenn

$$\overline{c}_j = c_j + y_j = c_j - h_{ij} t_i - h_{\ell j} t_\ell = 0$$

gilt. Mit $G(y) = (E, K(y))$ wird deshalb derjenige Teilgraph von G bezeichnet, dessen Kanten dieser Bedingung genügen, d. h.

$$K(y) = \{k_j \mid 1 \leqslant j \leqslant n, \overline{c}_j = 0\}.$$

Sei nun im Laufe des Markierverfahrens der Knoten a zuletzt markiert worden. Für Flußänderungen kommen nun die Kanten mit Nummern aus

$$U(a) := \{j \mid k_j \sim \{e_a, e_\ell\} \in K(y), 1 \leqslant j \leqslant n, k_j \text{ erfüllt eine der Bedingungen } 1, 2, 3\}$$

in Frage und deshalb für weitere Markierungen eventuell die Knoten e_ℓ der betreffenden Kanten.

B e d i n g u n g 1 $\ell = m + 1$ und $h_{aj}\hat{t}_a > 0$, $x_j < b_j$ oder $h_{aj}\hat{t}_a < 0$, $x_j > a_j$.

Mit $h := Hx - d$ lautet

B e d i n g u n g 2 $\ell \neq m + 1$, $\frac{h_{\ell j}}{h_{aj}\hat{t}_a} \cdot h_\ell < 0$ und $h_{aj}\hat{t}_a > 0$, $x_j < b_j$ oder $h_{aj}\hat{t}_a < 0$, $x_j > a_j$.

B e d i n g u n g 3 $\ell \neq m + 1$ und $h_{aj}\hat{t}_a > 0$, $h_{aj}\hat{t}_a + h_{\ell j}\hat{t}_\ell > 0$, $x_j < b_j$ oder $h_{aj}\hat{t}_a < 0$, $h_{aj}\hat{t}_a + h_{\ell j}\hat{t}_\ell < 0$, $x_j > a_j$.

Dabei ist $\hat{t}$ der durch das Markierverfahren bestimmte Änderungsvektor von t. $h_{aj}\hat{t}_a > 0$ bedeutet, daß der Fluß bei k_j erhöht werden muß, wenn die primale Unzulässigkeit in einem Ausgangsknoten e_{i_1} des Markierungsprozesses verbessert werden soll, weshalb bezüglich k_j $x_j < b_j$ verlangt wird. Analog ist $h_{aj}\hat{t}_a < 0$, $x_j > a_j$ zu interpretieren. Die Bedingung 3 bedeutet, daß die Optimalitätsbedingungen (5.6) durch die Änderung $t := t + \gamma\hat{t}, \gamma > 0$, der momentanen Lösung t mit dem gegenwärtigen Änderungsvektor $\hat{t}$ verletzt würden. Um dies zu vermeiden, wird der Knoten e_ℓ im Verfahren mit

$$\hat{t}_\ell := -h_{aj}\hat{t}_a/h_{\ell j}$$

markiert. Sind jedoch die Bedingungen 1 oder 2 erfüllt, so kann die primale Unzulässigkeit durch eine Änderung von x verbessert werden. Dies wird in der Rechtfertigung des Verfahrens eingehend erläutert.

Algorithmus 5.2

Schritt 1 Initialisierung.

Schritt 2 Wähle ein $i_1 \in V$, falls $V \neq \emptyset$. Sonst Stop.

Schritt 3 Setze

$$\hat{t}_{i_1} := \begin{cases} +1, & \text{falls } H_{i_1} < d_{i_1} \\ -1, & \text{falls } H_{i_1} > d_{i_1} \end{cases} \quad \text{und } \hat{t}_i := 0 \quad \forall i \neq i_1.$$

Setze $a := i_1, v(i_1) := i_1, v(i) := 0 \quad \forall i \neq i_1$.

Schritt 4 Falls $U(a) = \emptyset$, sind zwei Fälle möglich:

a) $a = i_1$. Gehe zu Schritt 9.

b) $a \neq i_1$. Setze $b := a$, $a := v(a)$, $v(b) := 0$ und wiederhole Schritt 4.

Schritt 5 Falls $U(a) \neq \emptyset$, bestimme $j_0 = \min \{j \mid j \in U(a)\}$. Sei $k_{j_0} \sim \{e_a, e_\ell\}$. Ist die Bedingung 1 oder 2 für k_{j_0} erfüllt, gehe zu Schritt 7.

Schritt 6 Ist in Bedingung 3 bezüglich $k_{j_0} \sim \{e_a, e_\ell\}$, $\hat{t}_\ell = 0$ (e_ℓ noch nicht markiert) oder $\hat{t}_\ell \neq 0$ und $v(\ell) = 0$ (es liegt kein Semi-Zyklus vor), markiere $\hat{t}_\ell := -h_{aj_0}\hat{t}_a/h_{\ell j_0}$, setze $v(\ell) := a$, $a := \ell$ und gehe zu Schritt 4. Sonst gehe zu Schritt 7.

Schritt 7 Ändere x gemäß separaten Anweisungen.

Schritt 8 Falls $h_{i_{q+1}} = 0$, setze $V := V - \{i_{q+1}\}$. Falls $h_{i_1} = 0$, setze $V := V - \{i_1\}$ und gehe zu Schritt 2. Falls $h_{i_1} \neq 0$, gehe zu Schritt 3.

Schritt 9 Mit $\gamma_j = \dfrac{c_j - (h_{ij}t_i + h_{\ell j}t_\ell)}{h_{ij}\hat{t}_i + h_{\ell j}\hat{t}_\ell}$ bzw. $\gamma_j = \dfrac{c_j - h_{ij}t_i}{h_{ij}\hat{t}_i}$, falls $\ell = m + 1$, und $R = \{j \mid \gamma_j > 0, \ell \leq j \leq n\}$, setze

$$\gamma := \begin{cases} \min \{\gamma_j \mid j \in R\}, & \text{falls } R \neq \emptyset \\ \infty, & \text{sonst} \end{cases}$$

Schritt 10 Stop, falls $\gamma = \infty$.

Schritt 11 Setze $t_i := t_i + \gamma\hat{t}_i$, $i = 1, \ldots, m$. Gehe zu Schritt 3.

Hinweis: Kehrt man in Schritt 4, b) von e_ℓ nach e_a zurück, so gilt für diese Kante k_j wegen Schritt 6

$$h_{aj}\hat{t}_a + h_{\ell j}\hat{t}_\ell = 0.$$

Dadurch ist die Bedingung 3 für diese Kante nicht mehr erfüllt. Somit wird aufgrund von Schritt 5 von e_a aus ein anderer Knoten markiert.

Für die Änderung von x in Schritt 7 kann $\hat{t}$ herangezogen werden. Durch die Markierung gelte in Fig. 5.13

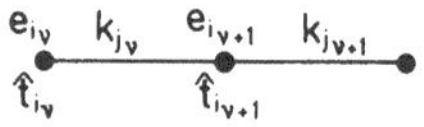

$$\hat{t}_{i_{\nu+1}} = -\frac{h_{i_\nu j_\nu} \hat{t}_{i_\nu}}{h_{i_{\nu+1} j_\nu}}.$$

Fig. 5.13

Daraus folgt mit $\hat{x}_{j_\nu} := \dfrac{1}{h_{i_\nu j_\nu} \hat{t}_{i_\nu}}$ und $\hat{x}_{j_{\nu+1}} := \dfrac{1}{h_{i_{\nu+1} j_{\nu+1}} \hat{t}_{i_{\nu+1}}}$, daß die Flußbedingung bezüglich $e_{i_{\nu+1}}$ erfüllt ist, denn es gilt

$$h_{i_{\nu+1} j_\nu} \hat{x}_{j_\nu} + h_{i_{\nu+1} j_{\nu+1}} \hat{x}_{j_{\nu+1}} = \frac{h_{i_{\nu+1} j_\nu}}{h_{i_\nu j_\nu} \hat{t}_{i_\nu}} + \frac{1}{\hat{t}_{i_{\nu+1}}} = 0.$$

Für Schritt 7 ergeben sich dann zwei Fälle:

a) Für k_{j_0} sei die Bedingung 1 oder 2 erfüllt. Mit Hilfe von v(.) erhält man eine Kette $(e_{i_1}, k_{j_1}, \ldots, e_{i_q}, k_{j_q}, e_{i_{q+1}})$. Setze

$$\lambda_1 := \min \{(b_{j_\nu} - x_{j_\nu})\, h_{i_\nu j_\nu} \hat{t}_{i_\nu} \mid h_{i_\nu j_\nu} \hat{t}_{i_\nu} > 0,\ 1 \leqslant \nu \leqslant q\},$$
$$\lambda_2 := \min \{(a_{j_\nu} - x_{j_\nu})\, h_{i_\nu j_\nu} \hat{t}_{i_\nu} \mid h_{i_\nu j_\nu} \hat{t}_{i_\nu} < 0,\ 1 \leqslant \nu \leqslant q\}$$

oder $\lambda_1 := \infty$ bzw. $\lambda_2 := \infty$, falls eine dieser Größen nicht definiert ist. Mit

$$\mu := \begin{cases} |h_{i_{q+1}}\, h_{i_q j_q} \hat{t}_{i_q} / h_{i_{q+1} j_q}|, & \text{falls } i_{q+1} \leqslant m \\ \infty, & \text{falls } i_{q+1} = m+1 \end{cases}$$

und $\qquad \lambda := \min \{\lambda_1, \lambda_2, |h_{i_1}|, \mu\}$

ist gewährleistet, daß der geänderte Fluß

$$x_{j_\nu} := x_{j_\nu} + \lambda / h_{i_\nu j_\nu} \hat{t}_{i_\nu}, \qquad \nu = 1, \ldots, q,$$

die Optimalitätsbedingungen (5.6) nicht verletzt. Die obige Kette kann, wenn k_{j_0} Bedingung 2 erfüllt, auch die in Fig. 5.14 dargestellte Gestalt annehmen. Gilt in diesem Fall zudem $i_1 = i_{q+1}$, so ist für die Änderung von x wie unter b) zu verfahren.

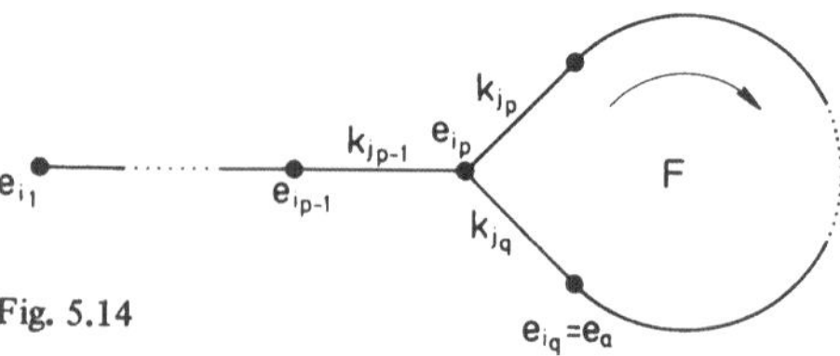

Fig. 5.14

b) k_{j_0} erfüllt die Bedingung 3. Gemäß Schritt 6 liegt eine Kette $(e_{i_1}, k_{j_1}, \ldots, e_{i_q}, k_{j_q}, e_{i_{q+1}} = e_{i_p})$ vor, wie sie in Fig. 5.14 dargestellt ist. Setze

$$\lambda_1 := \min \{(b_{j_\nu} - x_{j_\nu})\, h_{i_\nu j_\nu} \hat{t}_{i_\nu} \mid h_{i_\nu j_\nu} \hat{t}_{i_\nu} > 0,\ p \leqslant \nu \leqslant q\},$$

$$\lambda_2 := \min \{(a_{j_\nu} - x_{j_\nu})\, h_{i_\nu j_\nu} \hat{t}_{i_\nu} \mid h_{i_\nu j_\nu} \hat{t}_{i_\nu} < 0,\ p \leqslant \nu \leqslant q\},$$

$$\sigma := 1 + \frac{h_{i_p j_q} \hat{t}_{i_p}}{h_{i_q j_q} \hat{t}_{i_q}},$$

$$\lambda_3 := \min \{(a_{j_\nu} - x_{j_\nu})\, h_{i_\nu j_\nu} \hat{t}_{i_\nu} / \sigma \mid h_{i_\nu j_\nu} \hat{t}_{i_\nu} < 0,\ 1 \leqslant \nu < p\},$$

$$\lambda_4 := \min \{(b_{j_\nu} - x_{j_\nu})\, h_{i_\nu j_\nu} \hat{t}_{i_\nu} / \sigma \mid h_{i_\nu j_\nu} \hat{t}_{i_\nu} > 0,\ 1 \leqslant \nu < p\},$$

$$\lambda := \min \{\lambda_1, \lambda_2, \lambda_3, \lambda_4, | h_{i_1} / \sigma | \}.$$

Auch hier ist $\lambda_i := \infty$ zu setzen, falls λ_i oben nicht definiert ist. Der neue Fluß

$$x_{j_\nu} := x_{j_\nu} + \frac{\lambda}{h_{i_\nu j_\nu} \hat{t}_{i_\nu}}, \qquad \nu = p, p+1, \ldots, q,$$

$$x_{j_\nu} := x_{j_\nu} + \frac{\lambda \sigma}{h_{i_\nu j_\nu} \hat{t}_{i_\nu}}, \qquad \nu = 1, 2, \ldots, p-1,$$

befriedigt dann ebenfalls die Optimalitätsbedingungen (5.6). Dies wird im nun folgenden Abschnitt gezeigt.

5.3.2 Rechtfertigung des Verfahrens

Aus Schritt 6 von Algorithmus 5.2 folgt, daß innerhalb eines Markierungsprozesses einzelne Knoten mehrmals markiert werden können. In Fig. 5.15 werde e_ϱ von e_a aus neu markiert.

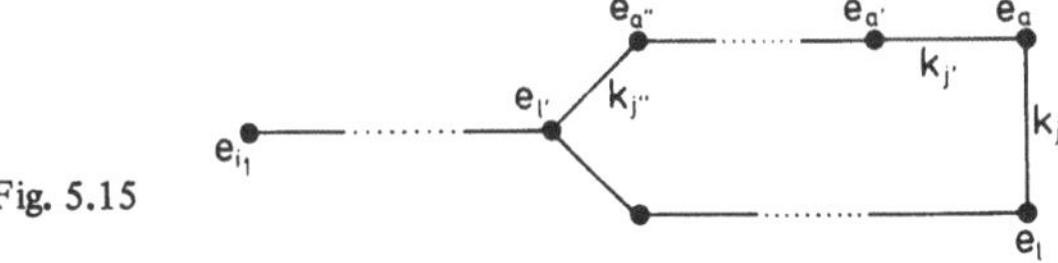

Fig. 5.15

Lemma 5.5 Wird im Laufe des gleichen Markierungsprozesses e_ϱ von e_a aus neu markiert, so haben $h_{aj}\hat{t}_a$ und $h_{\varrho j}\hat{t}_\varrho$ in Bedingung 3 nicht das gleiche Vorzeichen.

B e w e i s. Würde $(h_{aj}\hat{t}_a)(h_{\varrho j}\hat{t}_\varrho) > 0$ gelten, so wäre e_a wegen der lexikographischen Markierung und $\bar{c}_j = 0$ bereits von e_ϱ aus mit t_a' markiert worden, als e_a noch unmarkiert war. Aus Schritt 6 folgt deshalb $(h_{aj}\hat{t}_a)(h_{aj}\hat{t}_a') < 0$ und demnach $(h_{a'j'}\hat{t}_{a'})(h_{aj'}\hat{t}_a') > 0$. Damit wäre $e_{a'}$ bereits früher von e_a aus markiert worden etc., d. h., der Markierungsprozeß wäre gemäß Schritt 6 mit $j_0 = j''$ abgebrochen, da man in Schritt 7 x geändert hätte. Eine Neumarkierung im selben Markierungsprozeß wäre also mit der obigen Annahme nicht möglich. ■

Lemma 5.6 Bei jeder Markierung eines Knotens e_ϱ bleibt $\hat{t}_\varrho \neq 0$ gleich signiert und $|\hat{t}_\varrho|$ wird erhöht.

B e w e i s. Gemäß Bedingung 3 sei z. B. $h_{aj}\hat{t}_a > 0$, $h_{aj}\hat{t}_a + h_{\varrho j}\hat{t}_\varrho > 0$. Aus Lemma 5.5 folgt dann für $\hat{t}_\varrho \neq 0$ $h_{\varrho j}\hat{t}_\varrho < 0$. Für die neue Markierung $\hat{t}'_\varrho$ gilt nach Schritt 6 $h_{aj}\hat{t}_a + h_{\varrho j}\hat{t}'_\varrho = 0$. Damit ist $h_{\varrho j}\hat{t}'_\varrho < h_{\varrho j}\hat{t}_\varrho < 0$ und deshalb

$$\hat{t}'_\varrho < \hat{t}_\varrho < 0, \quad \text{falls } h_{\varrho j} > 0, \qquad \text{und} \qquad \hat{t}'_\varrho > \hat{t}_\varrho > 0, \quad \text{falls } h_{\varrho j} < 0.$$

Analog zeigt man die Behauptung, falls $h_{aj}\hat{t}_a < 0$ in Bedingung 3. ■

Lemma 5.7 Nach endlich vielen Markierungen kann x oder t geändert werden.

B e w e i s. Es genügt zu zeigen, daß $\hat{t}$ nur endlich oft geändert werden kann. Bei jeder Markierung erhält e_ϱ einen neuen Vorgänger, d. h., man erhält eine neue Kette von e_{i_1} nach e_ϱ. Da es nur endlich viele solcher Ketten gibt und $\hat{t}_\varrho$ für jede Kette eindeutig bestimmt ist, folgt die Behauptung mit Lemma 5.6. ■

Lemma 5.8 Bei jeder Änderung von t bleiben die Optimalitätsbedingungen (5.6) erhalten.

B e w e i s. Wegen der lexikographischen Markierung existiert im Fall a) von Schritt 4 keine weitere Markierungsmöglichkeit mehr. Damit gilt für jedes $k_j \in K(y)$, $k_j \sim \{e_i, e_\varrho\}$, entweder

a) $\hat{y}_j = -(h_{ij}\hat{t}_i + h_{\varrho j}\hat{t}_\varrho) \geqslant 0, \quad x_j = a_j,$ oder

b) $\hat{y}_j = -(h_{ij}\hat{t}i + h_{\varrho j}\hat{t}_\varrho) = 0, \quad a_j < x_j < b_j,$ oder

c) $\hat{y}_j = -(h_{ij}\hat{t}_i + h_{\varrho j}\hat{t}_\varrho) \leqslant 0, \quad x_j = b_j,$

denn sonst wäre Bedingung 3 erfüllt. Damit folgt aber wegen $t_i := t_i + \gamma\hat{t}_i$, $i = 1, \ldots, m$, in Schritt 11 für alle $\gamma > 0$

a′) $c_j + y_j + \gamma\hat{y}_j \geqslant c_j + y_j, \quad \text{falls } x_j = a_j,$

b′) $c_j + y_j + \gamma\hat{y}_j = c_j + y_j, \quad \text{falls } a_j < x_j < b_j,$

c′) $c_j + y_j + \gamma\hat{y}_j \leqslant c_j + y_j, \quad \text{falls } x_j = b_j,$

d. h., alle Kanten aus K(y) erfüllen nach der Änderung von t die Optimalitätsbedingungen (5.6).

Gemäß Schritt 9 ist $\gamma_j = -\dfrac{c_j + y_j}{\hat{y}_j}$. Für alle Kanten $k_j \notin K(y)$ mit $\gamma_j < 0$ gelten deshalb wieder a′, b′, c′, denn $\bar{c}_j = c_j + y_j$ und $\hat{y}_j$ sind gleich signiert. Für die Elemente $k_j \notin K(y)$ mit $\gamma_j > 0$ folgt aus der Definition von $\gamma > 0$

$$c_j + y_j + \gamma\hat{y}_j \geqslant c_j + y_j - \frac{c_j + y_j}{\hat{y}_j}\,\hat{y}_j = 0, \quad \text{falls } \hat{y}_j < 0,$$

$$c_j + y_j + \gamma\hat{y}_j \leqslant c_j + y_j - \frac{c_j + y_j}{\hat{y}_j}\,\hat{y}_j = 0, \quad \text{falls } \hat{y}_j > 0.$$

Da im ersten Fall $x_j = a_j$ und im zweiten Fall $x_j = b_j$ gilt, bleibt (5.6) nach Änderung von t für alle Kanten erhalten, denn für $\hat{y}_j = 0$ (γ_j nicht definiert) bleibt $\overline{c}_j$ unverändert. ■

Lemma 5.9 t wird nur endlich oft in ununterbrochener Folge verändert.

B e w e i s. Sei $k_j \sim \{e_i, e_\ell\}$ eine Kante mit $\gamma = \gamma_j$. Nach Schritt 11 gilt dann $c_j + y_j + \gamma\hat{y}_j = 0$. Wegen $\hat{y}_j \neq 0$ wird im nun folgenden Markierungsprozeß entweder $\hat{t}_i$ oder $\hat{t}_\ell$ verändert, da sonst (5.6) verletzt würde. Zwei Fälle sind möglich:

a) $(h_{ij}\hat{t}_i)(h_{\ell j}\hat{t}_\ell) > 0$. Wie im Beweis zu Lemma 5.5 führt dieser Fall nach endlich vielen Markierungen zu einer Flußänderung.

b) $(h_{ij}\hat{t}_i)(h_{\ell j}\hat{t}_\ell) < 0$. Wie bei Lemma 5.6 zeigt man, daß entweder $|\hat{t}_i|$ oder $|\hat{t}_\ell|$ erhöht wird, und analog zum Beweis von Lemma 5.7 folgt, daß es nur endlich viele, ununterbrochene Änderungen von t gibt. ■

Können weder x noch t geändert werden, so gilt gemäß Schritt 9 $R = \emptyset$ bzw. $\gamma = +\infty$.

Lemma 5.10 Bricht das Verfahren in Schritt 10 mit $\gamma = +\infty$ ab, so existiert keine zulässige Lösung.

B e w e i s. $\gamma = +\infty$ bedeutet, daß für alle $j \in \{1, \ldots, n\}$

$$\begin{array}{lll} & \hat{y}_j = 0 & \\ \text{oder} & \hat{y}_j > 0, & x_j = a_j \\ \text{oder} & \hat{y}_j < 0, & x_j = b_j \end{array} \tag{5.7}$$

gilt. Außerdem ist

$$\begin{array}{lll} & H_\ell x < d_\ell, & \hat{t}_\ell > 0 \\ \text{oder} & H_\ell x > d_\ell, & \hat{t}_\ell < 0 \\ \text{oder} & H_\ell x = d_\ell & \end{array}$$

für alle markierten Knoten erfüllt. Für e_{i_1} folgt dies aus Schritt 3 und für die übrigen Knoten aus der Tatsache, daß Bedingung 2 nicht erfüllt ist, da man sonst x gemäß Schritt 5 ändern würde. Aus $H_\ell x > d_\ell$ und $v(\ell) = i$ erhält man $h_{\ell j}/h_{ij}\hat{t}_i > 0$ und wegen $\hat{t}_\ell = -h_{ij}\hat{t}_i/h_{\ell j}$ die Ungleichung $\hat{t}_\ell < 0$. Im anderen Fall verfährt man analog. Insgesamt gilt also wegen $(H_{i_1}x - d_{i_1})\hat{t}_{i_1} < 0$

$$\sum_{i=1}^{m} \hat{t}_i H_i x < \sum_{i=1}^{m} \hat{t}_i d_i \tag{5.8}$$

bzw. $\quad -\hat{y}^T x < d^T \hat{t}$.

Für $\hat{y}$ existieren zulässige Lösungen des homogenen Systems

$$\begin{cases} H^T t + u - v = 0 \\ u \geqslant 0, v \geqslant 0 \end{cases} \quad \text{bzw.} \quad \begin{cases} -y + u - v = 0 \\ u \geqslant 0, v \geqslant 0 \end{cases}.$$

Eine solche lautet

$$\left.\begin{aligned}\hat{u}_j &:= \hat{y}_j\\ \hat{v}_j &:= 0\end{aligned}\right\}, \quad \text{falls } \hat{y}_j > 0 \qquad \left.\begin{aligned}\hat{u}_j &:= 0\\ \hat{v}_j &:= -\hat{y}_j\end{aligned}\right\}, \quad \text{falls } \hat{y}_j < 0. \tag{5.9}$$

Aus (5.7), (5.8) und (5.9) erhält man also

$$d^T\hat{t} > -\hat{y}^T x = -a^T\hat{u} + b^T\hat{v}$$

oder $$d^T\hat{t} + a^T\hat{u} - b^T\hat{v} > 0.$$

Mit $\gamma \to \infty$ folgt deshalb, daß das duale Problem (5.5) eine unendliche Lösung hat. Gemäß der Theorie der linearen Optimierung hat also das primale Problem (5.4) keine zulässige Lösung. ■

Lemma 5.11 Bei jeder Änderung von x bleiben die Optimalitätsbedingungen (5.6) erhalten und mindestens für e_{i_1} tritt eine Verbesserung der primalen Unzulässigkeit ein.

Beweis. Zwei Fälle sind in Schritt 7 zu unterscheiden:

a) j_0 erfüllt die Bedingung 1 oder 2.

a 1) Sei Bedingung 1 erfüllt. Da für e_{m+1} keine Gleichung existiert, sind durch $x_{j_\nu} := x_{j_\nu} + \dfrac{\lambda}{h_{i_\nu j_\nu}\hat{t}_{i_\nu}}$, $\nu = 1, \ldots, q$, die Flußbedingungen aller e_{i_ν}, $\nu = 2, \ldots, q$, erfüllt, was keine Verschlechterung der primalen Unzulässigkeit bedeutet. Für den Knoten e_{i_1} tritt gemäß Schritt 2 wegen $h_{i_1 j_1}\hat{x}_{j_1} = \dfrac{1}{\hat{t}_{i_1}}$ und der Definition von $\hat{t}_{i_1}$ eine Verbesserung der primalen Unzulässigkeit ein. Die neue Lösung erfüllt wieder $a \leqslant x \leqslant b$, da

$$x_{j_\nu} + \lambda\hat{x}_{j_\nu} \geqslant x_{j_\nu} + \frac{a_{j_\nu} - x_{j_\nu}}{\hat{x}_{j_\nu}}\,\hat{x}_{j_\nu} = a_{j_\nu}, \quad \text{falls } \hat{x}_{j_\nu} < 0,$$

$$x_{j_\nu} + \lambda\hat{x}_{j_\nu} \leqslant x_{j_\nu} + \frac{b_{j_\nu} - x_{j_\nu}}{\hat{x}_{j_\nu}}\,\hat{x}_{j_\nu} = b_{j_\nu}, \quad \text{falls } \hat{x}_{j_\nu} > 0.$$

Zudem gilt $j_\nu \in K(y)$, $\nu = 1, \ldots, q$, weshalb (5.6) erhalten bleibt, und aus der Definition von λ folgt

$$|\, h_{i_1 j_1}\lambda\hat{x}_{j_1} \,| \leqslant |\, h_{i_1} \,|.$$

a 2) Sei die Bedingung 2 erfüllt. Zusätzlich zu a 1) läßt sich zeigen, daß für $e_{i_{q+1}}$ eine Verbesserung der primalen Unzulässigkeit eintritt. Dies folgt direkt aus

$$h_{\varrho j_q}\hat{x}_{j_q} \cdot h_\varrho = \frac{h_{\varrho j_q}}{h_{a j_q}\hat{t}_a}\, h_\varrho < 0$$

gemäß Bedingung 2, wenn die Bezeichnungen von Fig. 5.16 übernommen werden. Analog zu oben gilt hier

$$|\, h_{i_{q+1} j_q}\lambda\hat{x}_{j_q} \,| \leqslant |\, h_{i_{q+1}} \,|.$$

b) j_0 erfüllt die Bedingung 3. Es sind b 1), b 2) und b 3) zu zeigen:

b 1) $\sigma > 0$. Zwei Fälle sind möglich (vgl. Fig. 5.17).

b 11) $h_{i_p j_q}\hat{t}_{i_p} + h_{i_q j_q}\hat{t}_{i_q} > 0, h_{i_q j_q}\hat{t}_{i_q} > 0,$ und

b 12) $h_{i_p j_q}\hat{t}_{i_p} + h_{i_q j_q}\hat{t}_{i_q} < 0, h_{i_q j_q}\hat{t}_{i_q} < 0.$

In beiden Fällen ist $\sigma > 0$.

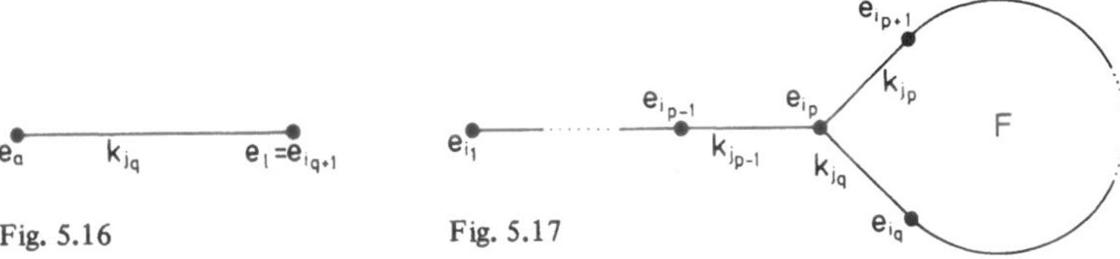

Fig. 5.16 Fig. 5.17

b 2) Die Flußbedingung für e_{i_p} ist erfüllt. Wegen der Definition von σ und

$\hat{t}_{i_p} = -\dfrac{h_{i_{p-1} j_{p-1}}\hat{t}_{i_{p-1}}}{h_{i_p j_{p-1}}}$ gilt für e_{i_p}

$$\frac{\sigma h_{i_p j_{p-1}}}{h_{i_{p-1} j_{p-1}}\hat{t}_{i_{p-1}}} + \frac{1}{\hat{t}_{i_p}} + \frac{h_{i_p j_q}}{h_{i_q j_q}\hat{t}_{i_q}} = -\frac{\sigma}{\hat{t}_{i_p}} + \frac{1}{\hat{t}_{i_p}} + \frac{h_{i_p j_q}}{h_{i_q j_q}\hat{t}_{i_q}} = 0.$$

b 3) Analog wie in a) zeigt man (u. a. unter Verwendung von b 1), daß die neue Lösung wieder $a \leqslant x \leqslant b$ und (5.6) erfüllt. Außerdem wird die primale Unzulässigkeit von h_{i_1} Einheiten in e_{i_1} durch die Flußänderung nicht überkompensiert. ■

Als nächstes soll

$$\sigma = 1 + \frac{h_{i_p j_q}\hat{t}_{i_p}}{h_{i_q j_q}\hat{t}_{i_q}} > 0$$

etwas näher untersucht werden. Aus den Markierungsregeln

$$\hat{t}_{i_{\nu+1}} := -\frac{h_{i_\nu j_\nu}\hat{t}_{i_\nu}}{h_{i_{\nu+1} j_\nu}}$$

folgt für die in Fig. 5.17 dargestellte Kette

$$\hat{t}_{i_s} = \prod_{\nu=1}^{s-1}\left(-\frac{h_{i_\nu j_\nu}}{h_{i_{\nu+1} j_\nu}}\right)\hat{t}_{i_1}, \qquad s \geqslant 2,$$

also $$\frac{h_{i_p j_q}\hat{t}_{i_p}}{h_{i_q j_q}\hat{t}_{i_q}} = \frac{h_{i_p j_q}}{h_{i_q j_q}} \cdot \prod_{\nu=p}^{q-1}\left(-\frac{h_{i_{\nu+1} j_\nu}}{h_{i_\nu j_\nu}}\right) = -\prod_{\nu=p}^{q}\left(-\frac{h_{i_{\nu+1} j_\nu}}{h_{i_\nu j_\nu}}\right) = -f(F),$$

wobei $F = (e_{i_p} = e_{q+1}, k_{j_p}, \ldots, e_{i_q}, k_{j_q}, e_{i_p})$. Man erhält also $\sigma = 1 - f(F) > 0$ bzw. $f(F) < 1$. Wird also im Verfahren x wegen Bedingung 3 geändert, so ist die betreffende, geschlossene Kette F immer absorbierend. Anderenfalls wäre $\sigma < 0$, was zur Folge hätte, daß die primale Unzulässigkeit durch eine Flußänderung verschlechtert und eventuell $a \leqslant x \leqslant b$ verletzt würde.

Zur Verringerung der primalen Unzulässigkeit in einer Ecke e_{i_1} wird der Fluß x ausschließlich auf Semi-Zyklen $F^{(1)}, F^{(2)}, \ldots$ verändert. Wegen der lexikographischen Markierung ist dann $F^{(1)}$ wie bei der Bestimmung maximaler Flüsse (vgl. Abschn. 4.4.3) der lexikographisch kleinste Semi-Zyklus. Ein einfaches Beispiel zeigt jedoch, daß hier die durch die x-Änderungen erzielten Blockierungen der Semi-Zyklen wieder rückgängig gemacht werden können, wodurch sich diese nicht mehr lexikographisch ordnen lassen. In Fig. 5.18 sind drei Semi-Zyklen dargestellt, wobei soweit als notwendig die einzelnen h_{ij}-Werte angegeben sind. Mit der Ausgangsmarkierung $t_{i_1} = +1$ wurden die Knoten

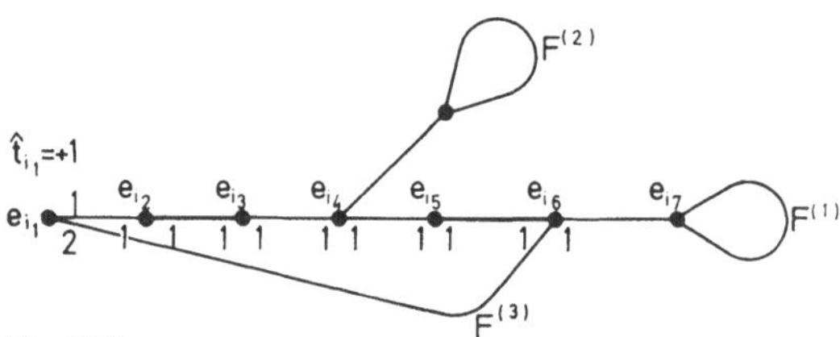

Fig. 5.18

$e_{i_2}, \ldots, e_{i_7}$ bei der Bestimmung von $F^{(1)}, F^{(2)}$ mit $\hat{t}_{i_2} = \hat{t}_{i_4} = -1$ und $\hat{t}_{i_3} = \hat{t}_{i_5} = +1$ markiert. Dadurch ist der Fluß auf den fett eingezeichneten, blockierenden Kanten $\{e_{i_5}, e_{i_6}\}$ bzw. $\{e_{i_2}, e_{i_3}\}$ an der oberen Grenze b_j bzw. an der unteren Grenze a_j. Bei der Bestimmung von $F^{(3)}$ wird wegen der Lexikographie zuerst e_{i_2} und dann e_{i_6} mit $\hat{t}_{i_2} = -1$, $\hat{t}_{i_6} = -2$ markiert. Dadurch ist jetzt die Bedingung 3 für die Kanten $\{e_{i_5}, e_{i_6}\}$ und $\{e_{i_6}, e_{i_7}\}$ erfüllt. Hat $\{e_{i_5}, e_{i_6}\}$ die kleinere Nummer, so werden e_{i_5} mit $\hat{t}_{i_5} = +2$, e_{i_4} mit $\hat{t}_{i_4} = -2$, e_{i_3} mit $\hat{t}_{i_3} = +2$ markiert, falls auch $\{e_{i_3}, e_{i_4}\}$ die kleinste Kantennummer j_0 in Schritt 5 hat. Nun ist Bedingung 3 auch für die Kante $\{e_{i_2}, e_{i_3}\}$ erfüllt, d. h., e_{i_2} wird markiert, und anschließend wird der absorbierende Semi-Zyklus $F^{(3)}$ gefunden. Die x-Änderung in $F^{(3)}$ löst die beiden Blockierungen. Man bestimmt also in den nächsten Iterationen wieder $F^{(1)}, F^{(2)}, F^{(3)}$ etc.

Lemma 5.12 Der Fluß x wird nur endlich oft in ununterbrochener Folge verändert.

B e w e i s. Werden bei einer Flußänderung in einem Semi-Zyklus $F^{(s)}$ die Blockierungen der Semi-Zyklen $F^{(r_1)}, F^{(r_2)}, \ldots, F^{(r_s)}$, $r_1 < r_2 < \ldots < r_s < s$, gelöst, so werden diese wegen der lexikographischen Markierung in dieser Reihenfolge wieder blockiert. Danach werden diese Blockierungen mit $F^{(s)}$ wieder gelöst etc., bis die Blockierung nach endlich vielen Schritten in einer Kante auftritt, die nur zu einem der Semi-Zyklen $F^{(r_1)}, \ldots, F^{(r_s)}, F^{(s)}$ gehört. Da diese Blockierung nicht mehr gelöst werden kann, findet man in der Folge den lexikographisch nächstgrößeren Semi-Zyklus. Die Behauptung folgt nun aus der Tatsache, daß G endlich ist und deshalb nur endlich viele Semi-Zyklen enthält. ■

In bezug auf die Endlichkeit des Verfahrens wurde bis jetzt gezeigt, daß

a) nach endlich vielen Markierungen x oder t verändert wird, und daß

b) sowohl x als auch t nicht unendlich oft in ununterbrochener Folge geändert werden.

Damit könnten aber immer noch je endlich viele Änderungen von x und t unendlich oft alternieren. Aus diesem Grund werden Kanten- und Kettenlängen definiert und die Länge der im Verfahren ermittelten Semi-Zyklen $F^{(1)}$, $F^{(2)}$, ... untersucht.

Sei also $(e_{i_1}, k_{j_1}, e_{i_2}, \ldots, e_{i_q}, k_{j_q}, e_{i_{q+1}})$ eine Kette F. Ist $\hat{t}_{i_1} \pm 1$ gemäß Schritt 3 definiert, so sind die Markierungen

$$\hat{t}_{i_{\nu+1}} = -h_{i_\nu j_\nu} \hat{t}_{i_\nu} / h_{i_{\nu+1} j_\nu}, \qquad \nu = 2, \ldots, q,$$

gemäß Schritt 5 eindeutig bestimmt. Im Gegensatz zu den gewöhnlichen Flußproblemen, bei denen die Kantenlängen von $\bar{c} = c + y$ abhängen (vgl. (4.14)), werden die $\hat{t}_{i_\nu}$ hier zusätzlich miteinbezogen. Die Länge ℓ_{j_ν} der Kante k_{j_ν} ist in diesem Verfahren durch

$$\ell_{j_\nu} := \begin{cases} \dfrac{c_{j_\nu} + y_{j_\nu}}{h_{i_\nu j_\nu} \hat{t}_{i_\nu}}, & \text{falls diese Größe} > 0 \text{ ist} \\ \infty, & \text{sonst} \end{cases}$$

und die Länge $\ell_B(F)$ einer Kette F durch

$$\ell_B(F) := \sum_{\nu=1}^{q} \ell_{j_\nu}$$

gegeben.

Lemma 5.13 Endlich viele Änderungen von x und t können nicht unendlich oft alternieren.

B e w e i s. Da der Markierungsprozeß zur Bestimmung von $\hat{t}$ abbricht, wenn Bedingung 3 in Abschn. 5.3.1 für keine Kante $k_j \in K(y)$ mehr erfüllt ist, folgt gemäß Lemma 5.6, daß alle $|\hat{t}_i|$ nach Abbruch der Markierungen bezüglich der angewandten Regeln maximal sind. Nach der Änderung von t sind dann zwei Fälle zu unterscheiden:

a) ein neuer Knoten wird markiert.

b) ein markierter Knoten wird neu markiert.

a) Wird ein unmarkierter Knoten e_ℓ $(\hat{t}_\ell = 0)$ nach einer Änderung von t neu markiert $(\hat{t}_\ell \neq 0)$, so gilt für diese Änderung und $k_j \sim \{e_a, e_\ell\}$

$$\gamma = \gamma_j = -\frac{c_j + y_j}{\hat{y}_j} = \frac{c_j + y_j}{h_{aj} \hat{t}_a} = \ell_j > 0.$$

Also folgt wegen der Maximalität von $\hat{t}_a$ und der Minimalität von γ, daß diese Größe der minimalen, zusätzlichen Länge, ausgedrückt in der Einheit $\hat{t}_{i_1}$, entspricht, die zurückzulegen ist, um einen zusätzlichen Knoten zu erreichen bzw. zu markieren.

Nach der Änderung von t gilt $\ell_j = \dfrac{c_j + y_j + \gamma \hat{y}_j}{h_{aj} \hat{t}_a} = 0$. Dafür wurde aber t_{i_1} um $\gamma \hat{t}_{i_1}$ geändert. Werden also immer neue Knoten markiert, so ist

$$(t_{i_1} - t_{i_1}^{(0)})/\hat{t}_{i_1} = | t_{i_1} - t_{i_1}^{(0)} |,$$

wobei $t_{i_1}^{(0)}$ dem Ausgangswert in Schritt 2 entspricht, die minimale Distanz, um von e_{i_1} die Endknoten der bisher ermittelten Ketten zu erreichen.

b) Nach einer Änderung von t werde der bereits markierte Knoten e_ℓ von e_i aus neu markiert (vgl. Fig. 5.19), d. h., es gilt jetzt $v(\ell) = i$ und nicht mehr $v(\ell) = \ell''$. Damit gilt für den aktuellen Wert $y_j^{(1)}$ von y

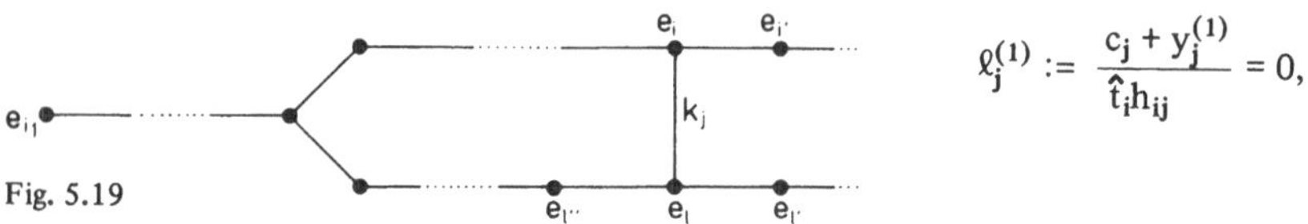

Fig. 5.19

$$\ell_j^{(1)} := \frac{c_j + y_j^{(1)}}{\hat{t}_i h_{ij}} = 0,$$

da die Länge von k_j als zurückgelegt zu betrachten ist und dafür t_{i_1} entsprechend geändert wurde.

Hatte y_j im Zeitpunkt der Wahl von e_{i_1} zum Ausgangsknoten den Wert $y_j^{(0)}$, so betrug die Länge von k_j in diesem Moment für die Kette von e_{i_1} über e_i nach e_ℓ

$$\ell_j^{(0)} := \frac{c_j + y_j^{(0)}}{\hat{t}_i h_{ij}} \quad \text{bzw.} \quad \ell_j^{(0)} = \ell_j^{(0)} - \ell_j^{(1)} = \frac{y_j^{(0)} - y_j^{(1)}}{\hat{t}_i h_{ij}} =: \frac{-\Delta y_j}{\hat{t}_i h_{ij}} .$$

Mit den analogen Definitionen für $t_i^{(0)}, t_i^{(1)}, t_\ell^{(0)}, t_\ell^{(1)}, \Delta t_i, \Delta t_\ell$ erhält man wegen $-\Delta y_j = \Delta t_i h_{ij} + \Delta t_\ell h_{\ell j}$

$$-\frac{\Delta y_j}{\hat{t}_i h_{ij}} = \frac{\Delta t_i}{\hat{t}_i} + \frac{\Delta t_\ell h_{\ell j}}{\hat{t}_i h_{ij}} .$$

Da aber e_ℓ mit $\hat{t}_\ell^{neu} := -h_{ij}\hat{t}_i/h_{\ell j}$ neu markiert wird, folgt daraus

$$-\frac{\Delta y_j}{\hat{t}_i h_{ij}} + \frac{\Delta t_\ell}{\hat{t}_\ell^{neu}} = \frac{\Delta t_i}{\hat{t}_i} .$$

Um $\Delta t_i/\hat{t}_i$ und $\Delta t_\ell/\hat{t}_\ell^{neu}$ interpretieren zu können, werden die Ausführungen unter a) herangezogen. Zunächst gilt

$$\Delta t_i = t_i^{(1)} - t_i^{(0)} = \mu \hat{t}_i,$$

wobei μ wegen fortgesetzter Änderungen $t_i := t_i + \gamma \hat{t}_i$ in Schritt 10 einer Summe von γ-Werten entspricht. Diese γ-Werte sind aber gemäß a) Distanzen von Teilstücken auf den von e_i ausgehenden Ketten. Dadurch entspricht

$$\mu = \Delta t_i/\hat{t}_i$$

der Länge der von e_i aus ermittelten Ketten, ausgedrückt in der Einheit $\hat{t}_{i_1}$.

Analog erhält man für den vorhergehenden Wert $\hat{t}_\ell^{alt}$ von $\hat{t}_\ell$ bezüglich der Kette von e_{i_1} über $e_{\ell''}$ nach e_ℓ aus $\Delta t_\ell = \lambda \hat{t}_\ell^{alt}$ die Länge $\lambda = \Delta t_\ell / \hat{t}_\ell^{alt}$. Da durch die Neumarkierung $|\hat{t}_\ell|$ erhöht bzw. e_i Vorgänger von e_ℓ wird, ist diese Länge auf den neuen Weg über e_i umzurechnen. Anstelle von $\lambda = \Delta t_\ell / \hat{t}_\ell^{alt}$ erhält man dann die Länge $\Delta t_\ell / \hat{t}_\ell^{neu}$.

In Fig. 5.19 haben also die beiden Ketten, die durch den Markierungsprozeß ermittelt wurden und von e_i aus über $e_{i'}$ bzw. $e_\ell, e_{\ell'}$ verlaufen, nach der Änderung von t die gleiche Länge. Ferner hat die Neumarkierung von e_ℓ zur Folge, daß auch $|\hat{t}_\nu|$ für alle Nachfolger e_ν von e_ℓ erhöht wird, weshalb die Maximalität der $|\hat{t}_i|$ wieder gewährleistet ist.

Somit folgt aus a) und b), daß die gemäß Lemma 5.12 endlich vielen Semi-Zyklen, die aufeinander folgenden Änderungen von x entsprechen, alle die gleiche Länge haben und diese Länge minimal ist. Mit jeder Erhöhung von $|t_{i_1}|$ nimmt die Länge der Semi-Zyklen, auf denen x verändert wird, zu. Da G nur endlich viele Semi-Zyklen enthält, sind insgesamt nur endlich viele Änderungen von x möglich. ■

Die Aussagen der Lemmata 5.5 bis 5.13 können nun folgendermaßen zusammengefaßt werden:

Satz 5.14 Algorithmus 5.2 endet nach endlich vielen Markierungen und endlich vielen Änderungen von x und t mit einer optimalen Lösung von (5.4) oder mit der Aussage, daß dieses Problem keine zulässige Lösung besitzt.

In gerichteten Graphen vereinfacht sich der Algorithmus insofern, als gemäß (5.1) $h_{ij} = +1$ gilt, falls $p_j \in I^+(e_i)$, und deshalb einerseits weniger zu speichern ist und andererseits die Markierung

$$\hat{t}_\ell := -\frac{t_a}{h_{\ell j}} \quad \text{bzw.} \quad \hat{t}_\ell := -\hat{t}_a h_{aj}$$

einfacher ist. In diesem Verfahren mußte nicht vorausgesetzt werden, daß die Komponenten von a, b, c und d rationale Zahlen sind. Selbstverständlich hat diese Eigenschaft von Algorithmus 5.2 nur eine theoretische Bedeutung. Sie ist auf die lexikographische Markierung zurückzuführen, die ihrerseits nur deshalb zur Anwendung kommt, weil sie in bezug auf die Speicherung von Graphen in Computern ein natürliches Vorgehen ermöglicht: Man untersucht die mit e_a inzidenten Kanten in aufsteigender Numerierung, bis die erste Markierungsmöglichkeit gefunden wird. Bei gerichteten Graphen kann analog zur Flußmaximierung zuerst $j_0 = \min\{j \mid j \in U^+(a)\}$, und erst wenn $U^+(a)$ leer ist, $j_0 = \min\{j \mid j \in U^-(a)\}$ bestimmt werden. Selbstverständlich müßte dann auch die Lexikographie wie in Abschn. 4.4.2 definiert werden. Endlich ist noch darauf hinzuweisen, daß optimale Lösungen von

$$\begin{aligned} &\min c'x \\ \text{bzgl.}\quad &Hx = d \\ &a \leqslant x \leqslant b \end{aligned}$$

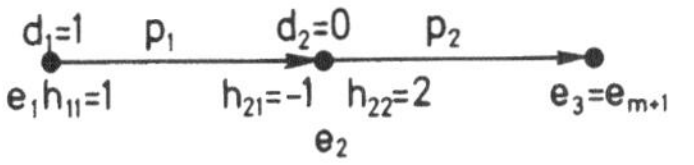

Fig. 5.20

nicht ganzzahlig zu sein brauchen, wenn die Komponenten von a, b und d ganzzahlig sind. In Fig. 5.20 gibt es genau eine zulässige Lösung, wenn $a_1 = a_2 = 0$ und $b_1 = b_2 = 1$ gilt. Sie lautet für eine beliebige Zielfunktion $x_1 = 1$ und $x_2 = 1/2$; sie ist also nicht ganzzahlig.

5.3.3 Ein Beispiel

Das Verfahren wird nun auf ein Problem angewendet, das mit dem in Abschn. 6.2 behandelten Matching-Problem eng zusammenhängt. Gegeben sei ein ungerichteter Graph $G = (E, K)$ mit den Ecken $e_1, \ldots, e_m$ und den Kanten $k_1, \ldots, k_n$. Zu lösen sei die Aufgabe

$$\max \sum_{j=1}^{n} - c_j x_j$$

$$\text{bzgl.} \quad \sum_{k_j \in I(e_i)} x_j \leqslant 1, \qquad i = 1, \ldots, m \tag{5.10}$$

$$0 \leqslant x_j \leqslant 1, \qquad j = 1, \ldots, n,$$

wobei $I(e_i)$ die mit e_i inzidierenden Kanten bezeichne. Schreibt man (5.10) als Minimierungsaufgabe und in Gleichungsform, so erhält man ein verallgemeinertes Flußproblem wobei im betreffenden Graphen G' alle Ecken $e_1, \ldots, e_m$ durch eine Kante mit dem Ausnahmeknoten e_{m+1} verbunden sind. Sei nun G der in Fig. 5.21 dargestellte Graph mit der Bewertung $c \in R^{18}$. Der Einfachheit halber werden der Ausnahmeknoten e_{10} und die Kanten, die den Schlupfvariablen entsprechen, weggelassen. Nach einer Anzahl von Iterationen stehe man vor der in Fig. 5.22 eingetragenen Situation. Die Zahlen entsprechen den Flußstärken x_j und dem Potential t. Diese Werte erfüllen die Optimalitätsbedingungen und die Restriktionen bezüglich $e_1, e_2, \ldots, e_5$. Man markiert deshalb von e_6 aus und findet die in Fig. 5.22 eingezeichnete, geschlossene Kette, die absorbierend ist. Der neue x-Vektor ist in Fig. 5.23 eingetragen. In Fig. 5.23 findet man auch die $\hat{t}$-Werte des

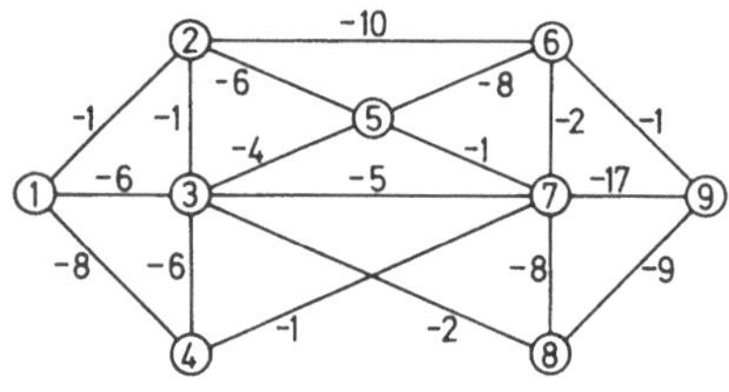

Fig. 5.21

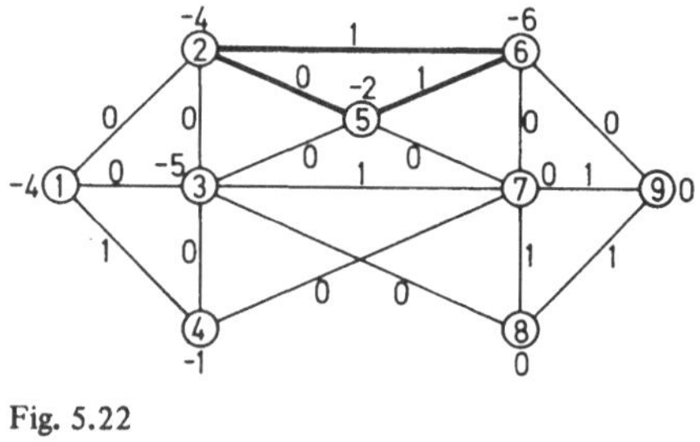

Fig. 5.22

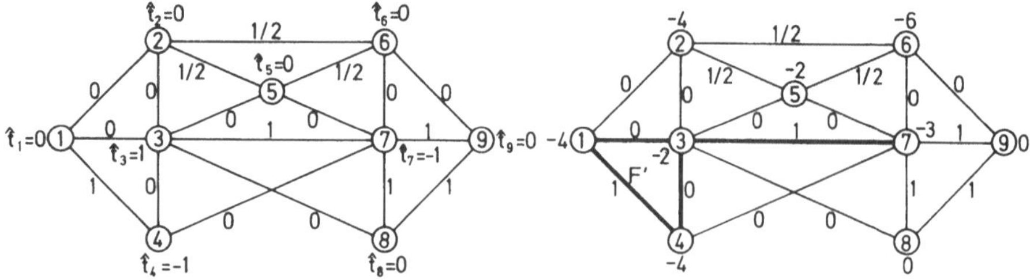

Fig. 5.23

Fig. 5.24

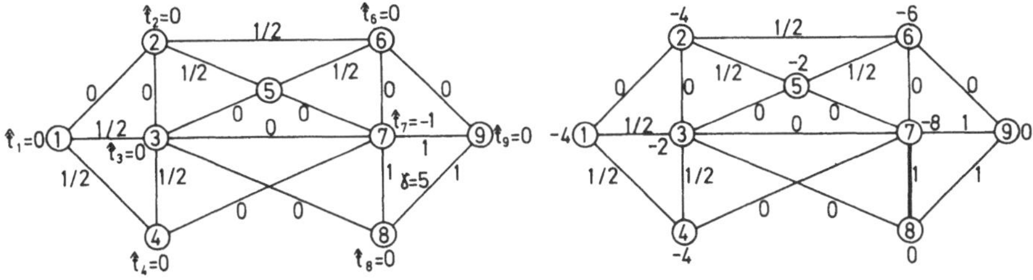

Fig. 5.25 Fig. 5.26

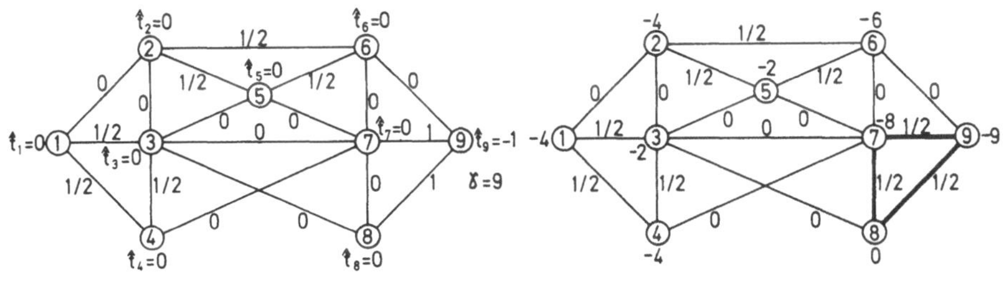

Fig. 5.27 Fig. 5.28

nächstfolgenden Markierungsprozesses, der in e_7 beginnt. Mit $\gamma = 3$ erhält man das Potential von Fig. 5.24 und danach durch Markieren den eingezeichneten Semi-Zyklus etc. (Fig. 5.25 bis 5.27). Die in Fig. 5.28 eingetragene Lösung ist optimal, aber nicht ganzzahlig. Enthält ein Semi-Zyklus, der einer Änderung von x entspricht, eine geschlossene Kette F′ (vgl. Fig. 5.24, 5.28), so folgt aufgrund der Matrix H und der Tatsache, daß F′ absorbierend ist,

$$f(F') = \left(-\frac{1}{1}\right)\left(-\frac{1}{1}\right)\cdots\left(-\frac{1}{1}\right) = -1.$$

Wird ein ganzzahliges x in einem solchen „ungeraden" Semi-Zyklus aufgrund von Bedingung 2 geändert, so bleiben die betreffenden x_j ganzzahlig, wenn $i_1 \neq i_{q+1}$ oder $h_{i_1} \geqslant 2$ gilt. Anderenfalls erhält man $x_j = 1/2$ für alle $p_j \in F'$. Letzteres gilt auch, wenn x gemäß Bedingung 3 geändert wird. Gilt umgekehrt $x_j = 1/2$ für alle $p_j \in F'$ und wird F′ im Laufe des Markierungsprozesses erreicht, so ergibt eine Änderung der Lösung $x_j = 0$ oder 1 für alle $p_j \in F'$. Dies rührt daher, daß in diesem Beispiel immer $\sigma = 2$ gilt. Da x ganzzahlig initialisiert wird, erhält man also

Satz 5.15 In einer optimalen Lösung $x^{(0)}$ von Problem (5.10) gilt $x_j^{(0)} = 0$, 1/2 oder 1, $j = 1, \ldots, n$.

Satz 5.16 Ist G ein bipartiter Graph, so ist eine optimale Lösung von (5.10) ganzzahlig.

B e w e i s. Nach dem oben Gesagten genügt es zu zeigen, daß in einem bipartiten Graphen $G = (E' \cup E'', K)$ jede geschlossene Kette eine gerade Anzahl von Kanten enthält. Da für alle Kanten $k_j \sim \{e'_i, e''_\ell\}$ $e'_i \in E'$ und $e''_\ell \in E''$ gilt, ist eine geschlossene Kette, die in e'_{i_1} beginnt, durch

$$(e'_{i_1}, k_{j_1}, e''_{i_2}, k_{j_2}, e'_{i_3}, \ldots, e''_{i_q}, k_{j_q}, e'_{i_{q+1}} = e'_{i_1})$$

definiert. q muß also gerade sein, wenn $e'_{i_{q+1}} \in E'$ gilt. Analog zeigt man die Behauptung, wenn die Kette in $e''_{i_1} \in E''$ beginnt. ■

In dem hier gerechneten Beispiel können die Kanten, die den Schlupfvariablen entsprechen, weggelassen werden. Im allgemeinen Fall ist das jedoch nicht möglich, weil das Verfahren nur Restriktionen in Gleichungsform berücksichtigt.

5.4 Die Bestimmung von zulässigen und maximalen, verallgemeinerten Flüssen

Sei H eine verallgemeinerte Inzidenzmatrix. Zur Bestimmung einer zulässigen Lösung von

$$\begin{aligned} &Hx = d \\ &a \leqslant x \leqslant b \end{aligned} \tag{5.11}$$

kann natürlich

$$\begin{aligned} &\min\ c^T x \\ \text{bzgl.}\quad &Hx = d \\ &a \leqslant x \leqslant b \end{aligned}$$

für c = 0 gelöst werden. Algorithmus 5.2 läßt sich aber wegen c = 0 erheblich vereinfachen. Man initialisiert das Verfahren mit x := a und t := 0. Damit sind die Optimalitätsbedingungen (5.6) wegen $\bar{c} = c + y = 0$ erfüllt, und alle Kanten des Graphen G bezüglich der Inzidenzmatrix H gehören zu

$$K(y) = \{k_j \in K \mid 1 \leqslant j \leqslant n, \bar{c}_j = 0\}$$

Bei der ersten Änderung von t wäre also in Schritt 9 $\gamma_j = 0$, $1 \leqslant j \leqslant n$, d. h. $R = \emptyset$ und $\gamma = \infty$: das Verfahren würde abbrechen, weil keine zulässige Lösung existiert. Aus diesem Grund braucht die duale Lösung t gar nicht mitgeführt zu werden.
Sei U(a) wie in Abschn. 5.3.1 definiert.

Algorithmus 5.3

Schritt 1 Setze $x_j := a_j, j = 1, \ldots, n$, $V := \{i \mid H_i x \neq d_i, 1 \leqslant i \leqslant m\}$.

Schritt 2 Wähle ein $i_1 \in V$, falls $V \neq \emptyset$. Sonst Stop.

Schritt 3 Setze

$$\hat{t}_{i_1} := \begin{cases} +1, & \text{falls } H_{i_1} < d_{i_1} \\ -1, & \text{sonst} \end{cases} \quad \text{und } \hat{t}_i := 0, i \neq i_1.$$

$a := i_1.\ v(i_1) := i_1.\ v(i) := 0 \quad \forall i \neq i_1.$

Schritt 4 Falls $U(a) = \emptyset$, sind zwei Fälle möglich:

a) $a = i_1$. Stop.

b) $a \neq i_1$. Setze $b := a$, $a := v(a)$, $v(b) := 0$ und wiederhole Schritt 4.

Schritt 5 Falls $U(a) \neq \emptyset$, bestimme $j_0 = \min\{j \mid j \in U(a)\}$. Sei $k_{j_0} \sim \{e_a, e_\ell\}$. Ist die Bedingung 1 oder 2 für k_{j_0} erfüllt, gehe zu Schritt 7.

Schritt 6 Ist in Bedingung 3 bezüglich k_{j_0} $\hat{t}_\ell = 0$ oder $\hat{t}_\ell \neq 0$ und $v(\ell) = 0$, markiere $\hat{t}_\ell := -h_{aj_0}\hat{t}_a/h_{\ell j_0}$, setze $v(\ell) := a$, $a := \ell$ und gehe zu Schritt 4. Sonst gehe zu Schritt 7.

Schritt 7 Ändere x wie in Algorithmus 5.2.

Schritt 8 Falls $h_{i_{q+1}} = 0$, setze $V := V - \{i_{q+1}\}$. Falls $h_{i_1} = 0$, setze $V := V - \{i_1\}$ und gehe zu Schritt 2. Falls $h_{i_1} \neq 0$, gehe zu Schritt 3.

Ausgehend von einem zulässigen, verallgemeinerten Fluß soll nun ein maximaler, verallgemeinerter Fluß bestimmt werden. Dazu kann wiederum eine vereinfachte Version von Algorithmus 5.2 verwendet werden. H sei wieder eine verallgemeinerte Inzidenzmatrix und $G = (E, K)$ der entsprechende Graph mit den Ecken $e_1, \ldots, e_m, e_{m+1}$ und den Kanten $k_1, \ldots, k_n$, die gerichtet oder ungerichtet sein können. Dabei sei

a) $k_1 \sim \{e_1, e_{m+1}\}$ und

b) k_1 die einzige Kante, die e_1 und e_{m+1} verbindet.

Das Problem lautet dann

$$\begin{aligned} &\max x_1 \\ \text{bzgl.}\quad &Hx = d \\ &a \leqslant x \leqslant b. \end{aligned} \tag{5.12}$$

Hierbei sei $a \leqslant b$, $a_1 = -\infty$ und $b_1 = +\infty$. Für die zulässige Ausgangslösung $x^{(0)}$ und $t = 0$ bzw. $y = 0$ folgt dann

$$\bar{c}_1 = -1 + y_1 = -1,\ a_1 < x_1^{(0)} < b_1,$$

$$\bar{c}_j = c_j + y_j = 0,\ a_j \leqslant x_j^{(0)} \leqslant b_j, \qquad j = 2, \ldots, n.$$

Wegen $a_1 = -\infty$ und $b_1 = +\infty$ sind die Optimalitätsbedingungen (5.6) für die Kanten $k_j, j = 2, \ldots, n$, erfüllt, nicht aber für die Kante k_1 (vgl. Fig. 5.29).

Es geht also darum, y und speziell y_1 so zu verändern, daß auch $(x_1, \bar{c}_1)$ auf die in Fig. 5.29 fett eingezeichnete Kurve zu liegen kommt. Da für den Knoten e_{m+1} kein

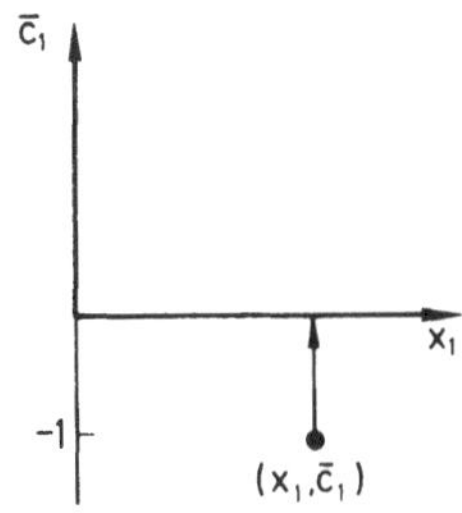

Fig. 5.29

Potential definiert ist, wird

$$\hat{t}_1 := \frac{-1}{h_{11}}$$

gesetzt. Damit wird bei einer Veränderung von t die Nicht-Optimalität in k_1 verbessert. Analog wie bei der Bestimmung eines zulässigen, verallgemeinerten Flusses überlegt man, daß das Verfahren nach der ersten Änderung von t abbricht. Setzt man $\gamma = +1$, dann ist die Kante k_1 wegen

$$c_1 + (y_1 + \gamma\hat{y}_1) = -1 - \gamma h_{11}\hat{t}_1 = 0$$

optimal. Wie oben brauchen also die Dualvariablen im Verfahren nicht berücksichtigt zu werden. Wenn $x^{(0)}$ die zulässige Ausgangslösung bezeichnet, lautet also das Verfahren zur Lösung von (5.12) wie folgt:

Algorithmus 5.4

Schritt 1 Setze $x_j := x_j^{(0)}, j = 1, \ldots, n$.

Schritt 2 $\hat{t}_1 := -1/h_{11}, \hat{t}_i := 0, i = 2, \ldots, m.$ $a := 1$.

Schritt 3 Falls $U(a) - \{1\} = \emptyset$, sind zwei Fälle möglich:
a) $a = 1$. Stop.
b) $a \neq 1$. Setze $b := a$, $a := v(a)$, $v(b) := 0$ und wiederhole Schritt 3.

Schritt 4 Falls $U(a) - \{1\} \neq \emptyset$, bestimme $j_0 = \min\{j \mid j \in \{U(a) - \{1\}\}\}$. Sei $k_{j_0} \sim \{e_a, e_\ell\}$. Ist die Bedingung 1 oder 2 für k_{j_0} erfüllt, gehe zu Schritt 6.

Schritt 5 Ist in Bedingung 3 bezüglich k_{j_0} $\hat{t}_\ell = 0$ oder $\hat{t}_\ell \neq 0$ und $v(\ell) = 0$, markiere $\hat{t}_\ell := -h_{aj_0}\hat{t}_a/h_{\ell j_0}$, setze $v(\ell) := a$, $a := \ell$ und gehe zu Schritt 3.

Schritt 6 Ändere x wie in Algorithmus 5.2 und gehe zu Schritt 2.

Aus der Markierungsregel $\hat{t}_\ell := -h_{aj}\hat{t}_a/h_{\ell j}$ ist ersichtlich, daß sich die Markierung entlang einer Kette $(e_{i_1}, k_{j_1}, \ldots, k_{j_q}, e_{i_{q+1}})$ multiplikativ fortpflanzt:

$$\hat{t}_{i_2} = \left(-\frac{h_{i_1 j_1}}{h_{i_2 j_1}}\right)\hat{t}_{i_1}$$

$$\hat{t}_{i_3} = \left(-\frac{h_{i_1 j_1}}{h_{i_2 j_1}}\right)\left(-\frac{h_{i_2 j_2}}{h_{i_3 j_2}}\right)\hat{t}_{i_1}$$

$$\vdots$$

In gerichteten Graphen G = (E, P) bezüglich einer verallgemeinerten Inzidenzmatrix H gilt für alle Pfeile $h_{ij} \cdot h_{\ell j} < 0$. Dies kann verwendet werden, um (5.12) für gerichtete Graphen mittels eines Verfahrens zur Bestimmung negativer Schleifen zu lösen. Im Anschluß an Lemma 5.11 wurde gezeigt, daß x geändert wird, sobald für eine geschlossene Kette F′ mit $S(F') = (e_{i_p}, \ldots, e_{q+1})$

$$f(F') = \prod_{\nu=p}^{q} -\frac{h_{i_{\nu+1} j_\nu}}{h_{i_\nu j_\nu}} < 1$$

gilt. Bewertet man alle Pfeile $p_j \sim (e_i, e_\ell)$ aus P mit

$$c_j' := -\frac{h_{\ell j}}{h_{ij}} \ (> 0),$$

dann ist diese Bedingung gleichbedeutend mit

$$\sum_j \log c_j' < 0.$$

Das Auffinden absorbierender Schleifen läuft also auf die Bestimmung negativer Schleifen hinaus. Um das betreffende Verfahren zu Lösung von (5.12) verwenden zu können, wird wieder ein Inkrementgraph G(x) = (E, P(x)) definiert. Dabei enthalte P(x)

a) alle $k_j \in P$ mit $x_j < b_j$ und

b) alle $k_j' \sim (e_\ell, e_i)$, für die $k_j \sim (e_i, e_\ell) \in P$ und $x_j > a_j$ gilt.

Im Falle a) wird der Pfeil (e_i, e_ℓ) mit

$$\log(-h_{\ell j}/h_{ij})$$

und im Falle b) der Pfeil (e_ℓ, e_i) mit

$$\log(-h_{ij}/h_{\ell j})$$

bewertet. Das Verfahren zur Lösung von (5.12), das von Horst [32] vorgeschlagen wurde, geht von der Annahme aus, daß $k_1 \sim (e_{m+1}, e_1)$ der einzige Pfeil ist, der mit e_{m+1} inzidiert. Es lautet wie folgt:

Algorithmus 5.5

Schritt 1 Bestimme eine zulässige Lösung x.

Schritt 2 Bestimme im Inkrementgraphen G(x) bezüglich der oben definierten Pfeillängen ausgehend von e_1 eine negative Schleife. Existiert eine solche, gehe zu Schritt 3. Sonst Stop (Lösung ist optimal).

Schritt 3 x ist im betreffenden Semi-Zyklus, der von e_1 ausgeht, wie in Algorithmus 5.2 zu ändern.

Horst hat auch bewiesen, daß dieses Verfahren bei der Anwendung ganz bestimmter Markierungsregeln in endlich vielen Schritten zur optimalen Lösung führt. Johnson hat ein Beispiel konstruiert, in dem bei Nicht-Beachtung dieser Regeln jede Flußänderung die Zielfunktion verbessert, diese Werte aber nicht gegen das Optimum, sondern gegen einen anderen Wert konvergieren (vgl. [35]). Das Beispiel zeigt aber, daß solche Fälle für die Anwendung keine Bedeutung haben, weil Computerprogramme immer hierarchisch strukturiert sind und deshalb die im Beispiel angewendete Markierung nicht möglich ist. Die Probleme dürften bei der Anwendung dieser Verfahren eher auf der numerischen Seite liegen. Im eingangs beschriebenen Cash-Management-Problem werden u. a. Zinszahlungen und Zinserträge berücksichtigt. Sind die Perioden des Modelles relativ kurz, so sind viele Koeffizienten der Inzidenzmatrix sehr nahe bei ± 1. Dies kann dazu führen, daß z. B. nicht mehr entschieden werden kann, ob einzelne Semi-Zyklen absorbierend oder generierend sind.

5.5 Die Bestimmung von verallgemeinerten, kürzesten Wegen

Im Grunde genommen geht es bei der Bestimmung kürzester Wege darum, eine Einheit eines Gutes auf dem billigsten Weg vom Ausgangsknoten e_1 eines Graphen G zu einem anderen Knoten zu transportieren. Das Problem lautet demnach

$$\begin{aligned} & \min c^T x \\ \text{bzgl.} \quad & Hx = d \\ & x \geqslant 0, \end{aligned}$$

wobei H eine verallgemeinerte (m × n)-Inzidenzmatrix, c ein n-Vektor und $d = (1, 0, \ldots, 0)^T$. Außerdem wird angenommen, daß in G ein Ausnahmeknoten e_{m+1}, d. h. eine Senke existiert, zu welcher das Gut zu transportieren ist. Das dazu duale Problem lautet dann

$$\begin{aligned} & \max t_1 \\ \text{bzgl.} \quad & H^T t \leqslant c. \end{aligned} \qquad (5.13)$$

Gilt hier $c \geqslant 0$, so erfüllen $x = 0$, $t = 0$ die Optimalitätsbedingungen (5.6). Wegen $d = (1, 0, \ldots, 0)^T$ ist nur die erste Restriktion von $Hx = d$, $x \geqslant 0$, verletzt. Das Verfahren wird deshalb in e_1 initialisiert. An die Stelle von U(a) tritt hier die Menge

$$U'(a) := \{j \mid k_j \sim \{e_a, e_\ell\} \in K(y),\ 1 \leqslant j \leqslant n,\ k_j \text{ erfüllt Bedingung } 1' \text{ oder } 2'\}.$$

Bedingung 1' $h_{aj}\hat{t}_a > 0$, $\ell = m + 1$.
Bedingung 2' $h_{aj}\hat{t}_a > 0$, $h_{aj}\hat{t}_a + h_{\ell j}\hat{t}_\ell > 0$.

Bedingung 2 aus Algorithmus 5.2 entfällt, weil die Knotenbedingungen für e_i, $i = 2, \ldots, m$, erfüllt sind. Die beiden übrigen Bedingungen sind einfacher, weil für die Ausgangslösung $x_j > a_j = 0$ nie erfüllt ist. Also gilt bei der ersten Gelegenheit, x zu ändern, $\hat{x} \geqslant 0$. Da x zudem nicht von oben beschränkt ist, führt die erste Änderung von x zur primalen Zulässigkeit. x braucht deshalb gar nicht mitgeführt zu werden. Algorithmus 5.2 geht somit über in

Algorithmus 5.6 (für $c \geqslant 0$)

Schritt 1 Setze $t_i := 0$, $i = 1, \ldots, m$. $a := 1$. $v(1) := 1$, $v(i) := 0$, $2 \leqslant i \leqslant m$.

Schritt 2 Setze $\hat{t}_1 := 1$, $\hat{t}_i := 0$, $i = 2, \ldots, m$.

Schritt 3 Falls $U'(a) = \emptyset$, sind zwei Fälle möglich:
a) $a = 1$. Gehe zu Schritt 6.
b) $a \neq 1$. Setze $b := a$, $a := v(a)$, $v(b) := 0$ und wiederhole Schritt 3.

Schritt 4 Falls $U'(a) \neq \emptyset$, bestimme $j_0 = \min\{j \mid j \in U'(a)\}$.
Sei $k_{j_0} \sim \{e_a, e_\ell\}$. Ist die Bedingung 1' erfüllt, Stop (Optimum).

Schritt 5 Ist in Bedingung 2' bezüglich k_{j_0} $\hat{t}_\ell = 0$ oder $\hat{t}_\ell \neq 0$ und $v(\ell) = 0$, markiere $\hat{t}_\ell := -h_{aj_0}\hat{t}_a/\hat{t}_{\ell j_0}$, setze $v(\ell) := a$, $a := \ell$ und gehe zu Schritt 3. Sonst Stop (die in e_1 losgeschickte Einheit wird absorbiert).

S c h r i t t 6 Mit $\gamma_j = \dfrac{c_j + y_j}{-\hat{y}_j}$ und $R = \{j \mid \gamma_j > 0, 1 \leqslant j \leqslant n\}$, setze

$$\gamma := \begin{cases} \min\{\gamma_j \mid j \in R\}, & \text{falls } R \neq \emptyset \\ \infty, & \text{sonst} \end{cases}$$

S c h r i t t 7 Falls $\gamma = \infty$, Stop ((5.13) hat eine unendliche Lösung).

S c h r i t t 8 Setze $t_i := t_i + \gamma\hat{t}_i$, $i = 1, \ldots, m$. Gehe zu Schritt 2.

Da alle markierten Knoten e_i genau einen Vorgänger $e_{v(i)}$ haben, wird durch die Markierungen ein Gerüst aufgebaut. t_1 entspricht dann in jedem Schritt der minimalen Distanz von e_1 zu den Endknoten des bereits aufgebauten Baumes. Dieser wird bei jeder Änderung von t entweder erweitert oder verändert (s. Beweis zu Lemma 5.13). Letzteres ist darauf zurückzuführen, daß Teilwege von optimalen Wegen nicht optimal zu sein brauchen. Dies ist in Fig. 5.30 anhand der Wege mit den Spuren

$S(W_1) = (e_1, e_3)$,
$S(W_2) = (e_1, e_2, e_3)$,
$S(W_3) = (e_1, e_3, e_4)$,
$S(W_4) = (e_1, e_2, e_3, e_4)$,
$S(W_5) = (e_1, e_3, e_4, e_5)$,
$S(W_6) = (e_1, e_2, e_3, e_4, e_5)$,
$S(W_7) = (e_1, e_3, e_4, e_5, e_6)$,
$S(W_8) = (e_1, e_2, e_3, e_4, e_5, e_6)$

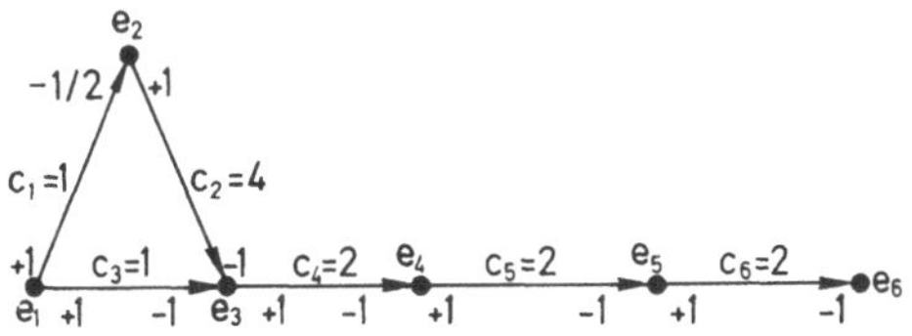

Fig. 5.30

ersichtlich. Wird eine Einheit in e_1 losgeschickt, so betragen die Kosten $\ell_B(W_i)$, $i = 1, \ldots, 8$,

$\ell_B(W_1) = 1$ und $\ell_B(W_2) = 3$,
$\ell_B(W_3) = 3$ und $\ell_B(W_4) = 4$,
$\ell_B(W_5) = 5$ und $\ell_B(W_6) = 5$,
$\ell_B(W_7) = 7$ und $\ell_B(W_8) = 6$.

Damit ist $\ell_B(W_8)$ minimal, während W_2, W_4 als Teilwege von W_8 nicht optimal sind. W_5 und W_6 haben die gleiche Länge. Man wird deshalb im Verfahren nach der erstmaligen Markierung von e_5 nicht e_6, sondern e_3, e_4 und e_5 neu markieren, um den Wechsel von W_7 zu W_8 zu ermöglichen.

5.6 Die Bestimmung einer zulässigen, verallgemeinerten Potentialdifferenz

Sei H eine verallgemeinerte Inzidenzmatrix eines Graphen G mit den Ecken $e_1, \ldots, e_m$ oder $e_1, \ldots, e_{m+1}$ und den Kanten $k_1, \ldots, k_n$, die gerichtet oder ungerichtet sein können. Gesucht ist eine Potentialdifferenz $y = -H^T t$ mit

$$a \leqslant y \leqslant b$$

respektive ein $t \in \mathbf{R}^m$ mit

$$\begin{aligned} -H^T t &\leqslant b \\ +H^T t &\leqslant -a\,. \end{aligned}$$

Da $(-H, +H)$ wieder eine verallgemeinerte Inzidenzmatrix ist, genügt es, ein Verfahren zur Bestimmung einer zulässigen Lösung von

$$H^T t \leqslant c, \qquad c \in \mathbf{R}^n, \tag{5.14}$$

anzugeben. Dazu kann das zu (5.14) duale Problem

$$\begin{aligned} &\min c^T x \\ \text{bzgl.}\quad &Hx = 0 \\ &x \geqslant 0 \end{aligned} \tag{5.15}$$

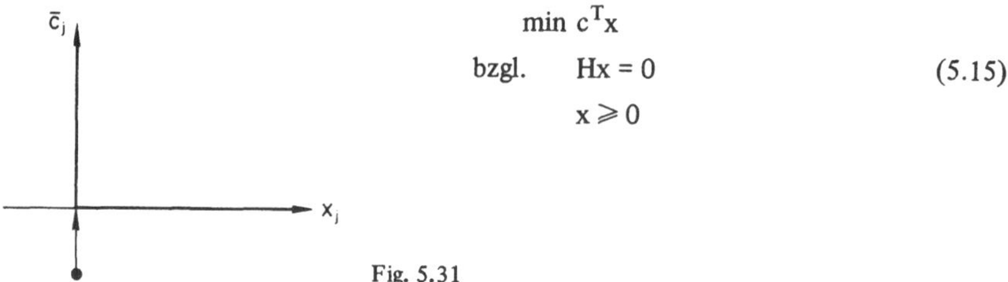

Fig. 5.31

gelöst werden, welchem bezüglich der Optimalitätsbedingungen (5.6) die in Fig. 5.31 fett eingezeichneten Kurven zugeordnet sind. Für $c \geqslant 0$ ist dieses Problem nicht interessant, da $x = 0$, $t = 0$ bereits optimal sind. Außerdem ist im Problem (5.15) $b_j = \infty$, $j = 1, \ldots, n$. Bei der Initialisierung gemäß Algorithmus 5.2 würden also alle Variablen x_j mit $c_j < 0$ unendlich gesetzt. Um das zu vermeiden, wird mit $x = 0$, $t = 0$ gestartet. Danach sind die Punkte $(x_j, \bar{c}_j)$, für die $\bar{c}_j < 0$ gilt, auf die Kurve zurück zu bringen. In diesem Zusammenhang ist darauf zu achten, daß sich bei einer Änderung von t die Punkte $(x_j, \bar{c}_j)$ mit $\bar{c}_j \leqslant 0$ nicht „nach unten bewegen". Man definiert deshalb hier für ein gegebenes y die Mengen

$$K''(y) := \{k_j \mid 1 \leqslant j \leqslant n, \bar{c}_j \leqslant 0\}$$

und $\quad U''(a) := \{j \mid k_j \sim \{e_i, e_\ell\}$ aus $K''(y)$ erfüllt Bedingung 1″ oder 2″$\}$.

B e d i n g u n g 1″ $\quad \ell = m + 1$ und $h_{aj}\hat{t}_a > 0$.

B e d i n g u n g 2″ $\quad \ell \neq m + 1$ und $h_{aj}\hat{t}_a > 0$, $h_{aj}\hat{t}_a + h_{\ell j}\hat{t}_\ell > 0$.

Nun wählt man für ein gegebenes t eine Kante $k_{j_1} \sim \{e_{i_0}, e_{i_1}\}$ mit $-y_{j_1} > c_{j_1}$ und setzt für $s = i_0$ und eventuell für $s = i_1$ die nachfolgende Subroutine ein.

Subroutine 5.7

S c h r i t t 1 $\quad$ Setze $t_s := -1/h_{sj_1}$. $a := v(s) := s$. $t_i := v(i) := 0 \quad \forall\, i \neq s$.

S c h r i t t 2 $\quad$ Falls $U''(a) = \emptyset$, sind zwei Fälle möglich:

a) $a = s$. Gehe zu Schritt 7.

b) $a \neq s$. Setze $b := a$, $a := v(a)$, $v(b) := 0$ und wiederhole Schritt 2.

S c h r i t t 3 $\quad$ Falls $U''(a) \neq \emptyset$, bestimme $j_0 = \min\{j \mid j \in U''(a)\}$.

Sei $k_{j_0} \sim \{e_a, e_\ell\}$. Ist die Bedingung 1″ erfüllt, Stop.

Schritt 4 Ist in Bedingung 2″ bezüglich k_{j_0} $\hat{t}_\ell = 0$ oder $\hat{t}_\ell \neq 0$ und $v(\ell) = 0$, markiere $\hat{t}_\ell := -h_{aj_0}\hat{t}_a/h_{\ell j_0}$, setze $v(\ell) := a$, $a := \ell$.

Schritt 5 Ist bezüglich k_{j_0} $v(\ell) \neq 0$, Stop.

Schritt 6 Gehe zu Schritt 2, falls $\hat{y}_{j_1} > 0$. Sonst Stop.

Schritt 7 Mit $\gamma_j = \dfrac{c_j + y_j}{-\hat{y}_j}$ und $R = \{j \mid \gamma_j > 0,\ 1 \leqslant j \leqslant n\}$, setze $\gamma := \min\{\gamma_j \mid j \in R\}$.

Schritt 8 Setze $t_i := t_i + \gamma\hat{t}_i$, $i = 1, \ldots, m$.

Schritt 9 Falls $-y_{j_1} = c_{j_1}$, stop. Sonst gehe zu Schritt 1.

Die Idee des nachfolgenden Verfahrens besteht darin, von e_{i_0} aus zu markieren bis x auf einem Semi-Zyklus geändert werden müßte, wobei jede Änderung von t die Unzulässigkeit bezüglich k_{j_1} verbessert. Danach wird (abgesehen von einem Spezialfall) von e_{i_1} aus markiert, um y_{j_1} weiter zu erhöhen. Findet man auch hier einen absorbierenden Semi-Zyklus, so hat (5.15) keine zulässige Lösung.

Algorithmus 5.8 (zur Lösung von (5.15))

Schritt 1′ $t_i := 0$, $i = 1, \ldots, m$.

Schritt 2′ Falls $H^T t \leqslant c$, Stop. Sonst wähle ein $k_{j_1} \sim \{e_{i_0}, e_{i_1}\}$ mit $-y_{j_1} > c_{j_1}$ und setze $s := i_0$.

Schritt 3′ Wende die Subroutine 5.7 an. Bricht diese ab in:

a) Schritt 9, gehe zu Schritt 2′.

b) Schritt 3 oder 5, setze $s := i_1$, falls $s = i_0$, und wiederhole Schritt 3′. Falls $s \neq i_0$, Stop.

c) Schritt 6, Stop, falls $\hat{y}_{j_1} = 0$. Sonst setze $s := i_1$, falls $s = i_0$, und wiederhole Schritt 3′. Falls $s \neq i_0$, Stop.

In diesem Verfahren, in dem man ebenfalls ohne Flußänderungen auskommt, wird versucht,

a) die Unzulässigkeiten bezüglich der Kanten k_{j_1} sukzessive zu verbessern und

b) Unzulässigkeiten in anderen Restriktionen nicht zu verschlechtern resp. zu verhindern.

Zu a) Sei $s = i_0$. Wird t nach Abschluß des Markierungsprozesses verändert, so gilt gemäß Schritt 6

$$-\hat{y}_{j_1} = h_{i_0 j_1}\hat{t}_{i_0} + h_{i_1 j_1}\hat{t}_{i_1} < 0. \tag{5.16}$$

Wegen (5.16) und $\bar{c}_{j_1} = c_{j_1} + y_{j_1} < 0$ gilt $\gamma_{j_1} = \dfrac{\bar{c}_j}{-\hat{y}_{j_1}} > 0$. Damit ist $R \neq 0$ bzw. $\gamma < +\infty$ und wegen der Definition von γ $\quad -y_{j_1} > -y_{j_1} - \gamma\hat{y}_{j_1} \geqslant c_{j_1}$. Damit wurde in Schritt 8 bezüglich k_{j_1} eine Verbesserung erzielt. Für $s = i_1$ geht man analog vor.

Zu b) Für alle Kanten $k_j \sim \{e_i, e_\ell\}$ aus $K''(y)$ gilt nach Beendigung der Markierungen

$$-\hat{y}_j = h_{ij}\hat{t}_i + h_{\ell j}\hat{t}_\ell \leqslant 0.$$

Damit gilt für $t := t + \gamma\hat{t}$ bzw. $y := y + \gamma\hat{y}$

$$c_j + y_j + \gamma\hat{y}_j \geqslant c_j + y_j$$

für alle $k_j \in K''(y)$, d. h., die Punkte $(x_j, \overline{c}_j)$ mit $\overline{c}_j \leqslant 0$ bewegen sich nicht nach unten. Für die übrigen Kanten gilt $\overline{c}_j > 0$. Also folgt aus $\gamma_j > 0$ $c_j + y_j + \gamma\hat{y}_j \geqslant c_j + y_j + \gamma_j\hat{y}_j = 0$ und aus $\gamma_j < 0$ folgt $c_j + y_j + \gamma\hat{y}_j > c_j + y_j > 0$. Zudem bleibt $\overline{c}_j$ unverändert, wenn γ_j nicht definiert bzw. $\hat{y}_j = 0$ ist. Damit entstehen bezüglich der Kanten $k_j \notin K''(y)$ und (5.15) keine neuen Unzulässigkeiten.

Endet das Verfahren in Schritt 3', b) bzw. 3', c) mit $y_{j_1} < 0$, so kann mit den von e_{i_0} und e_{i_1} aus gefundenen Semi-Zyklen ein verallgemeinerter Zyklusvektor $\zeta \geqslant 0$ gebildet werden, da die im Verfahren gefundenen Semi-Zyklen immer absorbierend sind. Bricht das Verfahren in Schritt 3', c) mit $\hat{y}_{j_1} = 0$ ab, so zeigt man wie im Anschluß an den Beweis von Lemma 5.11, daß hier für die betreffende, geschlossene Kette F $f(F) = 1$ gilt. F definiert deshalb allein einen Zyklusvektor $\zeta \geqslant 0$.

Aus den Markierungsregeln folgt, daß für alle Kanten $k_j \sim \{e_i, e_\varrho\}$ mit $\zeta_j > 0$

$$-y_j \geqslant c_j,$$

insbesondere aber

$$-y_{j_1} > c_{j_1}$$

gilt. Man erhält also mit diesen Ungleichungen

$$c_j\zeta_j \leqslant -y_j\zeta_j, \quad \text{falls } j \neq j_1,$$

und $$c_{j_1}\zeta_{j_1} < -y_{j_1}\zeta_{j_1}$$

sowie durch Summation

$$c^T\zeta < \zeta^T H^T t = t^T H\zeta = 0.$$

Damit ergibt $\lambda\zeta$ für $\lambda \to +\infty$ eine unendliche Lösung des Problems

$$\min c^T x$$

$$\text{bzgl.} \quad Hx = 0$$

$$x \geqslant 0.$$

Gemäß der Theorie der linearen Optimierung existiert also in diesem Fall keine zulässige Lösung t von (5.15).

5.7 Kostenminimale, verallgemeinerte Flüsse: ein primaler Algorithmus

Wie in Abschn. 4 soll unter einem primalen Algorithmus ein Verfahren verstanden werden, in dem die Dualvariablen nicht nachgeführt werden müssen. Gegeben sei wieder eine verallgemeinerte Inzidenzmatrix H eines Graphen G mit m oder m + 1 Ecken und n Kanten, und gesucht wird eine Lösung von

$$\begin{aligned} &\min\ c^T x \\ \text{bzgl.}\quad &Hx = d \\ &a \leqslant x \leqslant b. \end{aligned} \tag{5.17}$$

Eine erste, zulässige Lösung $x^{(0)}$ zu (5.17) kann mit Algorithmus 5.3, der nur primal arbeitet, bestimmt werden. Ist x ein beliebiger, zulässiger Fluß, so lassen sich alle zulässigen Veränderungsvektoren $\hat{x}$ von x durch Lösungen von

$$\begin{aligned} &H\hat{x} = 0 \\ &\hat{x}_j \geqslant 0, \quad \text{falls } x_j = a_j \\ &\hat{x}_j \leqslant 0, \quad \text{falls } x_j = b_j \end{aligned} \tag{5.18}$$

darstellen. Es ist nun möglich, (5.18) so zu schreiben, daß alle Variablen nichtnegativ sind. Dazu setzt man

a) $\tilde{x}_j := \hat{x}_j$, falls $x_j = a_j$,

b) $\tilde{x}_j := -\hat{x}_j$, falls $x_j = b_j$, und

c) im Falle $a_j < x_j < b_j$ stellt man $\hat{x}_j$ als Differenz zweier nichtnegativer Variablen dar: $\hat{x}_j = \tilde{x}_j^+ - \tilde{x}_j^-$; $\tilde{x}_j^+, \tilde{x}_j^- \geqslant 0$.

Auf analoge Weise erhält man aus c den Vektor $\tilde{c}$ und aus H die Matrix $\tilde{H}$. (5.18) geht dann über in

$$\begin{cases} \tilde{H}\tilde{x} = 0 \\ \tilde{x} \geqslant 0 \end{cases}. \tag{5.19}$$

$\tilde{H}$ kann als Inzidenzmatrix eines Inkrementgraphen interpretiert werden (vgl. Abschn. 4.5.3). Ein zulässiger Fluß x kann also verbessert werden, falls eine Lösung $\tilde{\xi}$ von (5.19) existiert, für die $\tilde{c}^T\tilde{\xi} < 0$ gilt, bzw. falls das Problem

$$\begin{aligned} &\min\ \tilde{c}^T\tilde{x} \\ \text{bzgl.}\quad &\tilde{H}\tilde{x} = 0 \\ &\tilde{x} \geqslant 0 \end{aligned} \tag{5.20}$$

eine unendliche Lösung hat. Dies ist gemäß dem Dualitätssatz genau dann der Fall, wenn der zulässige Bereich des dazu dualen Problems

$$\tilde{H}^T\tilde{t} \leqslant \tilde{c} \tag{5.21}$$

leer ist. (5.21) ist aber identisch mit der Aufgabe (5.15), kann also mit Algorithmus 5.8 gelöst werden. Stellt man dabei fest, daß keine zulässige Lösung existiert, so kann gemäß Abschn. 5.6 ein verallgemeinerter Zyklus-Vektor $\tilde{\xi} \geqslant 0$ mit $\tilde{c}^T\tilde{\xi} < 0$ konstruiert werden, mit dem die momentane, zulässige Lösung x von (5.17) verbessert werden kann.

Algorithmus 5.9

Schritt 1 Bestimme eine zulässige Lösung x.

Schritt 2 Löse das der momentanen, zulässigen Lösung x zugeordnete Problem (5.21). Falls keine zulässige Lösung existiert, gehe zu Schritt 3. Sonst Stop.

Schritt 3 Sei $\tilde{\xi}$ zulässig in (5.20) mit $\tilde{c}^T\tilde{\xi} < 0$. Bestimme den entsprechenden Vektor $\bar{x}$ bezüglich der Matrix H und setze $x := x + \lambda\bar{x}$, wobei $\lambda = \max\{\bar{\lambda} \mid a \leqslant x + \bar{\lambda}\,\bar{x} \leqslant b\}$.

Schritt 4 Gehe zu Schritt 2.

Aus dieser Herleitung ist ersichtlich, daß die sogenannten primalen Verfahren zur Lösung von kostenminimalen Flußproblemen die Eigenschaften dualer Programme sehr stark ausnützen, so daß man sich fragen kann, ob diese Bezeichnung gerechtfertigt ist.

Analog zu Abschn. 4.5.4 sind auch zur Lösung von verallgemeinerten, kostenminimalen Flußproblemen Simplexalgorithmen entwickelt worden (vgl. Maurras, [44]).

5.8 Verallgemeinerte, kostenminimale Flußprobleme mit Nebenbedingungen

In Abschn. 4.8 wurde anhand von einigen Beispielen dargelegt, daß in praktischen Anwendungen bei Flußproblemen sehr oft zusätzliche Nebenbedingungen zu berücksichtigen sind. Es leuchtet unmittelbar ein, daß dies auch bei verallgemeinerten, kostenminimalen Flußproblemen auftreten kann. Aus diesem Grund soll hier nur auf eine Anwendung hingewiesen werden, und zwar auf das erste Beispiel in Abschn. 4.8.1, in dem die kurzfristigen Schulden zu minimalen Zinskosten finanziert werden. In dieser Problemstellung können die Zinszahlungen, wie dies in Fig. 5.3 dargestellt ist, durch den Koeffizienten $h_{i\ell}$ berücksichtigt werden. Man erhält dann ein Flußproblem des verallgemeinerten Typs mit Nebenbedingungen, wobei man für einen gegebenen Input zu Beginn der Planungsperiode am Ende der Planungsperiode einen möglichst großen Output möchte. Auf die Formulierung und Lösung dieser Aufgaben braucht nicht eingegangen zu werden. Beides deckt sich mit den Ausführungen von Abschn. 4.8.

6 Spezielle Probleme

6.1 Das Travelling-Salesman-Problem

6.1.1 Einführung und Problemstellung

Wie der Name des Problems andeutet, geht es hier darum, die Frage der Routenwahl eines Handelsreisenden zu untersuchen. Dieser geht von einer bestimmten Stadt aus, muß $m - 1$ andere Städte besuchen und an den Ausgangsort zurückkehren. Die Frage ist, in welcher Reihenfolge die $m - 1$ Städte anzulaufen sind, damit die zurückgelegte Distanz, die Reisekosten, die Reisezeit etc. minimal sind. Solche geographischen Rundreiseprobleme können auch bei der Belieferung von Filialen, bei Postbetrieben, in Entsorgungsbetrieben etc. auftreten. Sehr oft sind in diesen Fragestellungen noch eine Reihe weiterer Restriktionen zu berücksichtigen, wie etwa die Kapazität und Art der Fahrzeuge, die Länge der Arbeitstage etc. In diesem Fall ist das Travelling-Salesman-Problem oder das Rundreiseproblem im besten Fall eine sehr stark vereinfachte Beschreibung der relevanten Zusammenhänge.

Eine wichtige Anwendung stammt aus dem Produktionsbereich. Es handelt sich um das Umrüstkostenproblem, bei dem eine Anzahl verschiedener Produkte oder Aufträge E_i, $i = 1, \ldots, m$, hintereinander auf derselben Maschine zu bearbeiten sind. Dabei wird angenommen, daß die Anlage nach der Bearbeitung von E_i und vor Beginn der Aktivität E_ℓ umgerüstet werden muß und die betreffenden Kosten $c_{i\ell}$ Einheiten betragen. Fängt der Produktionsprozeß nach Bearbeitung dieser Aufträge jeweils wieder von vorne an, so erhält man, falls keine weiteren Restriktionen zu berücksichtigen sind, ein Rundreiseproblem.

Wie beim Zuordnungsproblem geht es auch hier darum, eine optimale Permutation zu bestimmen. Das zugrundeliegende Problem lautet demnach

$$\min \sum_{i=1}^{m} \sum_{j=1}^{m} c_{ij} x_{ij}$$

$$\text{bzgl.} \quad \sum_{j=1}^{m} x_{ij} = 1, \qquad i = 1, \ldots, m$$

$$-\sum_{i=1}^{m} x_{ij} = -1, \qquad j = 1, \ldots, m$$

$$x_{ij} \in \{0, 1\} \qquad \forall\, i, j = 1, \ldots, m,$$

wobei $c_{ii} = \infty$, $i = 1, \ldots, m$, zu setzen ist. Dieses Modell läßt jedoch außer der identischen Permutation die Menge aller Permutationen zu, während beim Rundreiseproblem nur z y k l i s c h e Permutationen zulässig sind, d. h., Permutationen $\tau: \{1, \ldots, m\} \to \{1, \ldots, m\}$ mit der Eigenschaft, daß es zu jedem $j \in \{1, \ldots, m\}$ ein $\ell \in \{1, \ldots, m\}$ gibt mit $\tau^\ell(1) = j$. Für $m = 6$ erfüllt z. B. $x_{12} = x_{23} = x_{34} = 1$, $x_{45} = x_{56} = x_{64} = 1$, $x_{ij} = 0$ sonst, die Restriktionen des Zuordnungsproblems (vgl. Fig. 6.1). Diese Zuordnungen lassen sich auch in einem Graphen mit sechs Knoten darstellen (vgl. Fig. 6.2). Darin kommt deutlich zum Ausdruck, daß nicht-zyklische Permutationen zwei oder mehr Subtouren ergeben, für deren Bewältigung mehr als ein Vertreter einzusetzen wäre. Die

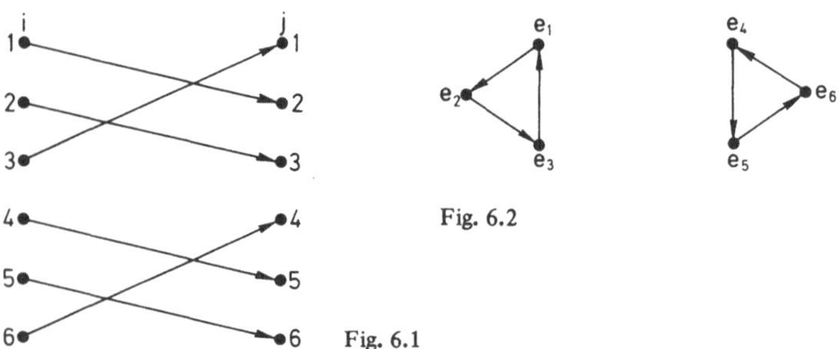

Fig. 6.2

Fig. 6.1

in Fig. 6.2 dargestellte Lösung ist optimal, wenn die drei den Knoten e_1, e_2, e_3 entsprechenden Städte E_1, E_2, E_3 einerseits und die drei den Knoten e_4, e_5, e_6 zugeordneten Städte E_4, E_5, E_6 andererseits nahe beieinander liegen, die beiden Gruppen jedoch weit von einander entfernt sind. Dies wäre beispielsweise mit Basel, Freiburg i. Br., Straßburg und Hamburg, Bremen, Kiel der Fall. Deshalb muß man solche Kurzrundreisen durch zusätzliche Restriktionen der Form

$$\sum_{\nu=1}^{p} x_{i_\nu i_{\nu+1}} < p \tag{6.1}$$

ausschließen, wobei $(e_{i_1}, e_{i_2}, \ldots, e_{i_p})$ der Spur einer Schleife entspricht, $2 \leqslant p \leqslant m/2$ gilt und p ganzzahlig ist. Da alle möglichen Restriktionen des Typs (6.1) eingeführt werden, kann p auf m/2 beschränkt werden. Dadurch wird die Anzahl der Restriktionen zwar kleiner, sie ist aber schon bei relativ kleinen Problemen recht ansehnlich. Der große Nachteil dieses Vorgehens besteht jedoch darin, daß durch die Subtour-Elimination gemäß (6.1) nicht-ganzzahlige Eckpunkte des betreffenden konvexen Polyeders entstehen können (vgl. Weinberger [57]). Diese müssen ihrerseits durch zusätzliche Restriktionen abgeschnitten werden. Bis heute ist man jedoch nicht in der Lage, ein solches Restriktionensystem für das Travelling-Salesman-Problem zu formulieren (vgl. Grötschel, Padberg [22]). Aus diesem Grund werden zur Lösung von Rundreiseproblemen andere Verfahren als diejenigen der linearen Programmierung herangezogen.

Das Travelling-Salesman-Problem ist ein Spezialfall des viel älteren Problems der Bestimmung von Hamiltonschen Linien. Sei G = (E, P) ein endlicher, gerichteter Graph. Berührt ein elementarer, nicht geschlossener Weg bzw. eine elementare Schleife W alle Knoten von E, so heißt W eine *offene* bzw. eine *geschlossene, gerichtete Hamiltonsche Linie* in G. Hier geht es also darum, kostenminimale Hamiltonsche Linien zu bestimmen. Da bezüglich der Bewertung der Pfeile $c_{i\ell} \neq c_{\ell i}$ gelten kann, spricht man auch von asymmetrischen Rundreiseproblemen. Auf das symmetrische Rundreiseproblem wird speziell in Abschn. 6.1.4 eingegangen.

Einem asymmetrischen Rundreiseproblem mit m Städten kann, wie bereits in Fig. 6.2 angedeutet wurde, ein gerichteter Graph mit $E = \{e_1, \ldots, e_m\}$ zugeordnet werden. Setzt man voraus, daß jede Stadt von allen anderen Städten aus erreichbar ist, so ist dieser Graph stark zusammenhängend. Eine fehlende, direkte Verbindung von e_i nach e_ℓ kann durch einen zusätzlichen Pfeil künstlich geschaffen werden, wobei die Bewertung $c_{i\ell}$ der kürzesten Distanz von e_i nach e_ℓ entspricht. Auf diese Weise vermeidet man, daß in einer Rundreise einzelne Knoten wie in Fig. 6.3 mehr als einmal angelaufen werden müssen.

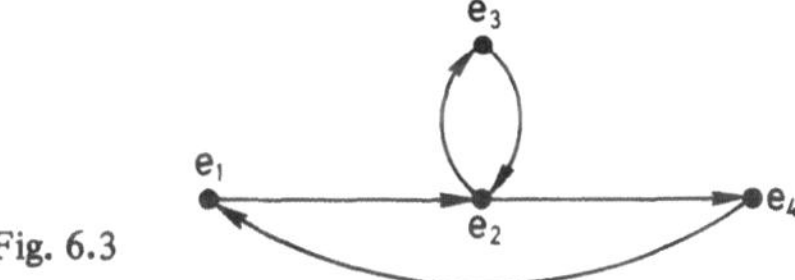

Fig. 6.3

Man erhält so einen gerichteten Graphen $G = (E, P)$ mit den Ecken $e_1, \ldots, e_m$ und der Pfeilmenge $P = \{(e_i, e_\ell) \mid e_i, e_\ell \in E, i \neq \ell\}$, in der nur die Schlingen ausgeschlossen sind. Für die entsprechende Kostenmatrix $C = (c_{i\ell})$, $i, \ell = 1, \ldots, m$, gilt also

a) $c_{i\ell} = \infty$, falls $i = \ell$, und

b) $-\infty < c_{i\ell} < +\infty$, falls $i \neq \ell$.

Ein Rundreiseproblem heißt nun asymmetrisch, wenn $C \neq C^T$ gilt. Andernfalls handelt es sich um ein symmetrisches Problem.

Es wurde bereits darauf hingewiesen, daß zur Behandlung von Tourenproblemen Rundreisen zu bestimmen sind, die eine Reihe von Restriktionen zu befriedigen haben (vgl. u. a. Müller [46] und Liebling [40]). Die Bedingung, von einem Knoten aus eine vorgegebene Anzahl s von kostenminimalen Touren zu bestimmen, kann leicht erfüllt werden. Man nennt dieses Problem das s-Travelling-Salesman-Problem, das für s = 1 in das gewöhnliche Rundreiseproblem übergeht. Ist s = 2, so formuliert man ein neues Problem, indem man G um einen künstlichen Knoten $e_{1'}$ ergänzt und C wie folgt erweitert (vgl. auch Fig. 6.4):

$$c_{1'1'} := c_{1'1} := c_{11'} := \infty$$

$$c_{1'i} := c_{1i}, \qquad i = 1, \ldots, m$$

$$c_{i1'} := c_{i1}, \qquad i = 1, \ldots, m$$

Möchte man höchstens zwei kostenminimale Rundreisen, so ist die Kostenmatrix wie in Fig. 6.5 zu erweitern. Analog verfährt man für s > 2.

	1'	1	
1'	∞	∞	c_{1i}
1	∞	∞	c_{1i}
	c_{i1}	c_{i1}	

Fig. 6.4

	1'	1	
1'	∞	0	c_{1i}
1	0	∞	c_{1i}
	c_{i1}	c_{i1}	

Fig. 6.5

6.1.2 Heuristische Verfahren

Heuristische Verfahren zur Lösung von Rundreiseproblemen gibt es sehr viele. Eines der einfachsten ist das Verfahren des besten Nachfolgers, bei dem man von einer beliebigen Ecke ausgeht und zu jenem Nachfolger geht, der bezüglich der vorgegebenen Kostenmatrix $C = (c_{i\ell})$ mit $c_{ii} = \infty$, $i = 1, \ldots, m$, am nächsten liegt. Von diesem Knoten aus wird unter den noch nicht angelaufenen Knoten der beste Nachfolger ausgewählt etc. Nach $m - 1$ Schritten ist eine Rundreise definiert, da die letzte Verbindung nicht mehr gewählt werden kann. Dieses Verfahren kann z. B. so erweitert werden, daß von jeder Ecke aus eine Rundreise bestimmt wird, unter denen dann die beste ausgelesen wird.

Bessere Ergebnisse sind mit dem Verfahren der sukzessiven Einbeziehung von Knoten (vgl. Müller-Merbach [47]) erzielt worden. Dieses Verfahren startet mit zwei beliebigen Knoten e_i, e_ℓ, durch die eine Rundreise mit den Kosten $c_{i\ell} + c_{\ell i}$ definiert ist. Diese Subtour wird nun aufgebrochen, indem ein zusätzlicher Knoten e_j eingeschoben wird. Man erhält dann zwei mögliche Subtouren:

$$(e_i, e_j, e_\ell, e_i) \quad \text{und} \quad (e_i, e_\ell, e_j, e_i).$$

Unter diesen wählt man die bessere aus und fährt danach fort, weitere Knoten einzufügen. Ist z. B. (e_i, e_j, e_ℓ, e_i) die bessere Variante und wird e_p hinzugenommen, so kann e_p zwischen e_i und e_j, zwischen e_j und e_ℓ oder zwischen e_ℓ und e_i gesetzt werden. Man wählt deshalb die beste von drei Varianten aus, im nächsten Schritt die beste unter vier Möglichkeiten etc. Dieses ebenfalls sehr einfache Verfahren soll nun für die Kostenmatrix

$$C = \begin{pmatrix} \infty & 14 & 20 & 10 & 35 & 18 & 5 \\ 6 & \infty & 7 & 35 & 17 & 9 & 24 \\ 8 & 35 & \infty & 36 & 27 & 3 & 15 \\ 21 & 7 & 12 & \infty & 7 & 4 & 26 \\ 33 & 25 & 6 & 18 & \infty & 19 & 11 \\ 6 & 2 & 22 & 30 & 9 & \infty & 8 \\ 24 & 3 & 12 & 5 & 17 & 16 & \infty \end{pmatrix}$$

durchgerechnet werden, wobei von e_1 und e_2 ausgegangen wird und der Reihe nach die Knoten e_i, $i = 3, \ldots$ hinzugefügt werden. Die beste, näherungsweise Lösung ist die Rundreise mit der Spur $(e_1, e_7, e_4, e_6, e_2, e_5, e_3, e_1)$ mit Kosten von 47 Einheiten (vgl. Tab. 6.1). Vergleichsweise ergibt das Verfahren mit dem besten Nachfolger die Tour $(e_1, e_7, e_2, e_3, e_6, e_5, e_4, e_1)$ und Kosten im Betrag von 66. Im Verfahren der sukzessiven Einbeziehung von Knoten berechnet man den Kostenzuwachs, wenn e_p zwischen die Knoten e_i, e_j eingefügt wird, nach der Formel

$$c_{ip} + c_{pj} - c_{ij}.$$

Damit ist dieser Algorithmus nicht nur einfach, sondern auch sehr schnell. Beide hier beschriebenen Verfahren eignen sich für den symmetrischen und den asymmetrischen Fall gleich gut.

Tab. 6.1

Anzahl Orte	Subtour	Kosten-zuwachs	Gesamt-kosten
2	(e_1, e_2, e_1)	20	20
3	(e_1, e_2, e_3, e_1)	9	29 ←
	(e_1, e_3, e_2, e_1)	41	61
4	$(e_1, e_4, e_2, e_3, e_1)$	3	32 ←
	$(e_1, e_2, e_4, e_3, e_1)$	40	69
	$(e_1, e_2, e_3, e_4, e_1)$	49	78
5	$(e_1, e_5, e_4, e_2, e_3, e_1)$	43	75
	$(e_1, e_4, e_5, e_2, e_3, e_1)$	25	57
	$(e_1, e_4, e_2, e_5, e_3, e_1)$	16	48 ←
	$(e_1, e_4, e_2, e_3, e_5, e_1)$	52	84
6	$(e_1, e_6, e_4, e_2, e_5, e_3, e_1)$	38	86
	$(e_1, e_4, e_6, e_2, e_5, e_3, e_1)$	−1	47 ←
	$(e_1, e_4, e_2, e_6, e_5, e_3, e_1)$	1	49
	$(e_1, e_4, e_2, e_5, e_6, e_3, e_1)$	35	83
	$(e_1, e_4, e_2, e_5, e_3, e_6, e_1)$	1	49
7	$(e_1, e_7, e_4, e_6, e_2, e_5, e_3, e_1)$	0	47 ←
	$(e_1, e_4, e_7, e_6, e_2, e_5, e_3, e_1)$	38	85
	$(e_1, e_4, e_6, e_7, e_2, e_5, e_3, e_1)$	9	56
	$(e_1, e_4, e_6, e_2, e_7, e_5, e_3, e_1)$	24	71
	$(e_1, e_4, e_6, e_2, e_5, e_7, e_3, e_1)$	17	64
	$(e_1, e_4, e_6, e_2, e_5, e_3, e_7, e_1)$	31	78

6.1.3 Ein Branch-and-Bound-Verfahren zur Lösung des asymmetrischen Rundreiseproblems

Zur Lösung von Travelling-Salesman-Problemen sind viele Branch-and-Bound-Verfahren entwickelt worden. Hier wird dasjenige von Little, Murty, Sweeney und Karel [42] behandelt, da es auch für relativ große Probleme (z. B. m = 80) gute Resultate liefert.

6.1.3.1 Die Grundidee des Verfahrens Zu Beginn des Verfahrens haben alle Variablen den Wert Null. Greift man nun eine Variable $x_{i\ell}$ heraus und setzt $x_{i\ell} := 1$, so wird die Verbindung von e_i nach e_ℓ ausgewählt. Damit scheiden aber sofort eine ganze Reihe von Verbindungen aus (vgl. Fig. 6.6). Wird z. B. $x_{12} = 1$ gesetzt, so sind (e_2, e_1) und alle Pfeile, die

a) in e_2 enden oder b) in e_1 beginnen,

nicht mehr relevant. Werden diese Pfeile gestrichen und $e_1, e_2, (e_1, e_2)$ geschrumpft, so erhält man den Graphen eines Rundreiseproblems mit $m - 1$ Knoten etc. (vgl. Fig. 6.7). Überträgt man diese Änderungen in die Kostenmatrix C, so ist im allgemeinen Fall $(x_{i\ell} = 1)$

a) die i-te Zeile und

b) die ℓ-te Spalte von C zu streichen sowie

c) $c_{\ell i} := M$

(M sehr groß) zu setzen. Man behält also nur diejenigen Pfeile bzw. Verbindungen bei, die für eine Rundreise noch gewählt werden können.

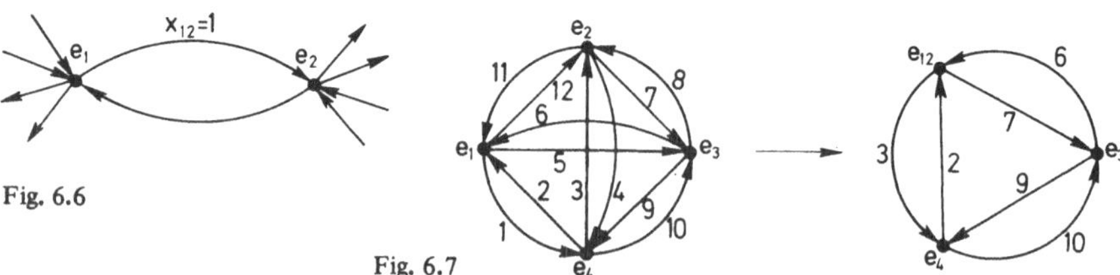

Fig. 6.6

Fig. 6.7

Analog zu c) sind u. U. Subtouren mit drei und mehr Knoten auszuschließen. Gilt in Fig. 6.8 $x_{12} = x_{34} = 1$ und wird dann die Verbindung (e_2, e_3) gewählt, so sind durch das Streichen der betreffenden Zeilen und Spalten in der Matrix C zwischen diesen Knoten alle Verbindungen außer (e_4, e_1) eliminiert worden. Wird in diesem Beispiel also $x_{23} = 1$ gesetzt, so ist anstelle von c_{32} das Element $c_{41} := M$ zu setzen, um eine

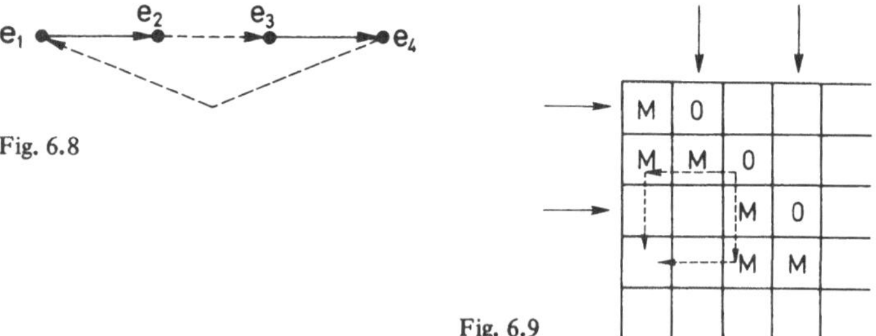

Fig. 6.8

Fig. 6.9

Subtour mit vier Knoten auszuschließen. In Fig. 6.9 entsprechen die Nullen den Zuordnungen und die Pfeile den gestrichenen Zeilen und Spalten. Da bei der Wahl der Verbindungen $(e_1, e_2), (e_3, e_4)$ $c_{21} := M, c_{43} := M$ gesetzt wurde, gibt es eine sehr einfache, allgemeine Regel, um $c_{41} := M$ zu setzen: Wird ein Feld (i, ℓ) gewählt und gilt $c_{ij} = M$, $c_{p\ell} = M$, so ist $c_{pj} := M$ zu setzen, falls das Feld (p, j) noch nicht gestrichen wurde.

Die Sperre eines Feldes (i, j) mit $c_{ij} = M$ muß später eventuell wieder rückgängig gemacht werden. Möchte man den ursprünglichen Wert nicht speichern, so setzt man $c_{ij} := c_{ij} + M$. Den Ausgangswert erhält man dann durch $c_{ij} := c_{ij} - M$ wieder zurück.

Wird hingegen die zu Beginn gewählte Variable $x_{i\ell} := 0$ gesetzt, so wird die Verbindung von e_i nach e_ℓ ausgeschlossen. In der Kostenmatrix C ist dann einfach $c_{i\ell} := M$ bzw. $c_{i\ell} := c_{i\ell} + M$ zu setzen. Danach kann im abgeänderten Rundreiseproblem mit gleich vielen Städten eine weitere Variable gewählt und entweder 0 oder 1 gesetzt werden. Anschaulich gesprochen durchläuft man dabei einen Weg in einem gerichteten Baum (vgl. Fig. 6.10). Dem Ausgangsknoten entspricht das ursprüngliche Travelling-Salesman-Problem. Durch die Wahl einer Variablen $x_{i\ell}$, die entweder 0 oder 1 gesetzt werden kann,

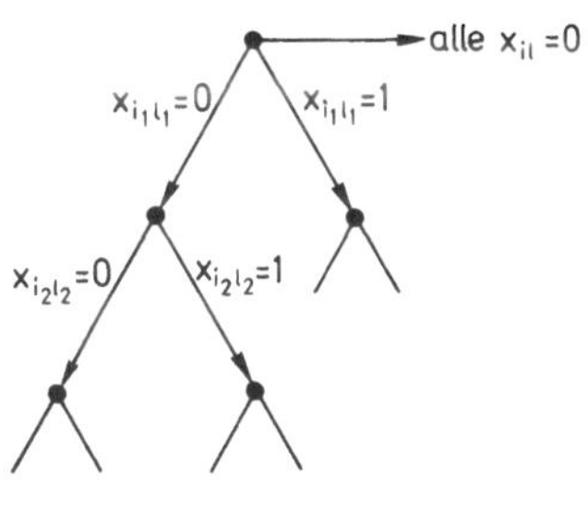

Fig. 6.10

geht man zu einem der Nachfolger über, denen wieder je ein Travelling-Salesman-Problem entspricht etc. Verzweigt man im Baum immer nach links (Nullsetzen der Variablen), so kommt keine Rundreise zustande. Wird hingegen immer nach rechts verzweigt, so erhält man nach $m - 1$ Schritten eine solche, wenn die Graphen jeweils wie oben beschrieben geschrumpft werden.

Da der Baum in Fig. 6.10 schon für relativ kleine Probleme sehr umfangreich wird, ist zu überlegen, wie eine systematische Suche nach der optimalen Lösung zu organisieren ist, damit möglichst große Bereiche des Baumes nicht betrachtet werden müssen, weil man frühzeitig realisiert, daß ein bestimmter Weg zu keiner oder höchstens zu keiner besseren Rundreise als eine bereits ermittelte führt. Zu diesem Zweck ordnet man jedem Knoten im Baum eine untere Schranke für den Zielfunktionswert im ursprünglichen Problem zu. Diese Schranken haben die Eigenschaft, daß sie beim Übergang zu einem Nachfolgerknoten nicht abnehmen. Übersteigt dann eine untere Schranke die aktuelle obere Schranke, d. h. den Zielfunktionswert für die beste der bereits bestimmten Rundreisen, so braucht der betreffende Weg im Baum nicht mehr weiter verfolgt zu werden. Man geht zum Vorgängerknoten zurück und versucht dort zu verzweigen. Ist das nicht möglich, so geht man im Baum weiter rückwärts etc.

6.1.3.2 Das Branch-and-Bound-Prinzip von Little, Murty, Sweeney und Karel Die Bestimmung von unteren Schranken für den Zielfunktionswert des Rundreiseproblems ist besonders einfach. Die duale Aufgabe des Zuordnungsproblems lautet

$$\begin{aligned} &\max \sum_i u_i + \sum_j z_j \\ &\text{bzgl.} \quad u_i + z_j \leq c_{ij} \quad \forall\, i, j. \end{aligned} \tag{6.2}$$

Nach der Theorie der linearen Optimierung gilt gemäß Satz A. 1 für alle zulässigen Lösungen

$$\sum_i u_i + \sum_j z_j \leqslant \sum_i \sum_j c_{ij} x_{ij}.$$

Eine zulässige Lösung von (6.2) liefert also immer eine untere Schranke. Sie kann sehr leicht durch sukzessive Zeilen- und Spaltenreduktion der Kostenmatrix C bestimmt werden:

Schritt 1 Bestimme $u_i := \min \{c_{ij} \mid 1 \leqslant j \leqslant m\}, i = 1, \ldots, m.$

Schritt 2 Setze $c_{ij} := c_{ij} - u_i \quad \forall\, i, j = 1, \ldots, m.$

Schritt 3 Bestimme $z_j := \min \{c_{ij} \mid 1 \leqslant i \leqslant m\}, j = 1, \ldots, m.$

Schritt 4 Setze $c_{ij} := c_{ij} - z_j \quad \forall\, i, j = 1, \ldots, m.$

Durch diese Veränderung der Kostenmatrix wird die Menge der Optimallösungen des Ausgangsproblems nicht verändert, denn es gilt

$$\sum_i \sum_j (c_{ij} - u_i - z_j)\, x_{ij} = \sum_i \sum_j c_{ij} x_{ij} - \sum_i u_i - \sum_j z_j,$$

da gemäß den Restriktionen des Zuordnungsproblems $\sum_j x_{ij} = 1, i = 1, \ldots, m$, und $\sum_i x_{ij} = 1, j = 1, \ldots, m$, ist. Man löst also das ursprüngliche Problem, wobei der Wert der Zielfunktion um die untere Schranke $\Sigma u_i + \Sigma z_j$ kleiner ausfällt.

Nach dieser Matrixreduktion enthält die Kostenmatrix C in jeder Zeile und in jeder Spalte mindestens eine Null. Außerdem sind alle Koeffizienten $c_{i\ell} \geqslant 0$. Man wählt deshalb eine Variable $x_{i\ell}$, für die $c_{i\ell} = 0$ gilt, und verzweigt grundsätzlich nach rechts. Da aber alle solchen Nullfelder (i, ℓ) gleich gut sind, um $x_{i\ell} = 1$ zu setzen, stellt sich die Frage, welches Nullfeld gewählt werden soll. Kommt man im Verlauf der Berechnungen wieder zu diesem Knoten im Baum zurück, so wird die Variable $x_{i\ell} := 0$ bzw. $c_{i\ell} := M$ gesetzt und nach links verzweigt. Wegen $c_{i\ell} = M$ ist u. U. eine weitere Matrixreduktion möglich, welche die untere Schranke im betreffenden Nachfolgerknoten im Baum weiter erhöht. Sind diese Zunahmen bei Verzweigungen nach links groß, so hat man eine gewisse Gewähr, daß die unteren Schranken möglichst bald größer als die bisher kleinste obere Schranke sind, worauf der betreffende Weg im Baum nicht mehr weiter verfolgt werden muß. Aus diesem Grund wird $x_{i\ell}$ wie folgt bestimmt:

> Wähle ein Feld (i, ℓ) mit $c_{i\ell} = 0$, für welches $\min \{c_{ip} + c_{q\ell} \mid p \neq \ell, q \neq i\}$ maximal ist.

Bei einer Verzweigung nach rechts, d. h. beim Übergang zu einem kleineren Problem, wird, wie oben ausgeführt, bei der Wahl der Verbindung (e_i, e_ℓ) $c_{\ell i} := c_{\ell i} + M$ bzw. $c_{pj} := c_{pj} + M$ gesetzt. Geht bei dieser Operation ein Nullfeld verloren, so ist dieses durch eine zusätzliche Reduktion in der Zeile ℓ bzw. p oder in der Spalte i bzw. j zu ersetzen und die untere Schranke entsprechend zu erhöhen.

6.1.3.3 Das Verfahren Die Ausführungen des letzten Abschnittes lassen sich nun wie folgt zusammenfassen. Gegeben sei eine Kostenmatrix C eines Rundreiseproblems mit m Städten.

Algorithmus 6.1

S c h r i t t 1 Setze $s := 1, b := M$.

S c h r i t t 2 Führe die Matrixreduktion durch, d. h., berechne die untere Schranke $u := \Sigma u_i + \Sigma z_j$.

S c h r i t t 3 Wähle ein Feld (i, ℓ) mit $c_{i\ell} = 0$, für welches $\lambda := \min \{c_{ip} + c_{q\ell} \mid 1 \leqslant p \leqslant m, \ell \leqslant q \leqslant m, p \neq \ell, q \neq i\}$ maximal ist. Setze $v(s) := i, n(s) := \ell, a(s) := u + \lambda$. Falls $s = m - 1$, gehe zu Schritt 7.

S c h r i t t 4 Bilde das kleinere Rundreiseproblem: Streiche Zeile i und Spalte ℓ von C, setze $c_{\ell i} := c_{\ell i} + M$ bzw. sperre mögliche Subtouren mit drei und mehr Knoten.

S c h r i t t 5 Falls in Schritt 4 ein Nullfeld verloren geht, führe im kleineren Problem bez. diesem Feld eine Zeilen- oder Spaltenreduktion aus und erhöhe u entsprechend. Setze $s := s + 1$ (Verzweigung nach rechts).

S c h r i t t 6 Falls $u < b$, gehe zu Schritt 3. Sonst gehe zu Schritt 11.

S c h r i t t 7 Definiere $v(m), n(m)$ und gehe zu Schritt 8.

S c h r i t t 8 Bilde mit $v(i), n(i), i = 1, \ldots, m$, die betreffende Rundreise. Setze $b := u + c_{v(m), n(m)}$ und gehe zu Schritt 12.

S c h r i t t 9 Falls $s = 1$, Stop.

S c h r i t t 10 Mache alle Linksabzweigungen auf der Stufe s rückgängig.

S c h r i t t 11 Mache die letzte Rechtsabzweigung bzw. Schritt 4 und 5 rückgängig und setze $s := s - 1$.

S c h r i t t 12 Falls $a(s) \geqslant b$, gehe zu Schritt 9. Sonst gehe zu Schritt 13.

S c h r i t t 13 Setze $c_{v(s), n(s)} := c_{v(s), n(s)} + M$, führe eine Matrixreduktion durch und setze $u := a(s)$ (Verzweigung nach links). Gehe zu Schritt 3.

Zur Lösung der rechentechnischen Probleme schlägt L i e s e g a n g [41] vor, für jede Zeile und jede Spalte eine Variable einzuführen, die eins gesetzt wird, wenn die entsprechende Zeile oder Spalte gestrichen wird und sonst Null ist. Mit Hilfe dieser Variablen können dann auch die nicht notwendigen Operationen an gestrichenen Matrixelementen sehr leicht vermieden werden. Das Rückgängigmachen von Verzweigungen wird durch Speicherung von Daten ermöglicht:

a) V e r z w e i g u n g n a c h r e c h t s. Wegen $i = v(s)$ und $\ell = n(s)$ kann Schritt 4 ohne zusätzlichen Speicheraufwand rückgängig gemacht werden. Bezüglich Schritt 5 definiert man einen Bereich $VR(q), q = 1, 2, \ldots$, und einen Zähler ZVR, der zu Beginn des Verfahrens Null gesetzt wird. Bei einer Verzweigung führt man aus:

$VR(ZVR + 1) :=$ Höhe der Reduktion

$VR(ZVR + 2) :=$ Zeilen- oder Spaltennummer (Spaltennummer negativ)

$ZVR := ZVR + 2$

Hat man nun in Schritt 11 den Zustand auf der Stufe $s - 1$ wieder hergestellt, so wird ZVR herabgesetzt und dann weitergefahren.

b) Verzweigung nach links. Wie oben wird zu Beginn ZVL = 0 gesetzt, und in Schritt 13 speichert man folgende Informationen:

VL(ZVL + 1) := v(s) VL(ZVL + 4) := Reduktion in der Spalte

VL(ZVL + 2) := n(s) VL(ZVL + 5) := s

VL(ZVL + 3) := Reduktion in der Zeile ZVL := ZVL + 5

Ist beim Rücklauf ZVL > 0 und VL(ZVL) = s, so sind die Änderungen rückgängig zu machen und ZVL um 5 herabzusetzen.

Das Verfahren ist somit nicht nur einfach, es ist auch vom Speicheraufwand her gesehen vorteilhaft, was bei Branch-and-Bound-Verfahren sehr oft nicht zutrifft. Untersuchungen von Liesegang, die auf einer CDC 6400 durchgeführt wurden, haben gezeigt, daß dieser Algorithmus auch große Probleme in vernünftiger Zeit zu lösen vermag. Die durchschnittlichen Rechenzeiten von Problemen, deren Kostenmatrizen C mit einem Zufallszahlengenerator erzeugt wurden, sind in Tab. 6.2 aufgeführt. Wird das Anspruchsniveau

Tab. 6.2

m	durchschnittliche Rechenzeit in Sekunden
10	0.23
20	1.15
40	22.2
80	93.8

gesenkt, d. h., begnügt man sich mit einer Lösung, deren Kosten sich um nicht mehr als einen vorgegebenen Prozentsatz von den Kosten der optimalen Lösung unterscheiden, so kann die obere Schranke b im Verfahren entsprechend gesenkt werden. Dadurch werden einzelne Wege im Baum weniger weit verfolgt, denn in den Schritten 6 bzw. 12 ist $u \geqslant b$ bzw. $a(s) \geqslant b$ eher erfüllt. Man spart so Rechenzeit, erhält aber u. U. eine Lösung, die nicht ganz optimal ist.

Nun soll Algorithmus 6.1 auf das Beispiel mit der Kostenmatrix C angewendet werden.

$$
\begin{array}{c}
\begin{array}{ccccccc} 1 & 2 & 3 & 4 & 5 & 6 & 7 \end{array} \leftarrow \text{Spaltennummern} \\
C = \begin{pmatrix}
M & 14 & 20 & 10 & 35 & 18 & 5 \\
6 & M & 7 & 35 & 17 & 9 & 24 \\
8 & 35 & M & 36 & 27 & 3 & 15 \\
21 & 7 & 12 & M & 7 & 4 & 26 \\
33 & 25 & 6 & 18 & M & 19 & 11 \\
6 & 2 & 22 & 30 & 9 & M & 8 \\
24 & 3 & 12 & 5 & 17 & 16 & M
\end{pmatrix}
\begin{array}{c} 1 \\ 2 \\ 3 \\ 4 \\ 5 \\ 6 \\ 7 \end{array} \\
\uparrow \text{Zeilennummer}
\end{array}
$$

Durch Zeilen- und Spaltenreduktion erhält man u := 34 und aus C die Matrix

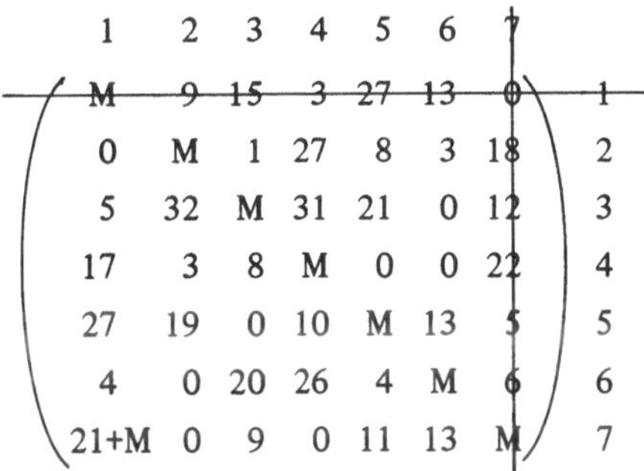

In dieser Matrix wird gemäß Schritt 3 x_{17} ausgewählt und für s = 1 v(1) := 1, n(1) := 7, a(1) := 34 + 8 gesetzt. Danach werden in Schritt 4 die erste Zeile und die siebente Spalte gestrichen, c_{71} := 21 + M und s := 2 gesetzt. Diese Schritte werden nun für die nächstfolgenden, kleineren Matrizen wiederholt, da in Schritt 6 jeweils u < b gilt:

$$\begin{array}{cccccc|c} 1 & 2 & 3 & 4 & 5 & 6 & \\ \hline 0 & M & 1 & 27 & 8 & 3 & 2 \\ 5 & 32 & M & 31 & 21+M & 0 & 3 \\ 17 & 3 & 8 & M & 0 & 0 & 4 \\ 27 & 19 & 0 & 10 & M & 13 & 5 \\ 4 & 0 & 20 & 26 & 4 & M & 6 \\ 21+M & 0 & 9 & 0 & 11 & 13 & 7 \end{array}$$

v(2) := 5, n(2) := 3,
a(2) := 34 + 11,
s := 3.

$$\begin{array}{ccccc|c} 1 & 2 & 4 & 5 & 6 & \\ \hline 0 & M & 27 & 8 & 3 & 2 \\ 5 & 32 & 31 & 21+M & 0 & 3 \\ 17+M & 3 & M & 0 & 0 & 4 \\ 4 & 0 & 26 & 4 & M & 6 \\ 21+M & 0 & 0 & 11 & 13 & 7 \end{array}$$

v(3) := 7, n(3) := 4,
a(3) := 34 + 26,
s := 4.

$$\begin{array}{cccc|c} 1 & 2 & 5 & 6 & \\ \hline 0 & M & 8 & 3 & 2 \\ 5 & 32 & 21+M & 0 & 3 \\ 17+M & 3+M & 0 & 0 & 4 \\ 4 & 0 & 4 & M & 6 \end{array}$$

v(4) := 2, n(4) := 1,
a(4) := 34 + 7,
s := 5.

$$\begin{array}{ccc|c} 2 & 5 & 6 & \\ 32 & 21+M & 0 & 3 \\ 3+M & 0 & 0+M & 4 \\ 0 & 4 & M & 6 \end{array}$$

$v(5) := 6, n(5) := 2,$
$a(5) := 34 + 36,$
$s := 6.$

$$\begin{array}{cc|c} 5 & 6 & \\ 21+M & 0 & 3 \\ 0 & 0+M & 4 \end{array}$$

$v(6) := 3, n(6) := 6,$
$a(6) := M, v(7) := 4, n(7) := 5,$
$b := 34 + c_{45} = 34.$

Beim Rücklauf werden alle diese Matrizen sukzessive wieder generiert, wobei in Schritt 12 immer $a(s) \geqslant b$ erfüllt, d. h., nie eine Linksabzweigung durchzuführen ist. Damit ist bereits eine optimale Rundreise gefunden. Ihre Spur lautet

$$(e_1, e_7, e_4, e_5, e_3, e_6, e_2, e_1),$$

und die Kosten belaufen sich auf 34 Einheiten gegenüber 47 und 66 Einheiten mit den heuristischen Verfahren. Dabei wurde kein einziges Mal nach links verzweigt.

6.1.4 Ein Branch-and-Bound-Verfahren zur Lösung des symmetrischen Rundreiseproblems

6.1.4.1 Einführung Schon die Untersuchungen von Little, Murty, Sweeney und Karel (vgl. [42], S. 988) haben gezeigt, daß ihr Algorithmus für das symmetrische Rundreiseproblem nicht besonders effizient ist, da die unteren Schranken zu schwach sind, um wirklich eliminierend wirken zu können. Aus diesem Grund haben Held und Karp [28] einen speziellen Branch-and-Bound-Algorithmus entwickelt, der infolge besserer unterer Schranken wesentlich schneller läuft.

Für die in Abschn. 6.1.1 definierte Kostenmatrix gilt im symmetrischen Rundreiseproblem $C = C^T$. Es spielt also keine Rolle mehr, in welcher Richtung eine direkte Verbindung zwischen zwei Knoten durchlaufen wird. Aus diesem Grund kann das Problem über einem ungerichteten Graphen $G = (E, K)$ mit den Ecken $e_1, \ldots, e_m$ und den Kanten $k_1, \ldots, k_n$, in welchem je zwei Knoten $e_i, e_\ell, i \neq \ell$, durch genau eine Kante verbunden sind, betrachtet werden. Analog wie bei gerichteten Graphen spricht man von einer *geschlossenen* bzw. *offenen Hamiltonschen Linie*, wenn eine elementare, geschlossene bzw. offene Kette F sämtliche Ecken von G berührt. Da in jedem Knoten von E genau zwei Kanten von F inzidieren, erhält man im symmetrischen Fall das Linearprogramm

$$\begin{aligned} &\min \sum_{j=1}^{n} c_j x_j \\ \text{bzgl.} \quad &\sum_{p_j \in I(e_i)} x_j = 2, \qquad i = 1, \ldots, m \qquad (6.3) \\ &0 \leqslant x_j \leqslant 1, \qquad j = 1, \ldots, n. \end{aligned}$$

Dabei bezeichne $I(e_i)$ die mit e_i inzidierenden Kanten. Die Restriktionsmatrix von (6.3) ist eine verallgemeinerte Inzidenzmatrix. Das Problem kann also mit Verfahren aus Abschn. 5 gelöst werden. Wie beim asymmetrischen Problem können hier ebenfalls Subtouren entstehen, die durch zusätzliche Restriktionen eliminiert werden müßten. Auch hier kennt man noch nicht alle Ungleichungen, die das Problem vollständig beschreiben (vgl. Chvatal [3]). Es sind also wieder die gleichen Überlegungen wie beim asymmetrischen Rundreiseproblem, welche die Anwendung von Branch-and-Bound-Verfahren nahelegen. Das Verfahren von Held und Karp, das von Helbig Hansen und Krarup [27] verbessert wurde, liefert für Probleme mit bis zu 80 Städten sehr gute Resultate: unter 80 s auf einer IBM 360/75 (vgl. [27]). Es soll deshalb im folgenden beschrieben werden.

6.1.4.2 Untere Schranken für eine Rundreise Bei der Berechnung der unteren Schranken werden kürzeste Gerüste berechnet. Da eine Rundreise in einen speziellen Baum (eine Kette F) und zwei Kanten, die mit e_1 inzidieren, zerlegt werden kann, definiert man allgemein 1 – Bäume als Graphen $\overline{G} = (E, \overline{K})$ mit den Ecken $e_1, \ldots, e_m$, wobei

a) der Untergraph $\overline{G}_{E-\{e_1\}}$ ein Baum ist und

b) mit e_1 zwei Kanten inzidieren.

Fig. 6.11 zeigt ein Beispiel für einen 1-Baum, der keine Rundreise darstellt.

Analog wie in Abschn. 2.7.5 können auch 1-Bäume durch

$$\ell_B(\overline{G}) := \sum_{k_j \in \overline{K}} c_j$$

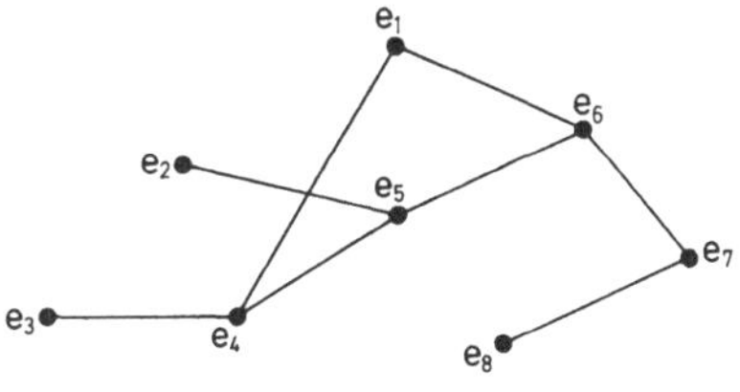

Fig. 6.11

bewertet werden. 1-Bäume $\overline{G} = (E, \overline{K})$, welche Teilgraphen von Graphen $G = (E, K)$ sind, heißen auch 1 - Gerüste von G. Man nützt hier die Tatsache aus, daß kostenminimale 1-Gerüste sehr leicht bestimmt werden können, indem man im Untergraph $G_{E-\{e_1\}}$ ein kostenminimales Gerüst und danach die beiden kürzesten Kanten, die mit e_1 inzidieren, bestimmt. Ist ein kostenminimales 1-Gerüst eine Rundreise, dann ist diese Rundreise optimal. Um im Verfahren möglichst schnell auf einen solchen Fall zu stoßen, ändert man mit Hilfe der Dualvariablen t_i, $i = 1, \ldots, m$, die Kantenlängen $c_{i\ell}$. Aus den Restriktionen von (6.3) folgt, daß für ein beliebiges $t \in \mathbf{R}^m$ durch

$$c_{i\ell} := c_{i\ell} + t_i + t_\ell, \qquad i, \ell = 1, \ldots, m, \tag{6.4}$$

die Menge der Optimallösungen von (6.3) nicht verändert wird. Die Minimalitätseigenschaft des 1-Gerüstes muß jedoch nicht invariant unter dieser Transformation sein.

Für irgend eine Kostenmatrix C ist die Länge des kürzesten 1-Gerüstes kleiner oder gleich der Länge der kürzesten Rundreise. Aus diesem Grund gilt bezüglich (6.4)

$$\min_k \left[z^{(k)} + \sum_{i=1}^{m} t_i \delta_{ik} \right] \leqslant z^* + 2 \sum_{i=1}^{m} t_i, \tag{6.5}$$

wobei $z^{(k)}$ die Länge des k-ten 1-Gerüstes, z^* die Länge der optimalen Rundreise sowie δ_{ik} der Grad von e_i im k-ten 1-Gerüst ist. Definiert man für das k-te 1-Gerüst einen Vektor $r^{(k)} = (r_1^{(k)}, \ldots, r_m^{(k)})^T$ mit $r_i^{(k)} := \delta_{ik} - 2$, so folgt für

$$w(t) := \min_k \, [z^{(k)} + t^T r^{(k)}] \tag{6.6}$$

aus (6.5) die Beziehung

$$w(t) \leqslant z^*.$$

Um gute untere Schranken zu bekommen, ist also w(t) zu maximieren. Dies ist nicht ganz einfach. Hingegen erhält man w(t), indem man ein kürzestes 1-Gerüst mit den Kantenlängen $c_{i\ell} + t_i + t_\ell$ bestimmt und von der Gesamtlänge $2 \cdot \sum_i t_i$ subtrahiert, sehr leicht und schnell.

6.1.4.3 Die näherungsweise Berechnung von max w(t) Die Näherung für das Maximum von w(t) wird iterativ berechnet nach der Formel

$$t^{(s+1)} := t^{(s)} + \lambda^{(s)} r^{(k(t^{(s)}))}, \tag{6.7}$$

wobei $t^{(s)} \in \mathbf{R}^m$, $k(t^{(s)})$ der Index eines minimalen 1-Gerüstes im Punkt $t^{(s)}$ und $\lambda^{(s)}$ ein Skalar ist, der von Held und Karp während des Verfahrens fast immer konstant gehalten und meistens durch $\lambda^{(s)} := 1$ definiert wird. Die Begründung für (6.7) erfolgt durch

Lemma 6.1 Gilt für beliebige Vektoren $\bar{t} \in \mathbf{R}^m$ die Beziehung $w(\bar{t}) \geqslant w(t)$, dann gilt

$$(\bar{t} - t)^T r^{(k(t))} \geqslant w(\bar{t}) - w(t) \geqslant 0.$$

B e w e i s. Aus (6.6) folgt

$$w(\bar{t}) = \min_k \, [z^{(k)} + \bar{t}^T r^{(k)}] \leqslant z^{(k(t))} + \bar{t}^T r^{(k(t))}.$$

Davon ist

$$w(t) = z^{(k(t))} + t^T r^{(k(t))}$$

zu subtrahieren. ∎

Für die geometrische Interpretation von (6.7) betrachtet man am besten den abgeschlossenen Halbraum, der durch die Punkte

$$B_{k(t)} := \{\xi \in \mathbf{R}^m \mid \xi^T r^{(k(t))} \geqslant t^T r^{(k(t))}\}$$

definiert ist. Die Hyperebene, die diesen Halbraum begrenzt, enthält den Punkt t, und $r^{(k(t))}$ ist ihre Normale. Für alle $\bar{t} \in B_{k(t)}$ gilt deshalb (vgl. auch Fig. 6.12)

$$(\bar{t} - t)^T r^{(k(t))} \geqslant 0.$$

$B_{k(t)}$ enthält also alle Punkte $\bar{t}$ mit $w(\bar{t}) - w(t) \geqslant 0$. Speziell liegt in diesem Halbraum ein Punkt $\bar{t}$, für den w maximal ist. Es ist deshalb möglich, durch eine hinreichend kleine Änderung von t in Richtung der Normalen r den Wert von w zu erhöhen.

Die Iterationen mit (6.7) werden abgebrochen, wenn w in einem Block von p aufeinander folgenden Berechnungen nicht erhöht werden kann. Die beiden Parameter $\lambda^{(s)}$

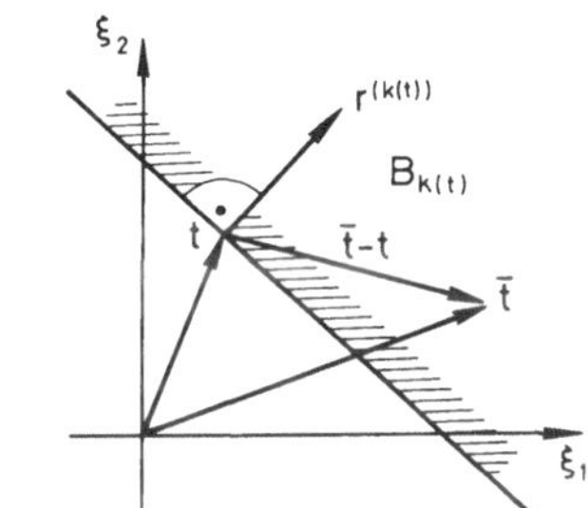

Fig. 6.12

und p, die vorzugeben sind, beeinflussen den Ablauf ganz wesentlich. Held und Karp haben wie bereits erwähnt praktisch immer $\lambda^{(s)} := \bar{\lambda} := 1$ gesetzt, während p in den meisten Fällen zwischen 20 und 30 schwankte und vereinzelt auch höher angesetzt wurde (vgl. [28]).

Helbig Hansen und Krarup [27] haben Strategien für die Wahl der Parameter untersucht und das Verfahren mit einer speziellen, variablen Festsetzung von $\lambda^{(s)}$ effizienter gestaltet. Der andere Parameter wird von ihnen meistens

$$p := 4 + \left[\frac{n}{10}\right]$$

gesetzt, wobei [n/10] die größte ganze Zahl, die kleiner oder gleich n/10 ist, darstellt. In hartnäckigen Fällen wurde jedoch von dieser Regel abgewichen.

Das Verfahren soll nun an einem einfachen Beispiel mit der Kostenmatrix

$$C = \begin{pmatrix} \infty & 15 & 8 & 5 & 4 \\ 15 & \infty & 1 & 12 & 18 \\ 8 & 1 & \infty & 7 & 3 \\ 5 & 12 & 7 & \infty & 6 \\ 4 & 18 & 3 & 6 & \infty \end{pmatrix}$$

veranschaulicht werden. Der entsprechende Graph ist in Fig. 6.13 dargestellt. Die fett eingezeichneten Kanten entsprechen dem minimalen 1-Gerüst für $t^{(0)} = 0$. Mit diesem 1-Gerüst ist $r = (0, -1, 0, 0, 1)$ und $t^{(1)} = (0, -1, 0, 0, 1)$.

$$w(t^{(0)}) = 19$$

$$t^{(0)} = (0, 0, 0, 0, 0)$$

$$\underline{r \quad = (0, -1, 0, 0, 1)}$$

$$t^{(1)} = (0, -1, 0, 0, 1)$$

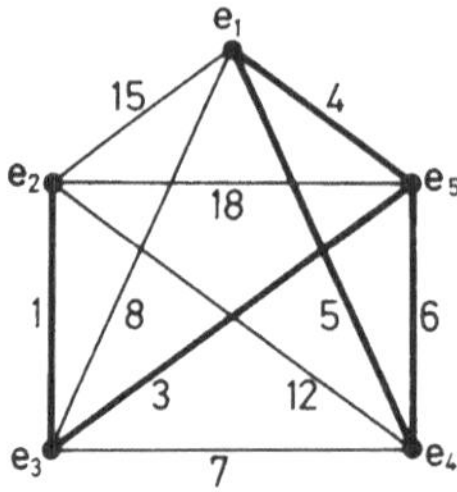

Fig. 6.13

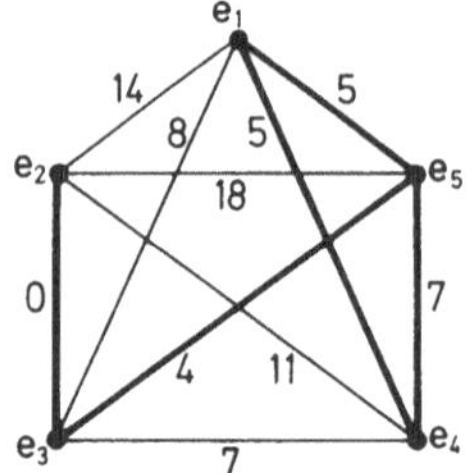

Fig. 6.14

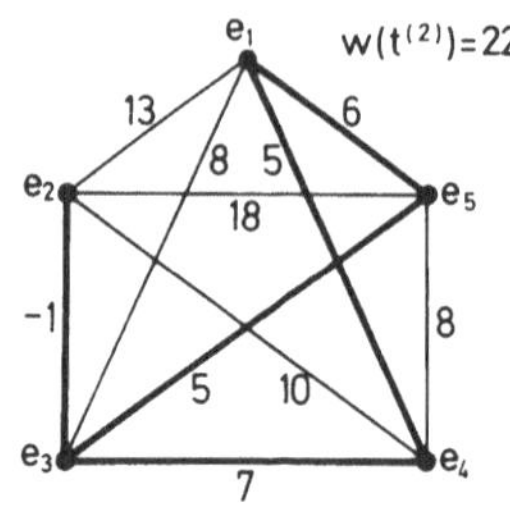

Fig. 6.15

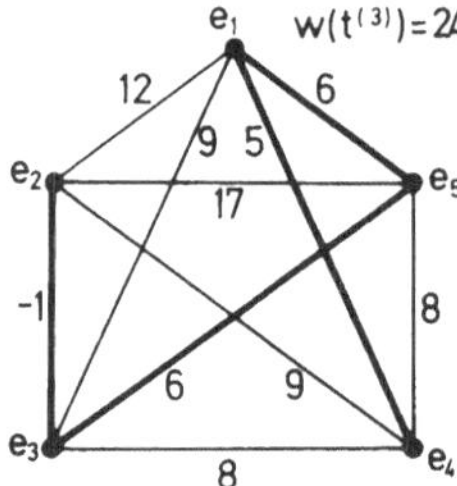

Fig. 6.16

Mit $t^{(1)}$ erhält man die in Fig. 6.14 eingetragene Bewertung und ein neues 1-Gerüst sowie eine neue untere Schranke.

$$w(t^{(1)}) = 21$$

$$t^{(1)} = (0, -1, 0, 0, 1)$$

$$r \quad = (0, -1, 0, 0, 1)$$

$$t^{(2)} = (0, -2, 0, 0, 2)$$

$$\left.\begin{array}{l} t^{(2)} = (0, -2, 0, 0, 2) \\ r \quad = (0, -1, 1, 0, 0) \end{array}\right\} \text{Fig. 6.15.}$$

$$\left.\begin{array}{l} t^{(3)} = (0, -3, 1, 0, 2) \\ r \quad = (0, -1, 0, 0, 1) \end{array}\right\} \text{Fig. 6.16.}$$

$$\left.\begin{array}{l} t^{(4)} = (0, -4, 1, 0, 3) \\ r \quad = (0, -1, 1, 0, 0) \end{array}\right\} \text{Fig. 6.17.}$$

$$t^{(5)} = (0, -5, 2, 0, 3)$$

$$r \quad = (0, \quad 0, 0, 0, 0) \rightarrow \text{Stop}$$

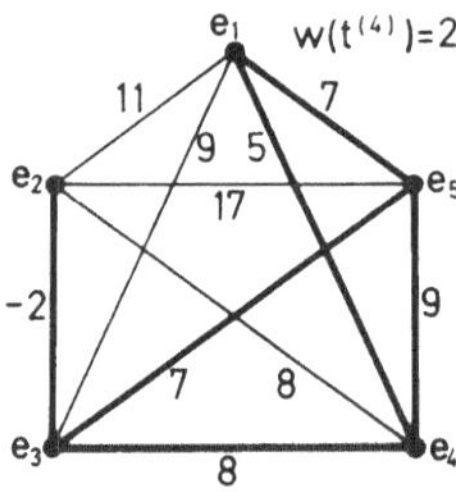

Fig. 6.17

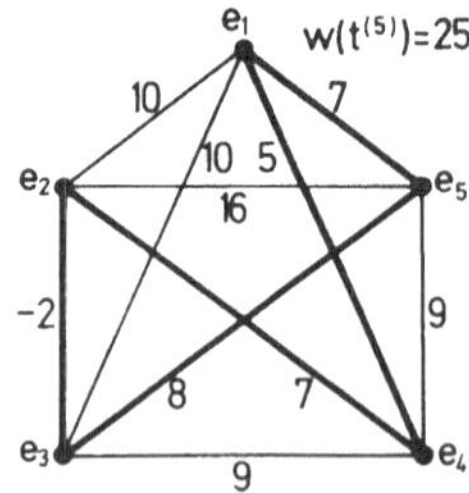

Fig. 6.18

Im letzten Schritt (Fig. 6.18) wird die untere Schranke w nicht erhöht, dafür aber eine Hamiltonsche Linie gefunden, die durch r = 0 angezeigt wird. Es lohnt sich deshalb, nach jeder Iteration auf diese Bedingung zu testen. Dies wird auch von Helbig Hansen und Krarup [27] aufgrund ihrer Erfahrungen empfohlen.

6.1.4.4 Der Branch-and-Bound-Prozeß In einem Branch-and-Bound-Algorithmus wird jeweils ein Baum durchlaufen, wobei jedem Knoten eine untere Schranke zugeordnet ist. Für die Verzweigung gibt es zwei mögliche Strategien:

a) Verzweigung nach rechts. Man verzweigt wie im Verfahren von Little u. a. immer wieder vom zuletzt geschaffenen Knoten des Baumes.

b) Verzweigung vom Knoten mit der tiefsten unteren Schranke. Dies ist die Strategie, die Held und Karp für das symmetrische Rundreiseproblem vorschlagen.

Bei der Berechnung der unteren Schranken in den Knoten sind infolge der Verzweigungen jeweils zwei Teilmengen $K', K'' \subset K$ gegeben:

$$K' = \{k_j \in K \mid k_j \text{ muß durchlaufen werden}\},$$
$$K'' = \{k_j \in K \mid k_j \text{ darf nicht durchlaufen werden}\}.$$

Ist $T(K', K'')$ die Menge aller entsprechenden 1-Gerüste in G, so ist

$$w_{K',K''}(t) := \min_{k \in T(K', K'')} [z^{(k)} + t^T r^{(k)}] \tag{6.8}$$

eine untere Schranke für das durch K', K'' eingeschränkte Problem einer kostenminimalen Rundreise. Der Fortgang des Branch-and-Bound-Prozesses wird in einer Liste nachgeführt, in welcher für jeden Knoten des Baumes eine Eintragung der Form

$$(K', K'', t, w_{K',K''}(t))$$

erfolgt. Der erste Eintrag heißt $(\emptyset, \emptyset, 0, w(0))$, d. h., es gilt $K' = \emptyset$, $K'' = \emptyset$, $t = 0$.

Sei nun $w_{K',K''}(t)$ die kleinste untere Schranke aller Eintragungen in der Liste. Wendet man (6.7) in bezug auf (6.8) an, so sind, falls $r \neq 0$ gilt, zwei Fälle möglich:

a) Für ein s gilt $w_{K',K''}(t^{(s)}) \geqslant b$, wobei b eine obere Schranke ist. In diesem Fall kann die Eintragung gestrichen werden.

b) $w_{K',K''}$ konnte in einem Block von p Iterationen nicht erhöht werden. Man wählt einen beliebigen Vektor t', der in diesem Block bestimmt wurde, und verzweigt gemäß den nachfolgenden Ausführungen.

Für die Verzweigung werden die Kanten $k_j \in K - K' - K''$ nach der Größe der Zunahme der unteren Schranke geordnet, die sich ergäbe, wenn diese Elemente einzeln der Menge K'' zugeordnet würden. Die entsprechende Folge sei $(k_{j_1}, \ldots, k_{j_q})$, d. h., es gilt

$$w_{K', K'' \cup \{k_{j_1}\}}(t') \geqslant w_{K', K'' \cup \{k_{j_2}\}}(t') \geqslant \ldots \geqslant w_{K', K'' \cup \{k_{j_q}\}}(t').$$

Neue, potentielle Eintragungen sind dann für die folgenden Mengen

$$\begin{aligned}
&K'_1 = K', && K''_1 = K'' \cup \{k_{j_1}\},\\
&K'_2 = K' \cup \{k_{j_1}\}, && K''_2 = K'' \cup \{k_{j_2}\},\\
&K'_3 = K' \cup \{k_{j_1}, k_{j_2}\}, && \vdots\\
&\vdots && \\
&K'_z = K' \cup \{k_{j_1}, \ldots, k_{j_{z-1}}\}, && K''_z = K'' \cup R_i \cup R_\ell,
\end{aligned}$$

möglich und lauten

$$(K'_i, K''_i, t', w_{K'_i, K''_i}(t')), \qquad \text{falls } w_{K'_i, K''_i}(t') < b.$$

Anderenfalls kann die Eintragung unterbleiben.

Es wird so oft verzweigt, bis eine Kante $k_{j_{z-1}} \sim \{e_i, e_\ell\}$ bewirkt, daß zwei Kanten aus K'_z mit e_i und/oder e_ℓ inzidieren. Ist diese Eigenschaft für e_i erfüllt, so kommen die übrigen, mit e_i inzidierenden Kanten $k_j \notin K'_z$ für eine Tour nicht mehr in Frage. Sie werden deshalb in der Menge R_i zusammengefaßt. Analog ist R_ℓ definiert, falls zwei Kanten aus K'_z mit e_ℓ inzidieren. Werden durch $k_{j_{z-1}}$ zwei Teilstücke einer Tour miteinander verbunden, so sind sowohl R_i als auch R_ℓ nichtleere Mengen.

6.1.4.5 Das Verfahren Zusammenfassend läßt sich das Verfahren von Held und Karp wie folgt beschreiben:

Algorithmus 6.2

Schritt 1 Setze $t := 0$, $K' := K'' := \emptyset$, $b := \infty$. Berechne $w(0)$ und trage $(\emptyset, \emptyset, 0, w(0))$ ein.

Schritt 2 Bestimme mit Hilfe von (6.7) bezüglich (6.8) eine Näherungslösung von $\max w_{K',K''}(t)$. Dabei sind drei Fälle möglich:

a) $r = 0$. Stop.

b) Falls für ein s $w_{K',K''}(t^{(s)}) > b$, streiche die betreffende Eintragung und gehe zu Schritt 5.

c) $w_{K',K''}$ konnte in einem Block von p Iterationen nicht erhöht werden. Wähle einen Vektor t', der in diesem Block bestimmt wurde, und gehe zu Schritt 3.

Schritt 3 Verzweige gemäß den Ausführungen von Abschn. 6.1.4.4:

a) Ordne die Kanten aus $K - K' - K''$.

b) Für $i = 1, \ldots, z$ trage $(K'_i, K''_i, t', w_{K'_i,K''_i}(t'))$ ein, falls $w_{K'_i,K''_i}(t') < b$.

Schritt 4 Streiche die Eintragung bezüglich K', K''.

Schritt 5 Bestimme die Eintragung mit dem kleinsten Wert $w_{K',K''}$ und gehe zu Schritt 2.

Der Verzweigungsprozeß soll noch anhand eines Beispiels erläutert werden. Im Graphen von Fig. 6.19 mit dem fett eingezeichneten, minimalen 1-Gerüst sei $K' = K'' = \emptyset$. Die

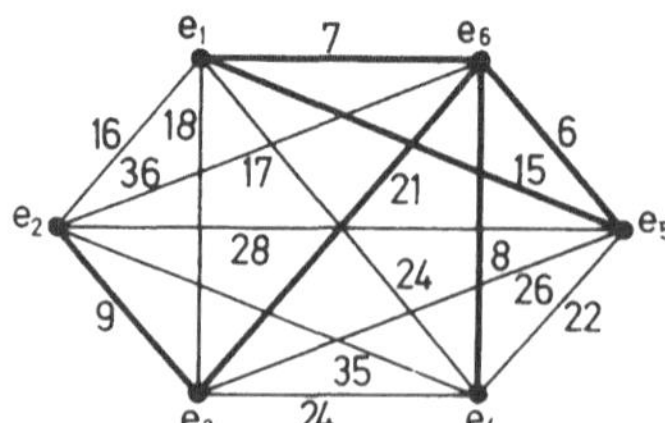

Fig. 6.19

Folge $(k_{j_1}, k_{j_2}, \ldots)$ ist dann durch die Kanten $(\{e_2, e_3\}, \{e_5, e_6\}, \{e_4, e_6\}, \{e_1, e_6\}, \{e_3, e_6\}, \ldots)$ definiert. Für die einzelnen Kanten beträgt die Zunahme von w 19, 16, 14, 9, ... Einheiten und für K_i', K_i'' ergeben sich die Paare

$$\begin{array}{ll} K_1' = \emptyset & K_1'' = \{\{2, 3\}\} \\ K_2' = \{\{2, 3\}\} & K_2'' = \{\{5, 6\}\} \\ K_3' = \{\{2, 3\}, \{5, 6\}\} & K_3'' = \{\{4, 6\}\} \\ K_4' = \{\{2, 3\}, \{5, 6\}, \{4, 6\}\} & K_4'' = \{\{1, 6\}, \{3, 6\}\}. \end{array}$$

6.2 Matchings

6.2.1 Formulierung und Optimalitätsbedingungen

Sei G = (E, K) ein zusammenhängender, ungerichteter Graph mit den Ecken $e_1, \ldots, e_m$ und den Kanten $k_1, \ldots, k_n$. Ein M a t c h i n g in G ist eine Teilmenge $\overline{K} \subset K$ mit der Eigenschaft, daß je zwei Kanten $k_j, k_{j'} \in \overline{K}$ nicht benachbart sind. Diese Bedingung ist gleichbedeutend damit, daß im Teilgraphen $\overline{G} = (E, \overline{K})$ $\delta_{e_i} \leqslant 1$ für alle $e_i \in E$ gilt. Die Definition wird in Fig. 6.20 und 6.21 veranschaulicht. Die fett eingetragenen Kanten bilden ein Matching. In beiden Fällen handelt es sich um ein m a x i m a l e s M a t c h i n g $\overline{K}$, da für jedes andere Matching $\widetilde{K}$ die Relation $|\widetilde{K}| \leqslant |\overline{K}|$ gilt. Das in

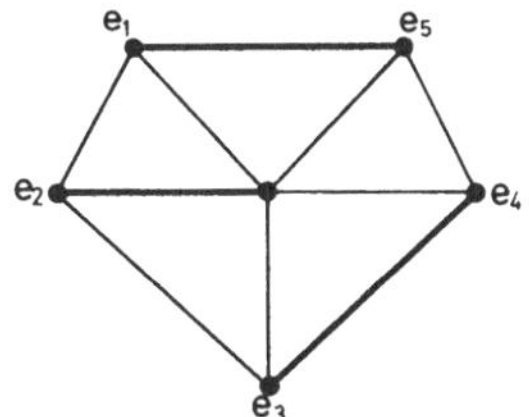

Fig. 6.20

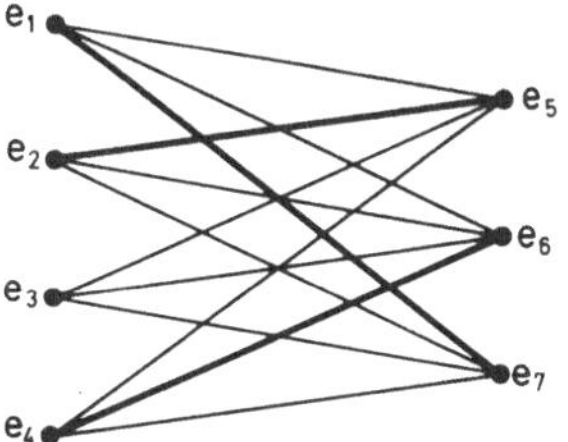

Fig. 6.21

Fig. 6.20 dargestellte Matching heißt p e r f e k t oder v o l l s t ä n d i g, weil im Teilgraphen $\overline{G} = (E, \overline{K})$ für alle $e_i \in E$ $\delta_{e_i} = 1$ gilt. Beim anderen Beispiel handelt es sich um ein sogenanntes b i p a r t i t e s M a t c h i n g, da der zugrundeliegende Graph G = (E, K) bipartit ist. Es ist nicht vollständig, da e_3 n i c h t s a t u r i e r t ist. Trotzdem ist es maximal. Anhand dieses Beispiels wird klar, daß das Zuordnungsproblem auch als ein Matchingproblem aufgefaßt werden kann. Für einen beliebigen Graphen G = (E, K) folgt aufgrund der Definition, daß die mathematische Formulierung eines Matchingproblems

$$\begin{array}{llll} \max & \sum_{j=1}^{n} -c_j x_j & & \\ \text{bzgl.} & \sum_{k_j \in I(e_i)} x_j \leqslant 1 & \forall e_i \in E & \quad (6.9) \\ & x_j \in \{0, 1\}, & k_j \in K & \end{array}$$

lauten muß. Abgesehen von der Ganzzahligkeitsbedingung ist (6.9) mit der Aufgabe (5.10), zu welcher ein Beispiel gelöst wurde, identisch. Da die optimale Lösung dieses Beispiels nicht ganzzahlig ist, muß ein Matchingproblem gemäß Satz 5.16 als ganzzahliges Problem formuliert werden, falls G nicht bipartit ist. Das liegt daran, daß in ungeraden, geschlossenen Ketten (ungerade Anzahl von Kanten) nicht-ganzzahlige Lösungen bessere Zielfunktionswerte erbringen können (vgl. Fig. 6.22 und 6.23). Da ungerade, geschlossene

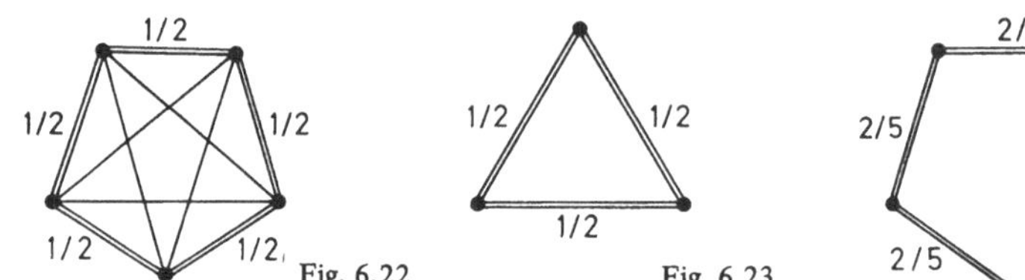

Fig. 6.22 Fig. 6.23 Fig. 6.24

Ketten jeweils nur in Graphen G = (E, K) bzw. in Untergraphen $G_{\bar{E}}$ mit einer ungeraden Eckenzahl vorkommen können, sind diese bei der Lösung des Matchingproblems speziell zu beachten. Seien also $E_1, E_2, \ldots, E_R$ alle nichtleeren Teilmengen von E, die eine ungerade Anzahl von Elementen enthalten. Sie definieren Untergraphen

$$G_r = G_{E_r} = (E_r, K_r), \qquad r = 1, \ldots, R,$$

und man erhält ganzzahlige Koeffizienten

$$s_r = \frac{1}{2}\,|E_r| - \frac{1}{2}, \qquad r = 1, \ldots, R.$$

Nichtganzzahlige Lösungen wie in den Fig. 6.22 und 6.23 können nun durch zusätzliche Restriktionen der Form

$$\sum_{k_j \in K_r} x_j \leqslant s_r$$

ausgeschlossen werden. Selbstverständlich sind auch jetzt noch nichtganzzahlige Lösungen möglich (vgl. Fig. 6.24). Diese sind aber nicht mehr besser als eine ganzzahlige Lösung und werden in dem hier dargestellten Verfahren nicht erzeugt. Anstelle von (6.9) wird also das Problem

$$\begin{array}{lll} & \max \sum_{j=1}^{n} -c_j x_j & \\ \text{bzgl.} & \sum_{k_j \in I(e_i)} x_j \leqslant 1 & \forall\, e_i \in E \\ & \sum_{k_j \in K_r} x_j \leqslant s_r, & r = 1, \ldots, R \\ & 0 \leqslant x_j \leqslant 1 & \forall\, k_j \in K \end{array} \qquad (6.10)$$

gelöst, welches nunmehr ein gewöhnliches Linearprogramm ist. Anhand des Verfahrens wird konstruktiv gezeigt, daß das Matchingproblem durch (6.10) vollständig charakterisiert ist.

Führt man in (6.10) Schlupfvariablen ein, so erhält man eine verallgemeinerte Inzidenzmatrix H. Der entsprechende Graph G(H) läßt sich aus G = (E, K) herleiten, indem man einen Ausnahmeknoten e_{m+1} und die Kanten $\{e_i, e_{m+1}\}$, i = 1, . . ., m, hinzufügt. (6.10) ist dann äquivalent zu einer Optimierungsaufgabe

$$\begin{aligned} &\min c^T x \\ \text{bzgl.}\quad &Hx = 1 \\ &Ax \leqslant s \\ &0 \leqslant x \leqslant 1. \end{aligned} \tag{6.11}$$

Das dazu duale Problem lautet

$$\begin{aligned} &\max 1^T t - s^T u - 1^T w \\ \text{bzgl.}\quad &H^T t - A^T u + v - w = c \\ &u \geqslant 0, \qquad v \geqslant 0, \qquad w \geqslant 0. \end{aligned} \tag{6.12}$$

Setzt man

$$\begin{aligned} y &:= -H^T t \\ z &:= A^T u \\ \tilde{c} &:= c + y + z, \end{aligned}$$

so erhält man analog wie in Abschn. 4.5.2.1

Satz 6.2 Zulässige Lösungen von (6.11) und (6.12) sind genau dann optimal, falls für alle $k_j \in K$ eine der drei folgenden Bedingungen erfüllt ist:

$$\begin{aligned} x_j &= 0, & c_j &\geqslant 0 \\ 0 < x_j &< 1, & c_j &= 0 \\ x_j &= 1, & c_j &\leqslant 0. \end{aligned} \tag{6.13}$$

6.2.2 Das Verfahren

Zur Lösung von (6.11) wird Algorithmus (5.2) modifiziert. Die Initialisierung des Verfahrens erfolgt durch

$$\begin{aligned} t &:= 0 \\ z &:= 0 \\ x_j &:= \begin{cases} 0, & \text{falls } c_j > 0 \\ 1, & \text{falls } c_j \leqslant 0 \end{cases}, \qquad j = 1, \ldots, n. \end{aligned} \tag{6.14}$$

Mit diesen Variablenwerten sind die Optimalitätsbedingungen (6.13) erfüllt, aber u. U. die Restriktionen

$$Hx = d \qquad Ax \leqslant s$$

verletzt. Die primalen Unzulässigkeiten sind deshalb durch den Algorithmus so zu beseitigen, daß (6.13) erfüllt bleibt.

Da für alle Schlupfvariablen $c_j = 0$ gilt, folgt aus (6.14) $H_i x \geqslant 1$ für alle $e_i \in E$. Der Markierungsprozeß geht deshalb von einem Knoten e_{i_0} mit $H_{i_0}x > 1$ aus und wird mit

$$\hat{t}_{i_0} := -1,$$
$$\hat{t}_i := 0 \qquad \forall\, i \neq i_0,$$
$$\hat{z} := 0$$

initialisiert. Er generiert Veränderungsvektoren $\hat{t}$, $\hat{z}$ von t, z und hängt von einem Teilgraphen $G(y, z) = (E, K(y, z))$ ab, wobei

$$K(y, z) := \{k_j \mid 1 \leqslant j \leqslant n, \tilde{c}_j = 0\}$$

ist. Sei wiederum e_a der zuletzt markierte Knoten. Für eine weitere Markierung $\hat{t}_\ell := -\hat{t}_a$ des Knotens e_ℓ gemäß Algorithmus 5.2 kommen dann die Knoten e_ℓ der Kanten mit Nummern aus

$$\tilde{U}(a) := \{j \mid k_j \sim \{e_a, e_\ell\}, k_j \in K(y, z), k_j \text{ erfüllt Bedingung A oder B oder C}\}$$

in Frage.

B e d i n g u n g A $\ell = m + 1$ und $\hat{t}_a > 0, x_j < 1$ oder $\hat{t}_a < 0, x_j > 0$.

Mit $h := Hx - d$ lautet

B e d i n g u n g B $\ell \neq m + 1, h_\ell \hat{t}_a < 0$ und $\hat{t}_a > 0, x_j < 1$ oder $\hat{t}_a < 0, x_j > 0$.

B e d i n g u n g C $\ell \neq m + 1, \hat{t}_a > 0, x_j < 1, \hat{t}_a + \hat{t}_\ell > 0$ oder $\hat{t}_a < 0, x_j > 0,$
$\hat{t}_a + \hat{t}_\ell < 0$.

Im Verfahren wird aus praktischen Gründen anstelle von u $z = A^T u$ mitgeführt. Dies ist möglich, weil mit u = 0 gestartet wird und die Komponenten von u monoton wachsende Folgen sind. Dadurch ist $u \geqslant 0$ immer erfüllt, und wegen der Monotonie stellt sich nie die Frage, um wieviel ein u_r abnehmen kann.

Änderungen von x erfolgen immer in sog. a l t e r n i e r e n d e n K e t t e n, die dadurch gekennzeichnet sind, daß von zwei benachbarten Kanten je eine s a t u r i e r t ($x_j = 1$) und eine u n s a t u r i e r t ($x_j = 0$) ist. Damit die primale Unzulässigkeit in e_{i_0} verbessert und die Optimalitätsbedingungen (6.13) nicht verletzt werden, hat eine solche, alternierende Kette F von e_{i_0} auszugehen und folgende Eigenschaften aufzuweisen (vgl. Fig. 6.25):

a) Alle Kanten von F sind Elemente von K(y, z).

b) Die erste Kante von F ist saturiert.

c) Gilt $i_{q+1} \neq m + 1$, so ist die letzte Kante von F ebenfalls saturiert.

d) Ist $i_0 \neq i_{q+1}$, so ist $H_{i_0}x \geqslant 2$ und sonst $H_{i_0}x \geqslant 3$.

Für Fig. 6.25 a ist die Verbesserung, die in diesem Beispiel auch für $e_{i_{q+1}}$ erzielt wird, aus Fig. 6.26 ersichtlich.

a) und b) werden in Algorithmus 5.2 berücksichtigt. Demgegenüber hat man mit diesem Verfahren c) nicht und d) nur teilweise im Griff, weshalb nicht-ganzzahlige Lösungen auftreten können (vgl. Abschn. 5.3.3). Diese werden hier durch Variation von z verhindert, wobei die Optimalitätsbedingungen (6.13) eingehalten werden. In diesem Zusammenhang sind drei Fälle zu beachten.

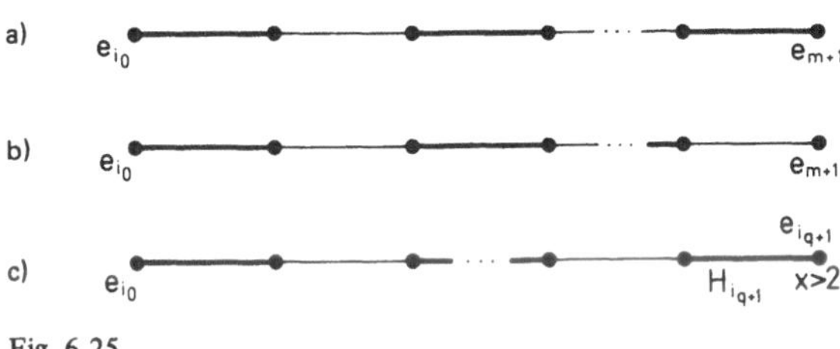

Fig. 6.25

F a l l 1. Im Laufe des Markierungsverfahrens wird eine absorbierende, geschlossene Kette gefunden, für welche die letzte Kante nicht saturiert ist oder $i_0 = i_{q+1}$, $h_{i_0} = 1$ gilt (vgl. Fig. 6.27 und 6.28). Die entsprechenden Knoten definieren einen Untergraphen $G_{E_p} = (E_p, K_p)$, $p \geqslant 1$. Eingetragen sind die Markierungen $\hat{t}_i$, $\hat{z}_j$, die durch das Verfahren ausgehend von e_{i_0} erzeugt werden. In Fig. 6.27 käme es aufgrund von Bedingung 3 und in Fig. 6.28 aufgrund von Bedingung 2 zu einer nicht-ganzzahligen Lösung. Alle oben ausgeschlossenen Fälle ergeben ganzzahlige Änderungen von x.

Würde man, da x nicht geändert werden kann, t und z mit den in den Fig. 6.27 und 6.28 eingetragenen Markierungen durch $t + \tilde{\gamma}\hat{t}$, $z + \tilde{\gamma}\hat{z}$ ersetzen, so würden die Optimalitätsbe-

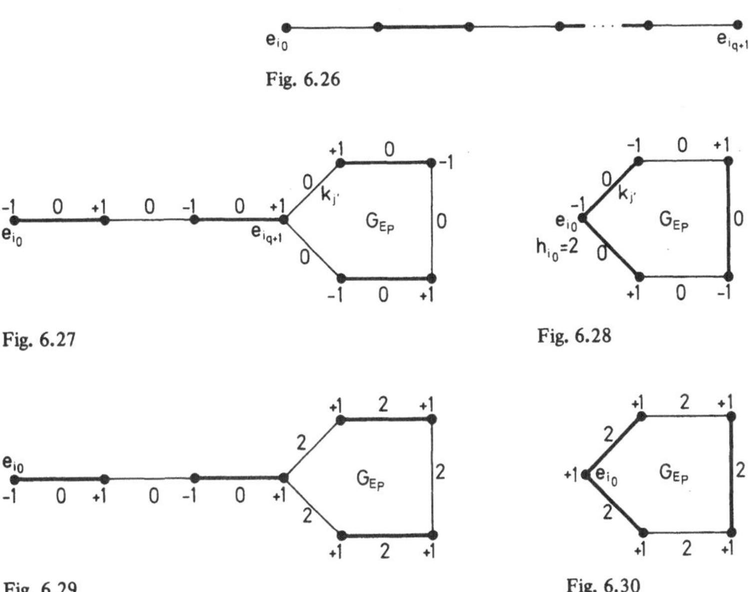

Fig. 6.29

Fig. 6.30

dingungen (6.13) bezüglich $k_{j'} \sim \{e_{i'}, e_{\ell'}\}$ wegen

$$x_{j'} = 0 \quad \text{und} \quad -\hat{t}_{i'} - \hat{t}_{\ell'} + \hat{z}_{j'} = -2$$

verletzt. Man möchte deshalb einfach weitermarkieren, wobei die Kanten der geschlossenen Kette weiterhin zu K(y, z) gehören sollen. Zu diesem Zweck werden die Markierungen $\hat{t}_i$, $\hat{z}_j$ bezüglich G_{E_p} wie folgt definiert (vgl. Fig. 6.29 und 6.30):

$$\hat{t}_i := 1 \qquad \forall\, e_i \in E_p$$

$$\hat{z}_j := 2 \qquad \forall\, k_j \in K_p.$$

Dadurch gilt bei einer Änderung $t + \tilde{\gamma}\hat{t}$, $z + \tilde{\gamma}\hat{z}$ der dualen Lösung

$$\hat{y}_j + \hat{z}_j = -\hat{t}_i - \hat{t}_\ell + \hat{z}_j = 0$$

für alle $k_j \in K_p$, d. h., $\tilde{c}_j$ bleibt unverändert. Bevor man weitermarkiert, sind die Knoten von G_{E_p} separat zu speichern, da sie einer aktiven Restriktion von $Ax \leqslant s$ angehören.

Zu erwähnen wäre noch, daß aufgrund der Initialisierung des Untergraphen gemäß Fig. 6.30 mit Hilfe des Markierungsprozesses von e_{i_0} aus möglicherweise eine alternierende Kette F′ gefunden wird, die mit einer nicht-saturierten Kante beginnt (vgl. Fig. 6.31). Man sieht aber sofort, daß in einem solchen Fall F ⊞ F′ eine alternierende Kette mit den gewünschten Eigenschaften ergibt, weil e_{i_0} mit zwei saturierten Kanten von F inzidiert.

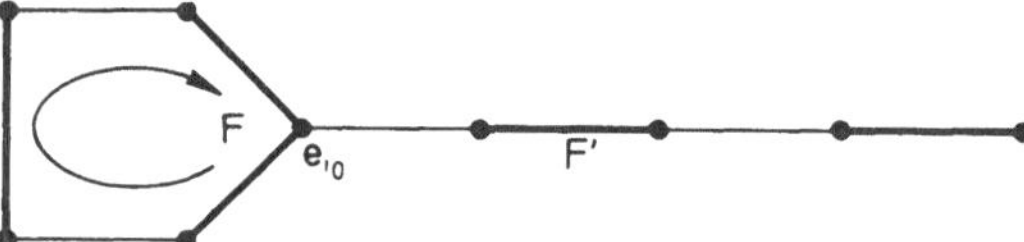

Fig. 6.31

F a l l 2. Erweiterung eines Untergraphen G_{E_p}, $p \geqslant 1$. Im Verfahren werden alle Markierungen, die von e_{i_0} und von sämtlichen Knoten e_{i_1} aller gespeicherten Untergraphen G_{E_p} aus möglich sind, ausgeschöpft, wobei der Markierungsprozeß endet, sobald ein Knoten eines gespeicherten Untergraphen G_{E_q} zu markieren wäre. Gilt q = p (q ≠ p entspricht dem Fall 3), so erhält man, ausgehend von $e_{i_1} \in E_p$, mit den Markierungsregeln von Algorithmus 5.2 eine alternierende Kette F, die immer eine ungerade Anzahl von Kanten enthält, da die erste und die letzte Kante von F nicht saturiert sind. Sei z. B. wie in Fig. 6.32 $S(F) = (e_{i_1}, e_{i_2}, e_{i_3}, e_{i_4})$. Für die mit F′ bezeichnete Kette von e_{i_4} nach e_{i_1}, die auch in den weiteren Beispielen nicht durch den Knoten e_k führen soll, sind dann zwei Fälle möglich:

a) F′ enthält eine gerade Anzahl von Kanten. F ⊞ F′ ist dann alternierend und absorbierend und wird in e_{i_4} durch eine alternierende Kette erreicht (vgl. Fig. 6.32). Das Analoge gilt für jedes andere Beispiel.

b) F′ enthält eine ungerade Anzahl von Kanten. Hier sind wieder zwei Fälle zu unterscheiden:

b1) F' enthält mehr unsaturierte Kanten (vgl. Fig. 6.33). Offensichtlich bildet hier $F_1'' \boxplus F \boxplus F_2''$ mit dem Ausgangsknoten e_k einen alternierenden, absorbierenden Semi-Zyklus, wobei F_1'' von e_k nach e_{i_1} und F_2'' von e_{i_4} nach e_k führen.

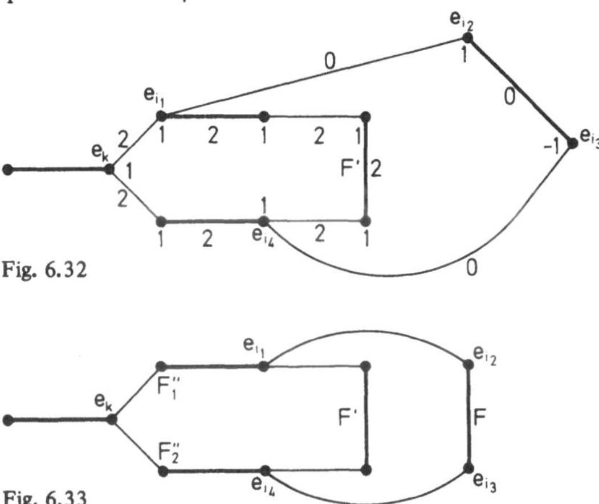

Fig. 6.32

Fig. 6.33

b2) F' enthält mehr saturierte Kanten (vgl. Fig. 6.34a). Im Gegensatz zu b1) ist hier $(-F_2'') \boxplus F' \boxplus F \boxplus F' \boxplus (-F_1'')$ eine absorbierende, geschlossene Kette, wobei $-F_i''$, $i = 1, 2$, die in umgekehrter Richtung durchlaufenen Ketten F_i'' bezeichnen. Eine Änderung von x ergäbe die in Fig. 6.34b dargestellte Lösung.

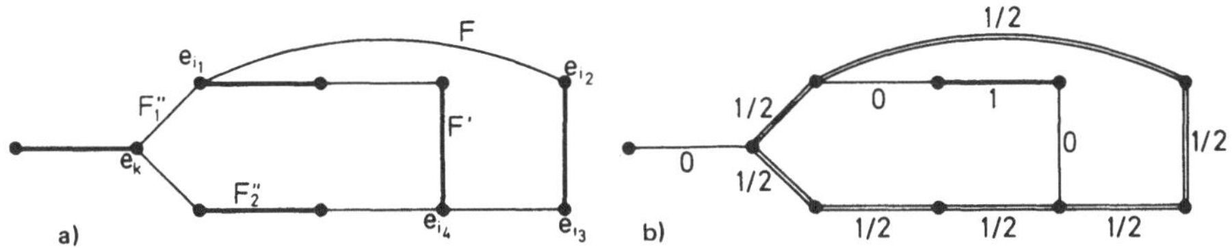

Fig. 6.34

In allen drei Fällen kann x wegen der geforderten Ganzzahligkeit nicht geändert werden. Außerdem führt eine Änderung von t, z analog zu Fall 1 zu einer Verletzung der Optimalitätsbedingungen. Aus diesem Grund ist die Initialisierung $\hat{t}, \hat{z}$ auf den erweiterten Untergraphen auszudehnen und E_p zu ergänzen. Danach ist der Markierungsprozeß fortzusetzen.

F a l l 3. Verschmelzung zweier bzw. mehrerer, gespeicherter Untergraphen G_{E_p}. In Fig. 6.35 wird angenommen, daß ausgehend von e_{i_0} der Untergraph G_{E_1} und von diesem aus via $\tilde{F}$ G_{E_2} gefunden wird. Anschließend werde z. B. von G_{E_2} aus über F wieder ein Knoten von G_{E_1} angelaufen. Analog zum Fall 2 ist F wieder eine ungerade, alternierende Kette (ungerade Anzahl von Kanten), die mit einer nicht-saturierten Kante beginnt. Demgegenüber ist $\tilde{F}$ in Fig. 6.35 immer eine gerade, alternierende Kette. Ferner gibt es in jedem Untergraphen G_{E_p}, der die Funktion von G_{E_2} übernimmt, eine gerade, alternierende Kette $\bar{F}$, die vom Endknoten von $\tilde{F}$ zum Anfangsknoten von F führt und eine nicht-saturierte erste Kante hat. $\tilde{F} \boxplus \bar{F} \boxplus F$ ist also wie im Fall 2 eine ungerade, alternierende Kette,

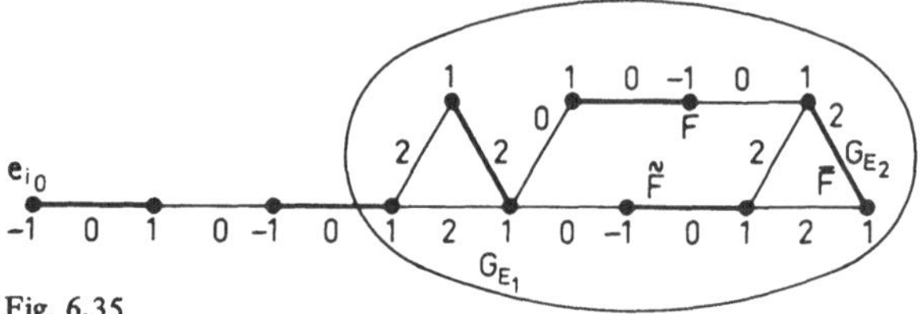

Fig. 6.35

die mit nicht saturierten Kanten beginnt und endet sowie von G_{E_1} ausgeht und dorthin zurückführt. Deshalb können auch hier weder x noch t geändert werden. Um weitermarkieren zu können, faßt man G_{E_2}, G_{E_3}, F und $\tilde{F}$ zu einem neuen Untergraphen zusammen und definiert $\hat{t}$, $\hat{z}$ wie oben.

Im allgemeinen Fall sind jedoch mehrere, gespeicherte Untergraphen zu einem einzigen Untergraphen zusammenzufassen. In Fig. 6.36 werde G_{E_3} von G_{E_2} aus über die eingezeichnete Kette F mit $S(F) = (e_9, e_{10}, e_{11}, e_{12})$ erreicht.

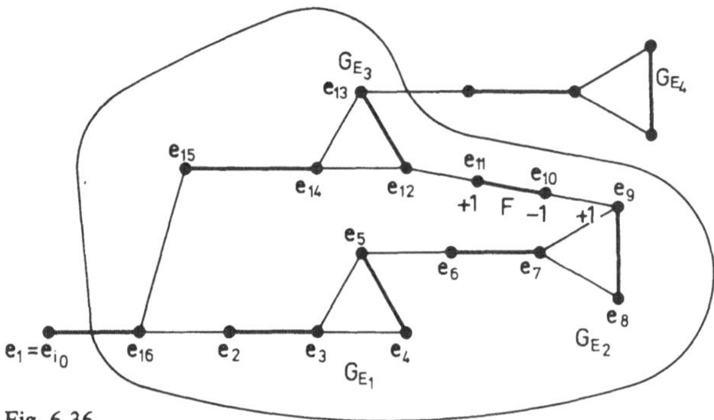

Fig. 6.36

A l l g e m e i n e s V o r g e h e n. Werden zwei gespeicherte Untergraphen durch eine alternierende Kette verbunden (hier G_{E_2}, G_{E_3}), so ist anhand der Vorgängerinformationen der erste, gemeinsame Untergraph bzw. Knoten zu bestimmen. In diesem Beispiel wäre das der Knoten e_{16}. An seine Stelle könnte jedoch ein gespeicherter Untergraph treten. Die Knoten aller durchlaufenen Untergraphen und der verbindenden Ketten (hier die Knoten e_2 bis e_{16}) definieren den neuen Untergraphen, der die durchlaufenen Untergraphen ersetzt. Für den neuen Untergraphen sind die $\hat{t}_i$, $\hat{z}_j$ wie oben zu definieren.

Zur Rechtfertigung geht man gleich vor wie bei der Verschmelzung zweier Untergraphen. Anstelle von $\tilde{F} \boxplus \bar{F} \boxplus F$ erhält man einfach einen entsprechend längeren Ausdruck.

Damit sind alle Möglichkeiten, die im Markierungsprozeß auftreten können, diskutiert worden. Man erkennt, daß man die Kombinatorik des Matching-Problems durch die Veränderung der Dualvariablen u bzw. $z = A^T u$ in den Griff bekommt. Im Gegensatz zum hier gewählten Vorgehen schrumpft Edmonds [12], der als erster dieses Problem gelöst hat, die Untergraphen G_{E_p} und erhält dadurch immer kleinere Probleme. Diese Schrumpfung ist jedoch nicht sehr praktikabel. An ihre Stelle tritt hier eine zusätzliche Knoteninformation w_i. Man setzt $w_i := p$, falls $e_i \in E_p$, während $w_i = 0$ bedeutet, daß e_i zu keinem Untergraphen G_{E_q} gehört. Im Gegensatz zu reinen Flußproblemen werden nicht nur einzelne Knoten e_{i_0}, sondern zusätzlich auch ganze Untergraphen initialisiert. Aus diesem Grund wird t erst geändert, wenn es von allen e_i mit $w_i \neq 0$ aus keine Markierungsmöglichkeiten mehr gibt. Wenn also x, t, $z = A^T u$ die Optimalitätsbedingungen (6.13) erfüllen, lautet ein Verbesserungsschritt für einen Knoten e_{i_0} mit $H_{i_0} x > 1$:

Algorithmus 6.3

Schritt 1 Setze $\hat{t}_{i_0} := -1$, $\hat{t}_i := 0 \quad \forall i \neq i_0$.
$w_i := 0$, $1 \leq i \leq m$. $\hat{z}_j := 0$, $1 \leq j \leq n$. $p := 1$.

Schritt 2 Ist $\tilde{U}(i_0) = \emptyset$ und $\tilde{U}(i_1) = \emptyset$ für alle e_{i_1} mit $w_{i_1} \neq 0$, gehe zu Schritt 10. Falls $\tilde{U}(i_0) \neq \emptyset$ ist, setze $a := b := i_0$. Sonst wähle ein i_1 mit $w_{i_1} \neq 0$ und $\tilde{U}(i_1) \neq \emptyset$, setze $a := b := i_1$.

Schritt 3 Falls $\tilde{U}(a) = \emptyset$ und $a = b$, gehe zu Schritt 2. Im Falle $\tilde{U}(a) = \emptyset$ und $a \neq b$, setze $a := v(a)$ und wiederhole Schritt 3.

Schritt 4 Falls $\tilde{U}(a) \neq \emptyset$, bestimme $j_0 = \min \{j \mid j \in \tilde{U}(a)\}$. Sei $k_{j_0} \sim \{e_a, e_\ell\}$. Ist Bedingung A oder Bedingung B mit $b \neq i_{q+1}$ oder $H_{i_{q+1}} x > 2$ erfüllt, gehe zu Schritt 10.

Schritt 5 Ist in Bedingung B $b = i_{q+1}$, $H_{i_{q+1}} x = 2$, gehe zu Schritt 8.

Schritt 6 Ist in Bedingung C bezüglich k_{j_0} $\hat{t}_\ell = 0$, markiere $\hat{t}_\ell := -\hat{t}_a$, setze $v(\ell) := a$, $a := \ell$ und gehe zu Schritt 3.

Schritt 7 Ist in Bedingung C $\hat{t}_\ell \neq 0$, gehe zu Schritt 8, falls $w_\ell = 0$ und zu Schritt 9, falls $w_\ell \neq 0$.

Schritt 8 Initialisiere G_{E_p} gemäß Fall 1: setze ausgehend von e_a mit Hilfe von $v(.)$ $\hat{t}_i := 1$, $w_i := p$ für alle e_i der geschlossenen Kette, $\hat{z}_j := 2$ für alle $k_j \sim \{e_i, e_k\}$ mit $w_i = w_k = p$. Setze $p := p + 1$ und gehe zu Schritt 2.

Schritt 9 Bestimme die neue Menge E_p gemäß den Fällen 2 und 3. Setze $\hat{t}_i := 1$, $w_i := p$ für alle $e_i \in E_p$. Setze $\hat{z}_j := 2$ für alle k_j des Untergraphen G_{E_p} und $p := p + 1$. Gehe zu Schritt 2.

Schritt 10 Ändere x. Stop.

Schritt 11 Sei $\tilde{\gamma}_j = \dfrac{c_j + y_j + z_j}{-\hat{y}_j - \hat{z}_j}$ und $\tilde{R} = \{j \mid \tilde{\gamma}_j > 0, 1 \leq j \leq n\}$. Setze $\tilde{\gamma} := \min \{\tilde{\gamma}_j \mid j \in \tilde{R}\}$.

Schritt 12 Setze $t_i := t_i + \tilde{\gamma} \hat{t}_i$, $i = 1, \ldots, m$, $z_j := z_j + \tilde{\gamma} \hat{z}_j$, $j = 1, \ldots, n$. Setze $\hat{t}_i := 0$ für alle $e_i \in E$ mit $w_i = 0$. Gehe zu Schritt 2.

Wegen der Initialisierung ganzer Untergraphen G_{E_q} sind (wie bereits erwähnt) die Markierungsmöglichkeiten von sämtlichen Knoten aller Untergraphen auszuschöpfen. Der wesentliche Unterschied gegenüber Algorithmus 5.2 besteht also darin, daß nicht mehr nur von einem einzigen Knoten aus lexikographisch markiert wird. Die Endlichkeit des Verfahrens wird aber dadurch nicht berührt, weil hier nur Markierungen $\hat{t}_i = +1, -1$ möglich sind und deshalb gemäß Lemma 5.6 keine Mehrfachmarkierungen von Knoten vorkommen. Somit sind nach höchstens m Schritten alle Knoten markiert.

Wie aus der Herleitung des Verfahrens hervorgeht, werden durch Schritt 4 nur ganzzahlige Änderungen von x zugelassen und in Schritt 5 bzw. Schritt 7 nicht-ganzzahlige Lösungen verhindert, indem in den Schritten 8 und 9 Untergraphen G_{E_p} initialisiert werden. Da Mehrfach-Markierungen nicht möglich sind, werden in Schritt 6 nur unmarkierte Knoten markiert.

Bei einer Änderung von t, z bleiben die Punkte $(x_j, \tilde{c}_j)$ bezüglich aller Kanten aller Untergraphen G_{E_q} fest. Für die übrigen Kanten zeigt man analog wie für Lemma 5.8, daß die Optimalitätsbedingungen (6.13) erhalten bleiben.

Aus der Problemformulierung (6.10) folgt ferner, daß das Matching-Problem immer lösbar ist. $\gamma = \infty$ ist demzufolge nicht möglich und deshalb in Schritt 10 nicht mehr enthalten. Um nach einer Änderung von t neu zu initialisieren, genügt es, für alle e_i, die zu keinem Untergraphen gehören, $\hat{t}_i = 0$ zu setzen und in Schritt 2 weiterzufahren. Die Vorgängerinformationen v(.) werden nicht gelöscht, da sie wieder Verwendung finden, wenn Fall 3 eintritt.

Die Werte, die eine Variable z_j in Algorithmus 6.3 nacheinander annimmt, bilden eine nichtnegative monoton wachsende Folge, da mit z = 0 initialisiert wird, $\hat{z}_j = 2$ und $\tilde{\gamma} > 0$ gilt (vgl. Schritte 11 und 12). Damit sind die Werte der Variablen u_r ebenfalls nichtnegativ und monoton wachsend. Aus diesem Grund braucht u nicht nachgeführt zu werden. Wenn einer der Fälle 1, 2, 3 eintritt, läßt man die entsprechenden z_j anwachsen.

Aus der Herleitung und dem Verfahren selber folgen nun die Sätze 6.3 und 6.4.

Satz 6.3 Ein Matching-Problem wird durch die Optimierungsaufgabe (6.10) bzw. (6.11) vollständig charakterisiert.

Es ist zu beachten, daß $Ax \leqslant s$ sehr umfangreich sein kann. In einer Basislösung sind aber nur wenige Restriktionen aktiv, d. h., nur wenige Dualvariablen u_r sind positiv.

Satz 6.4 Algorithmus 6.3 findet in endlich vielen Iterationen eine optimale Lösung.

6.3 Das Chinese-Postman-Problem

Gegeben sei ein zusammenhängender, ungerichteter Graph G = (E, K) mit den Ecken $e_1, \ldots, e_m$ und den Kanten $k_1, \ldots, k_n$. Während beim Travelling Salesman eine (elementare) geschlossene Kette gesucht ist, die alle Knoten anläuft, wird im *Chinese-Postman-Problem* eine geschlossene Kette bestimmt, welche alle Kanten (mindestens einmal) enthält. Es ist also beispielsweise das Problem eines Briefträgers, der in gewissen Straßen einer Ortschaft, die den Kanten von G entsprechen, die Post auszutragen hat. Das Chinese-Postman-Problem bzw. das Briefträgerproblem wurde erstmals vom Chinesen Kwan [39] untersucht und hat offenbar seinetwegen diesen Namen erhalten. In der Praxis wurde diese Problemstellung z. B. bei der Bestimmung von Fahrtrouten für die Straßenreinigung der Stadt Zürich angetroffen (vgl. Liebling [40]).

In Analogie zu den Hamiltonschen Linien beim Travelling-Salesman-Problem werden hier Eulersche Linien definiert. Es sind einfache Ketten F in G von der Länge $\ell(F) = n$. Sie heißen geschlossen, wenn F diese Eigenschaft besitzt, und sonst offen.

Da Eulersche Linien einfache Ketten F sind, wird keine Kante mehr als einmal durchlaufen. $\ell(F) = n$ garantiert dann, daß jede Kante in F genau einmal vorkommt. Die Frage ist nun, ob und unter welchen Voraussetzungen solche Linien überhaupt existieren, denn der in Fig. 6.37 dargestellte Graph besitzt z. B. keine geschlossene Eulersche Linie. Euler

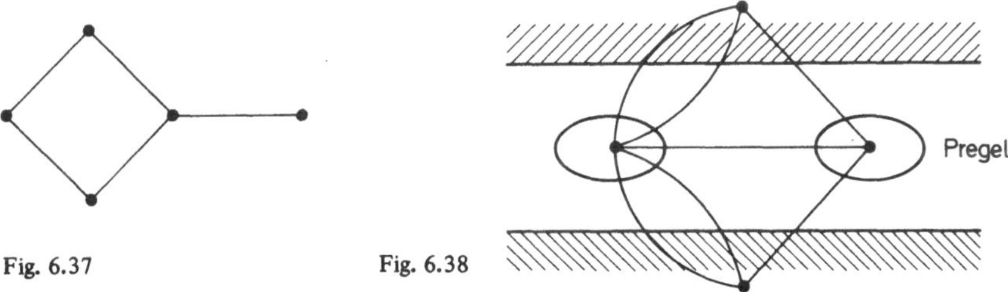

Fig. 6.37 Fig. 6.38

hat sich 1736 im Zusammenhang mit dem klassischen Königsberger Brückenproblem als erster mit dieser Fragestellung auseinandergesetzt. Zwei Inseln sind im Pregel durch sieben Brücken miteinander verbunden (vgl. Fig. 6.38), und es stellte sich die Frage, ob es einen Spaziergang gibt, der genau einmal über jede Brücke führt bzw. ob im betreffenden Graphen G eine Eulersche Linie existiert. Falls ja, so ist diese Linie sicher nicht geschlossen, denn es gilt

Satz 6.5 Ein zusammenhängender, ungerichteter, endlicher Graph G = (E, K) enthält genau dann eine geschlossene Eulersche Linie, wenn δ_{e_i}, i = 1, ..., m, gerade ist.

Beweis. Enthält G eine Eulersche Linie $F = (e_{i_1}, k_{j_1}, e_{i_2}, \ldots, e_{i_q}, k_{j_q}, e_{i_1})$, die r_ν-mal einen beliebigen Knoten e_{i_ν} durchläuft, so folgt aus der Einfachheit von F, daß $\delta_{e_{i_\nu}} = 2r_\nu$ gerade ist.

Ist umgekehrt δ_{e_i}, i = 1, ..., m, gerade, so kann z. B. mit Hilfe von Algorithmus 1.1 eine elementare, geschlossene Kette F bestimmt werden, weil mit jedem neu markierten Knoten mindestens noch eine weitere Kante inzidiert. Da G endlich ist, wird man spätestens nach n Schritten zum Ausgangsknoten e_{i_1} zurückkehren. Ist F keine Eulersche Linie, so werden alle Kanten von F aus K entfernt. Für den resultierenden Teilgraphen $G' = (E, K')$ ist der Grad aller Ecken wieder gerade, weil F elementar ist. Man kann also das Vorgehen für G' wiederholen und erhält so disjunkte Kantenmengen $K - K'$, $K' - K''$, ..., denen elementare, geschlossene Ketten F, F', F'', ... entsprechen, die K überdecken. Um eine Eulersche Linie zu konstruieren, geht man von $F = (e_{i_1}, k_{j_1}, \ldots, k_{j_q}, e_{i_1})$ aus. Ist $\ell(F) < n$, so gibt es, weil G zusammenhängend ist, eine Ecke e_{i_p} von F, die in einer anderen Kette, z. B. $F' = (e_{i'_1}, k_{j'_1}, \ldots, k_{j'_q}, e_{i'_1})$, vorkommt. O. E. d. A. gelte $e_{i_p} = e_{i'_1}$. Dann ist $(e_{i_1}, k_{j_1}, \ldots, e_{i_p}, k_{j'_1}, \ldots, k_{j'_q}, e_{i_p}, k_{j_p}, \ldots, e_{i_1})$ eine einfache, geschlossene Kette. Auf diese Weise erhält man nach endlich vielen Schritten eine Eulersche Linie. ∎

Im Brückenproblem gibt es aber auch keine offene Eulersche Linie, weil der betreffende Graph G mehr als zwei Ecken mit einem ungeraden Grad hat.

Satz 6.6 Ein zusammenhängender, ungerichteter, endlicher Graph G = (E, K) enthält dann und nur dann eine offene Eulersche Linie, wenn zwei Knoten einen ungeraden Grad haben.

B e w e i s. Die beiden Knoten, die einen ungeraden Grad haben, werden durch eine Kante verbunden. Dadurch erhält man gemäß Satz 6.3 im neuen Graph eine geschlossene Eulersche Linie, die nach Wegnahme der betreffenden Kante unterbrochen wird. ∎

Die Aussage dieses Satzes zeigt also, daß der in Fig. 6.39 dargestellte Graph eine offene Eulersche Linie besitzt bzw. das entsprechende Häuschen in einem Zug gezeichnet werden kann, wenn man in e_1 oder in e_2 beginnt.

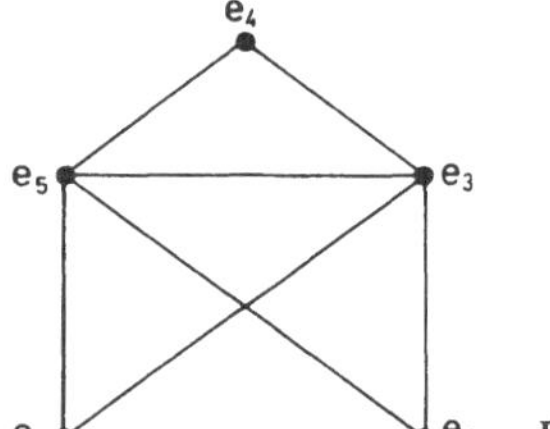

Fig. 6.39

Da in Eulerschen Linien alle Kanten genau einmal durchlaufen werden, ist keine Optimierung mehr möglich. Haben aber nicht alle Ecken eines Graphen G = (E, K) einen geraden Grad bzw. ist G kein E u l e r g r a p h, so wird man sich fragen, welche Kanten man zwei- oder mehrmals durchlaufen soll, um eine möglichst gute Tour zu bekommen. Das Briefträgerproblem ist demzufolge ein Optimierungsproblem. Es soll in der Folge auf ein Matching-Problem zurückgeführt werden (vgl. [13]).

Lemma 6.7 In jedem Graphen G = (E, K) ist die Anzahl der Knoten mit ungeradem Grad gerade.

B e w e i s. Hat G m Knoten und n Kanten, so gilt, da jede Kante mit zwei Knoten inzidiert,

$$\sum_{i=1}^{m} \delta_{e_i} = 2n.$$

Läßt man die Knoten mit geradem Grad weg, so erhält man mit $M := \{i \mid 1 \leqslant i \leqslant m, \delta_{e_i}$

ungerade} durch

$$\sum_{i \in M} \delta_{e_i}$$

wieder eine gerade Zahl, da 2n gerade ist. Also muß M eine gerade Anzahl von Elementen enthalten. ∎

Wegen Lemma 6.7 kann nun jeder ungerichtete Graph G schrittweise durch Hinzufügen von Kanten in einen Eulergraphen übergeführt werden: mit jeder zusätzlichen Kante geht die Anzahl der Knoten mit ungeradem Grad um 2 zurück. Es ist klar, daß sich auf diese Weise verschiedene Eulergraphen konstruieren lassen. Durch Lösen eines Matching-Problems kann unter all diesen Eulergraphen der „beste" bestimmt werden. Dazu geht man wie folgt vor:

a) Bestimme $\overline{E} := \{e_i \in E \mid \delta_{e_i} \text{ ungerade}\}$.

b) Setze $\overline{K} := \{\overline{k}_j \mid \overline{k}_j \sim \{e_i, e_\ell\}, e_i, e_\ell \in \overline{E}, e_i \neq e_\ell\}$ (Verbinde alle Paare von Knoten aus $\overline{E}$ durch eine Kante.)

c) Da allen Kanten k_ℓ im zusammenhängenden Graphen G des Briefträgerproblems eine Länge c_ℓ zugeordnet ist, kann der Kante $\overline{k}_j$ die Länge $\overline{c}_j = \sum_{k_\ell \in F} c_\ell$ der bezüglich dieser Definition kürzesten Kette F in G, welche die beiden Knoten von $\overline{k}_j$ verbindet, zugeordnet werden.

Löst man nun das Matching-Problem in bezug auf $\overline{G} = (\overline{E}, \overline{K})$ und die in c) definierte Bewertung, so erhält man einen optimalen Eulergraphen, denn jede andere Ergänzung von G zu einem Eulergraphen wäre teurer. Mit dem im Beweis zu Satz 6.5 benutzten Vorgehen kann danach eine Eulersche Linie bestimmt werden, die in eine Briefträger-Tour übergeht, wenn die Kanten des Matchings durch die entsprechenden Ketten in G ersetzt werden.

In zusammenhängenden, gerichteten Graphen $G = (E, P)$ mit $E = \{e_1, \ldots, e_m\}$ und $P = \{p_1, \ldots, p_n\}$ ist eine *Eulersche Linie* entsprechend dem ungerichteten Fall ein einfacher Weg W in G von der Länge $\ell(W) = n$. Sie kann wieder *geschlossen* oder *offen* sein.

Satz 6.8 $G = (E, P)$ enthält genau dann eine geschlossene Eulersche Linie, wenn

$$\delta^+_{e_i} = \delta^-_{e_i}, \qquad i = 1, \ldots, m, \tag{6.15}$$

gilt.

Beweis. In Satz 6.3 war es notwendig und hinreichend, daß δ_{e_i} gerade war, damit ein Knoten e_i jedes Mal, wenn er angelaufen wurde, auch wieder verlassen werden konnte. In gerichteten Graphen trifft dies zu, wenn (6.15) erfüllt ist. Der Beweis verläuft dann genau gleich wie für Satz 6.5. ∎

Satz 6.9 $G = (E, P)$ enthält dann und nur dann eine offene Eulersche Linie, wenn (6.15) für m – 2 Knoten erfüllt ist und für 2 Knoten $e_{i_1}, e_{i_2} \in E$

$$\left|\delta^+_{e_{i_\nu}} - \delta^-_{e_{i_\nu}}\right| = 1, \qquad \nu = 1, 2,$$

gilt.

B e w e i s. Wegen $\sum_{i=1}^{m} \delta_{e_i}^{+} = \sum_{i=1}^{m} \delta_{e_i}^{-}$ (= n) folgt $\delta_{e_{i_1}}^{+} - \delta_{e_{i_1}}^{-} = +1$ und $\delta_{e_{i_2}}^{-} - \delta_{e_{i_2}}^{+} = +1$ oder umgekehrt. In beiden Fällen erhält man durch Hinzufügen eines Pfeiles eine geschlossene Eulersche Linie, die ohne diesen Pfeil einmal unterbrochen wird. ■

In einem beliebigen, gerichteten Graphen G = (E, P) sei

$$b_i := \delta_{e_i}^{+} - \delta_{e_i}^{-}, \quad \text{falls } \delta_{e_i}^{+} > \delta_{e_i}^{-},$$

$$a_i := \delta_{e_i}^{-} - \delta_{e_i}^{+}, \quad \text{falls } \delta_{e_i}^{-} > \delta_{e_i}^{+}.$$

Wegen $\sum_{i=1}^{m} \delta_{e_i}^{+} = \sum_{i=1}^{m} \delta_{e_i}^{-}$ folgt mit

$$M^{+} := \{i \mid \delta_{e_i}^{+} > \delta_{e_i}^{-}\} \qquad \text{und} \qquad M^{-} := \{i \mid \delta_{e_i}^{-} > \delta_{e_i}^{+}\}$$

die Relation

$$\sum_{i \in M^{+}} a_i = \sum_{i \in M^{-}} b_i. \tag{6.16}$$

Nennt man einen gerichteten Graphen, der (6.15) erfüllt, einen (g e r i c h t e t e n) E u l e r g r a p h e n, so kann ein beliebiger Graph G = (E, P) wegen (6.16) durch Hinzufügen von Pfeilen (e_i, e_ℓ) mit $i \in M^-$, $\ell \in M^+$ schrittweise in einen Eulergraphen transformiert werden. Zur Bestimmung eines optimalen Eulergraphen betrachtet man den Graphen $\overline{G} = (\overline{E}, \overline{P})$ mit $\overline{E} = \{e_i \mid i \in M^+ \cup M^-\}$, $\overline{P} = \{\overline{p}_j = (e_i, e_\ell) \mid i \in M^-, \ell \in M^+\}$. Die Pfeillängen $\overline{c}_{i\ell}$ der Elemente von $\overline{P}$ werden durch $\ell_B(W_{i\ell})$ definiert, wobei $W_{i\ell}$ der kürzeste Weg in G ist, der von e_i, $i \in M^-$, nach e_ℓ, $\ell \in M^+$, führt. Danach löst man das Hitchock-Problem

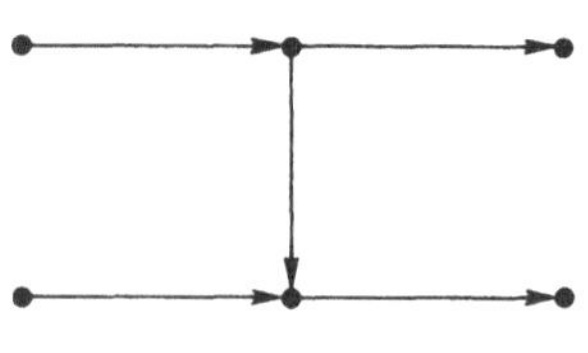
Fig. 6.40

$$\begin{aligned} &\min \sum_{\ell} \sum_{i} \overline{c}_{i\ell} x_{i\ell} \\ \text{bzgl.} \quad &\sum_{\ell \in M^-} x_{i\ell} = a_i, \qquad i \in M^+ \\ &\sum_{i \in M^+} x_{i\ell} = b_\ell, \qquad \ell \in M^- \\ &x_{i\ell} \geq 0. \end{aligned} \tag{6.17}$$

Man geht also zur Bestimmung des optimalen Eulergraphen analog wie im ungerichteten Fall vor, erhält aber in (6.17) ein wesentlich einfacheres Problem. Zur Bestimmung einer Briefträger-Tour kann auf die obigen Ausführungen zum ungerichteten Problem verwiesen werden.

In praktischen Problemen ist der zugrunde liegende Graph G = (E, P) meistens stark zusammenhängend. Sicher gilt diese Annahme für einen Graphen, der ein Straßennetz darstellt. Dadurch sind in (6.17) alle Koeffizienten $\overline{c}_{i\ell} < \infty$. (6.17) ist somit lösbar, und es existiert eine Briefträger-Tour. Bezüglich Fig. 6.40 trifft dies wegen des fehlenden starken Zusammenhangs nicht zu.

Anhang

Dualität in der linearen Optimierung

Ein l i n e a r e s P r o g r a m m mit Ungleichungs- und Gleichungsrestriktionen ist im allgemeinen Fall durch

$$\begin{aligned} &\min c^T x + d^T y \\ \text{bzgl.}\quad & Ax + By \geqslant a \\ & Cx + Dy = b \\ & x \geqslant 0 \end{aligned} \tag{A.1}$$

gegeben. Dabei haben die verwendeten Symbole folgende Bedeutung:

A	$(m_1 \times n_1)$-Matrix	a	m_1-Vektor
B	$(m_1 \times n_2)$-Matrix	b	m_2-Vektor
C	$(m_2 \times n_1)$-Matrix	c	n_1-Vektor
D	$(m_2 \times n_2)$-Matrix	d	n_2-Vektor

Ein Punkt $(\overline{x}, \overline{y})$ heißt z u l ä s s i g, wenn er die R e s t r i k t i o n e n

$$\begin{aligned} & Ax + By \geqslant a \\ & Cx + Dy = b \\ & x \geqslant 0 \end{aligned}$$

erfüllt, und er heißt o p t i m a l, wenn bezüglich der Z i e l f u n k t i o n $c^T x + d^T y$ für alle zulässigen Punkte (x, y) die Ungleichung

$$c^T \overline{x} + d^T \overline{y} \leqslant c^T x + d^T y$$

gilt. Die Menge aller zulässigen Punkte heißt z u l ä s s i g e r B e r e i c h.
Zu (A.1) läßt sich ein d u a l e s L i n e a r p r o g r a m m formulieren:

$$\begin{aligned} &\max a^T u + b^T v \\ \text{bzgl.}\quad & A^T u + C^T v \leqslant c \\ & B^T u + D^T v = d \\ & u \geqslant 0. \end{aligned} \tag{A.2}$$

(A.1) ist dann das zu (A.2) gehörige P r i m a l p r o b l e m. Zwischen den beiden Problemen existieren einige Beziehungen (vgl. K ü n z i, T a n [38]).

Satz A.1 Sind (x, y) und (u, v) zulässig, so gilt

$$c^T x + d^T y \geqslant a^T u + b^T v.$$

Satz A.2 Sind (x^0, y^0) und (u^0, v^0) zulässig und gilt $c^T x^0 + d^T y^0 = a^T u^0 + b^T v^0$, dann sind die beiden Punkte optimal.

Satz A.3 (Dualitätssatz) a) Gibt es zulässige Punkte in (A.1) und (A.2), dann existieren optimale Vektoren x^0, y^0 und u^0, v^0, für die $c^T x^{(0)} + d^T y^{(0)} = a^T u^{(0)} + b^T v^{(0)}$ gilt.

b) Ist der zulässige Bereich von (A.1) bzw. (A.2) nicht leer, so hat dieses Problem genau dann eine unendliche Lösung, wenn der zulässige Bereich von (A.2) bzw. (A.1) leer ist.

Satz A.4 Zulässige Punkte $x^{(0)}$, $y^{(0)}$ und $u^{(0)}$, $v^{(0)}$ sind genau dann optimal, wenn

$$u^{(0)T}(Ax^{(0)} + By^{(0)} - a) = 0,$$

$$v^{(0)T}(Cx^{(0)} + Dy^{(0)} - b) = 0,$$

$$x^{(0)T}(c - A^T u^{(0)} - C^T v^{(0)}) = 0,$$

$$y^{(0)T}(d - B^T u^{(0)} - D^T v^{(0)}) = 0$$

gilt.

Literatur

[1] Berge, C.; Ghouila-Houri, A.: Programming, games and transportation networks. London 1965

[2] Bock, F.; Kantner, H.; Haynes, J.: An algorithm (the rth best path algorithm) for finding and ranking paths through a network. In: Research Report. Armour Research Foundation, Chicago, Illinois, November 15, 1957

[3] Chvatal, V.: Edmonds polytopes and weakly Hamiltonian graphs. Math. Programming **5** (1973) 29–40

[4] Clarke, S.; Krikorian, A.; Rausen, J.: Computing the N best loopless paths in a network. SIAM J. Appl. Math. **11** (1963) 1096–1102

[5] Dantzig, G. B.; Wolfe, P.: The decomposition algorithm for linear programs. Econometrica **29** (1961) 767–778

[6] Dantzig, G. B.: All shortest routes in a graph. In: Rosenstiehl (Hrsg.): Théorie des graphes. Journées internationales d'étude, Rome, Juillet 1966. Paris – New York 1967

[7] Dantzig, G. B.; Blattner, W. O.; Rao, M. R.: All shortest routes from a fixed origin in a graph. In: Rosenstiehl (Hrsg.): Théorie des graphes. Journées internationales d'étude, Rome, Juillet 1966. Paris – New York 1967

[8] Dijkstra, E. W.: A note on two problems in connection with graphs. Numer. Math. **1** (1959) 269–271

[9] Domschke, W.: Kürzeste Wege in Graphen: Algorithmen, Verfahrensvergleiche. Meisenheim 1972. = Mathematical Systems in Economics, Bd. 2

[10] Domschke, W.: Zwei Verfahren zur Suche negativer Zyklen in bewerteten Digraphen. Computing **11** (1973) 125–136

[11] Domschke, W.: Two new algorithms for minimal cost flow problems. Computing **11** (1973) 275–285

[12] Edmonds, J.: Maximum matching and a polyhedron with 0,1-vertices. J. of Res. of the Nat. Bureau of Stand.-B. Vol 69B (1965) 125

[13] Edmonds, J.; Johnson, E. L.: Matching, Euler tours and the Chinese postman. Math. Programming **5** (1973) 88

[14] Floyd, R.: Algorithm 97: shortest path. Commun. of the ACM **5** (1962) 345

[15] Ford, L. R.: Network flow theory. Rand paper P-923. Santa Monica, Calif. 1956

[16] Ford, L. R.: Fulkerson, D. R.: Flows in networks. Princeton, NJ 1962

[17] Gaul, W.: Über optimale Kapazitätsänderungen von Netzwerken und die Existenz befriedigender gleichzeitiger Flüsse verschiedener Beschaffenheit. Diss. Bonn 1974

[18] Ghouila-Houri, A.: Sur l'éxistence d'un flot ou d'une tension prenant ses valeurs dans un group abélien. C. R. Acad. Sci., Paris, **250** (1960) 3931

[19] Glover, F.; Karney, D.; Klingman, D.: Implementation and computational comparison of primal, dual and primal-dual computer codes for minimum cost network flow problems. Networks **4** (1974) 191

[20] G l o v e r, F.; K l i n g m a n, D.; S t u t z, J.: Augmented threaded index method for network optimization. INFOR **12** (1974) 293–298

[21] G o l e n k o, D. I.: Statistische Methoden der Netzplantechnik. Stuttgart 1972

[22] G r ö t s c h e l, M.; P a d b e r g, M. W.: Partial linear characterization of the asymmetric travelling salesman polytope. Math. Programming **8** (1975) 378–381

[23] H ä s s i g, K.: Ein Markierungsalgorithmus zur Lösung von allgemeinen Transportproblemen mit einem Bündel. Z. f. Oper. Res. **18** (1974) 105

[24] H ä s s i g, K.: Theorie verallgemeinerter Flüsse und Potentiale. Oper. Res. Verfahren XXI (1975) 85–98

[25] H ä s s i g, K.; M ü l l e r, H.: Die k kürzesten Wege in einem schleifenfreien Graphen und die Anwendung zur Bestimmung subkritischer Wege in der Terminplanung. Oper. Res. Verfahren XX (1975) 31

[26] H a t c h, R. S.: Bench marks comparing transportation codes based on primal simplex and primal-dual algorithms. Oper. Res. **6** (1975) 1167

[27] H e l b i g H a n s e n, K.; K r a r u p, J.: Improvement of the Held-Karp algorithm for the symmetric travelling-salesman problem. Math. Programming **7** (1974) 87–96

[28] H e l d, M.; K a r p, R. M.: The travelling-salesman problem and minimum spanning trees, II. Math. Programming **1** (1971) 6 –25

[29] H o f f m a n, A. J.: Some recent applications of the theory of linear inequalities to extremal combinatorial analysis. In: Proc. Symp. on Applied Math. **10** (1960)

[30] H o f f m a n, A. J.; W i n o g r a d, S.: Finding all shortest distances in a directed network. IBM J. Res. Develop. **16** (1972) 412–414

[31] H o f f m a n, W.; P a v l e y, R.: A method for the solution of the N-th best path problem. J. of the ACM **6** (1959) 506

[32] H o r s t, R.: Devisenarbitrage als Flußprobleme. Z. f. Oper. Res. **19** (1975) 73–87

[33] H u, T. C.: Multi-commodity network flows. Oper. Res. **11** (1963) 344–360

[34] J e w e l l, W. S.: Optimal flow through networks with gains. Oper. Res. **10** (1962) 476–499

[35] J o h n s o n, E. L.: Networks and basic solutions. Oper. Res. **14** (1966) 619–623

[36] K l e i n, M.: A primal method for minimal cost flows with applications to the assignment and transportation problems. Managem. Sci. **14**, 3 (1967) 205

[37] K r u s k a l, J. B.: On the shortest spanning subtree of a graph. Proc. of the Amer. Math. Soc. 7 (1956) 48

[38] K ü n z i, H. P.; T a n, S. T.: Lineare Optimierung großer Systeme. Berlin – Heidelberg – New York 1966. = Lecture Notes in Mathematics, 27

[39] K w a n, Mei-Ko: Graphic programming using odd or even points. Chinese Math. **1** (1960) 273–277

[40] L i e b l i n g, T. M.: Graphentheorie in Planungs- und Tourenproblemen. Berlin – Heidelberg – New York 1970. = Lecture Notes in Operations Research and Mathematical Systems 21

[41] L i e s e g a n g, D. G.: Möglichkeiten zur wirkungsvollen Gestaltung von Branch and Bound-Verfahren dargestellt an ausgewählten Problemen der Reihenfolgeplanung. Diss. Köln 1974

[42] L i t t l e, J. D.; M u r t y, K. G.; S w e e n e y, D. W.; K a r e l, C.: An algorithm for the travelling salesman problem. Oper. Res. **11** (1963) 972–989

[43] M a c C r i m m o n, K. R.; R y a v e c, C. A.: An analytical study of the PERT assumptions. Oper. Res. **12** (1964) 16–37

[44] M a u r r a s, J. F.: Optimization of the flow through networks with gains. Math. Programming **3** (1972) 135–144

[45] M i n i e k a, E.: Optimal Flow in a network with gains. INFOR **10** (1972) 171–178

[46] M ü l l e r, O.: Exakte und heuristische Methoden zur Lösung von Reihenfolgeproblemen. In: Praktische Studien zur Unternehmensforschung. Berlin – Heidelberg – New York 1970

[47] M ü l l e r - M e r b a c h, H.: Optimale Reihenfolgen. Berlin – Heidelberg – New York 1970

[48] P l a, J.-M.: An "Out-of-Kilter" algorithm for solving minimum cost potential problems. Math. Programming **1** (1971) 275–290

[49] P o l l a c k, M.: Solutions on the k-th best route through a network – a review. J. of Math. Ann. and Appl. **3** (1961) 547

[50] R a o, C. R.: Linear statistical inference and its applications. New York – London – Sydney 1971

[51] R o y, B.: Cheminement et connexité dans les graphs, applications aux problèmes d'ordonnancement. METRA, Série Special **1** (1962) 85

[52] S u c h o w i z k i, S. I.; R a d t s c h i k, I. A.: Mathematische Methoden der Netzplantechnik. Leipzig 1969

[53] T a b o u r i e r, Y.: All shortest distances in a graph. An improvement to Dantzig's inductive algorithm. Discrete Math. **4** (1973) 83–87

[54] V a l e n t i n e, F. A.: Konvexe Mengen. Mannheim – Wien – Zürich 1968. = B. I. Hochschulskripten 402a

[55] W a g n e r, H.: Principles of operations research., Englewood Cliffs, NJ 1969

[56] W e i g a n d, M. M.: Algorithmus 27. Ein neuer Algorithmus zur Bestimmung von k-kürzesten Wegen in einem Graphen. Computing **16** (1976) 139–151

[57] W e i n b e r g e r, D. B.: A note on the blocker of tours. Math. Programming **7** (1974) 236–239

[58] W o l l m e r, R. D.: Multicommodity networks with resource constraints: The generalized multicommodity flow problem. Networks **1** (1972) 245–263

[59] Y e n, J. Y.: Finding the k-shortest loopless paths in a network. Managem. Sci. **17**, 11 (1971) 712

[60] Y e n, J. Y.: Shortest path network problems. Math. Syst. in Economics **18** (1975)

Sachverzeichnis

Teubner Studienbücher Fortsetzung

Mathematik Fortsetzung

Velte: **Direkte Methoden der Variationsrechnung**
Eine Einführung unter Berücksichtigung von Randwertaufgaben bei partiellen Differentialgleichungen. 198 Seiten. DM 25,80 (LAMM)

Walter: **Biomathematik für Mediziner**
148 Seiten. DM 15,80

Witting: **Mathematische Statistik**
Eine Einführung in Theorie und Methoden. 3. Aufl. 223 Seiten. DM 26,80 (LAMM)

Informatik

Ehrig et al.: **Universal Theory of Automata**
A Categorical Approach. 240 Seiten. DM 24,80

Giloi: **Principles of Continuous System Simulation**
Analog, Digital and Hybrid Simulation in a Computer Science Perspective
172 Seiten. DM 25,80 (LAMM)

Hotz: **Informatik: Rechenanlagen**
Struktur und Entwurf. 136 Seiten. DM 17,80 (LAMM)

Kandzia/Langmaack: **Informatik: Programmierung**
234 Seiten. DM 22,80 (LAMM)

Kupka/Wilsing: **Dialogsprachen**
168 Seiten. DM 19,80 (LAMM)

Maurer: **Datenstrukturen und Programmierverfahren**
222 Seiten. DM 26,80 (LAMM)

Mehlhorn: **Effiziente Algorithmen**
240 Seiten. DM 24,80 (LAMM)

Oberschelp/Wille: **Mathematischer Einführungskurs für Informatiker**
Diskrete Strukturen. 236 Seiten. DM 19,80 (LAMM)

Paul: **Komplexitätstheorie**
247 Seiten. DM 25,80 (LAMM)

Richter: **Betriebssysteme**
Eine Einführung. 152 Seiten. DM 22,80 (LAMM)

Richter: **Logikkalküle**
232 Seiten. DM 24,80 (LAMM)

Schlageter/Stucky: **Datenbanksysteme: Konzepte und Modelle**
261 Seiten. DM 22,80 (LAMM)

Schnorr: **Rekursive Funktionen und ihre Komplexität**
191 Seiten. DM 25,80 (LAMM)

Spaniol: **Arithmetik in Rechenanlagen**
Logik und Entwurf. 208 Seiten. DM 24,80 (LAMM)

Wirth: **Algorithmen und Datenstrukturen**
376 Seiten. DM 26,80 (LAMM)

Wirth: **Compilerbau**
Eine Einführung. 94 Seiten. DM 15,80 (LAMM)

Wirth: **Systematisches Programmieren**
Eine Einführung. 3. Aufl. 160 Seiten. DM 19,80 (LAMM)